胡雪岩经商性格绝学

做人的机智，经商的手段，致胜的要诀。

胡雪岩主张做事先做人，不可纠缠于是非名利，应该有拿得起放得下的性格，

孙颢/编著

中国華僑出版社

图书在版编目（CIP）数据

胡雪岩经商性格绝学/孙颢编著.—北京：中国华侨出版社，2010.3

ISBN 978-7-5113-0234-2

Ⅰ.①胡… Ⅱ.①孙… Ⅲ.①胡学岩（1823~1885）—人生哲学—通俗读物 Ⅳ.①B825.3-49

中国版本图书馆 CIP 数据核字（2010）第 028771 号

●胡雪岩经商性格绝学

编　　著/孙　颢
责任编辑/文　心
经　　销/新华书店
开　　本/710×1000 毫米　1/16　印张 20　字数 263 千字
印　　数/5001-10000
印　　刷/北京一鑫印务有限责任公司
版　　次/2013 年 5 月第 2 版　2018 年 3 月第 2 次印刷
书　　号/ISBN 978-7-5113-0234-2
定　　价/39.80 元

中国华侨出版社　北京市朝阳区静安里 26 号通成达大厦 3 层　邮编 100028
法律顾问：陈鹰律师事务所
编辑部：（010）64443056　64443979
发行部：（010）64443051　传真：64439708
网　址：www.oveaschin.com
e-mail：oveaschin@sina.com

经商的第一成功资本——完善做人性格

（代序）

谈到经商，总有万千话语，或纵论选项目、做投资，或议大赚与小赚，或言抓商机、下决定，总之，各有其得，兴头十足，眉飞色舞。

毫无疑问，这些生意经都属于小打小闹，尚不能成大气候。你也许会问，难道它们都不是经商之道吗？难道商人不用它们就能做成生意吗？当然，这些问题都不是问题，明眼人一看就知，关键是看你要做什么样的商人，做什么样的生意。

有些小老板赚上一点小钱，就会挺起腰杆，手舞足蹈，高兴得以为整个世界都在为他高兴。这实则都是做小商人、做小生意者的心态。真正的大商人并不如此，他们恪守这样一条原则：经商的第一成功资本是完善自己做人的性格。何以见得呢？

做人与经商看似两样，但是可以看到这样的结果：带着欺人心理的商人，只能是赚一把是一把，有了上顿粮缺了下顿饭，根本意识不到这都是由于自己失去了做人的原则而自食其果；相反，以诚待人、力求做大的商人，则是把自己的生意变成了一个良性循环的过程，越做越旺，因为他们以诚心赢得了人心。

上面这个道理，被重复过千万遍，不开窍者却比比皆是，故无大成。当然，我们要全面衡量大商人的做人性格还远不止于此。在“红顶商人”胡雪岩身上，我们总能发现其许多值得肯定的做人性格，例如：

胡雪岩在经商时，特别善于让自己的贴身性格在关键时刻显威力，总能打开一条通道，把办不成的事办成。胡雪岩在这一点上，非常有耐心，不急不慢，想尽一切办法，贴近对自己有用的人，把想法都深埋于心，学会侧面进攻。这种性格的好处是能让人学会挣钱之外的功夫。

胡雪岩的金点子非常多，商路受阻的时候，并不甘心吃败仗，而是以灵巧的手腕、善变的脑筋，把自己的商路打通，乃至于可以左右开弓、灵活自如到一种出神入化的地步。这就是他靠诡变性格赢得商势的绝妙之处。在胡雪岩看来，诡变是做生意的一种基本功，离开这种功夫十之八九都会被撞得头破血流。

胡雪岩杜绝被小利打动，虽然他知道大利润是从小利润而来的，但掉进小利润的圈中，一定会捡了芝麻丢了西瓜，这就叫小家子气。在他看来，一个人固有的贪小性格，是沾了眼前的利益，而失去大的作为。因此，求大的性格是许多商人必须要学习的，尽可能通过几次实战个案，扭转自己的小性子，而让自己看得开、想得远。

由此可见，胡雪岩在经商过程中，能够把做人性格融注于做生意的具体行动中，所以他能一步一步做大，把自己的生意经念得漂漂亮亮，成为一代巨富！在这些方面，我们应当有所借鉴，好好地对照自己，扬长去短，这样才能让自己的生意红火起来！

本书是国内第一部分析胡雪岩经商性格的书，角度新颖，分析周全，可以给要做大生意的人带来一些要诀。

商海涛涛，何为先？希望你能从中有所获，这比你挣一点小钱更有用。

目录

一、胡氏求胜性格

做生意都图一个“利”字

二、胡氏善算性格
草率出手就会失手

三、胡氏贴身性格
把人缘看得比金砖还重要

[一]

胡氏求胜性格 做生意都图一个“利”字

不管你是一个什么样的生意人，如果只赔不赚，恐怕是绝对承受不了的。有一个叫阿布比的商人说过这样一句话：“一个‘利’字能让天下所有商人都销魂。”的确，一个商人不谈利十之八九有些虚假。有些商人只是心里和嘴上想求利，但是一遇到实际竞争，就会丢掉这种求利的大欲望，或者降低自己的标准，或者贬低自己的能力。这些问题都与其性格相关。按照成功商人的利润法则：钱币是从性格中挖出来的。

胡雪岩经商的性格，首先应为“求胜”两字。他在与周围生意人打交道的时候，不是给人冷脸面，而是始终改变自己性格上的劣势，尽可能给自己注入一个“强”字，让自己成为能巧妙布势、拔地而起的强者。这是他在性格方面的成功之道。

（一）借势性格：找到自己的一块跳板

借势打开自己的实力之门

关于商人的性格，这是一个非常陌生的课题。这不是说我们没有注意到，而是说研究商人的性格是非常困难却非常实用的一门经商绝学。

我们关注“红顶商人”胡雪岩（胡光墉［1823～1885］，字雪岩，清末安徽绩溪人）的时候，就会发现一个商人的成功绝非仅靠自己的经营术，而是需要从他自身找出许多成功的原因，例如思维能力、性格、习惯等等。毫无疑问，离开这些，要谈经商、成功，是非常滑稽可笑的事。根据本书主题，我们以性格为要点来分析胡雪岩赢得财富人生的性格问题是非常有必要的。好了，现在让我们切入本节主题。

性格是成功的第一财富。很多商人总想一夜暴富，想起一堆堆白花花的银子，就高兴得站不能站、坐不能坐；但在实际的商场上却屡遭挫败，怨天尤人。其实，任何失败都是自己造成的，尤其是被某些性格弱点所耽误。譬如过于封闭自守的性格，就很难做到借势打开自己的实力之门，因此主动开放的性格绝对是大商人的一种优质性格。在胡雪岩的商业经营活动中，他十分注重借势经营，与时相逐。在他的商业活动中，十有八九是围绕取势用势而展开的，他也从不放弃任何一个取势用势的机会，从而不断地拓展自己的地盘，张扬自己的势力。没有势，就没有利；没有利，就没有势。势，就是力量，就是走向。积蓄起来的力量为势，找到走向的道理也是势。正如古人所说：“理有所至，势所必然。”

对此，胡雪岩有自己的一套经商理念，即：“势利，势利，利与势是分不开的，有势就有利。所以现在先不要求利，要取势。”可以看出，胡雪岩呈现出主动开放的性格，积极地去借势经营，把自己摆在主动者的位置上，所以有大的收获。

对于胡雪岩来说，积极求势的主动性格主要有四种，他说：“权场的势力，商场的势力，江湖的势力，我都要。这三势要到了，还不够，还有洋场的势力。”综合胡雪岩经商生涯看，其突出特点就在他的“借势取势”理论。权场势力、商场势力、洋人势力和江湖势力他都要，他知道势和利是不分家的。有势就有利，因为势之所至，人们才马首是瞻，这就没有不获利的道理。另一方面，有势才有利，社会上各种资源散溢着，就像水白白流走一样，假若不予蓄积，没有成熟，就也无法形成一种力量，一种走向。蓄势的过程，就是积聚力量，形成规模，安排秩序，形成走向的过程。积聚力量和安排调度，正是一个大商人积极主动性格的主要体现。

在胡雪岩看来，凡事总要超出别人一截，眼光总比别人放得远，才能步步得势——权场的势、商场的势、江湖的势、洋场的势，进而因势取利，水到渠成。

胡雪岩经商的一大特点是主动发挥权场的作用，并以此来打开成功的商道。对于胡雪岩来说，“某些人”在社会中起着十分重要的作用，把他们组织起来充分利用，就是积累财富的过程。明明是个九品芝麻官，胡雪岩却能够把他利用了，派他购丝、办货；明明是个尚无多大权势的人，胡雪岩能把他鼓动起来，让他尽己所长，安定地方。权场和江湖有嫌，洋人和官府有隙，胡雪岩却非要他们前嫌尽弃，沟壑尽平，大家携手来做生意，求利益。这种作为，一般人想不到，胡雪岩想到了；一般人做不到，胡雪岩做到了，所以人们称赞他神，称赞他奇。这种神奇，在胡雪岩身上所表现的，就是与众不同的性格。

胡雪岩善于借取商场势力。胡雪岩借商场势力的典型一例是他垄断上海滩的丝生意，体现了胡雪岩在商业谋略上的与众不同。

第一批丝运往上海时，适逢小刀会肇事。胡雪岩通过权场渠道了解到，两江督抚上书朝廷，因洋人帮助小刀会，建议对洋人实行贸易封锁，教训洋人。

只要官府出面封锁，上海的丝就可能抢手，所以这时候只需按兵不动，待时机成熟再行脱手，自然可以卖上好价钱。

要想做到这一点，就必须能控制上海丝生意的绝对多数。和庞二的联手促成了在丝生意上获得优势。庞二是南浔丝行世家，控制着上海丝生意的一半。胡雪岩派玩技甚精的药房合伙人之一刘不才专和庞二联络感情。起初，庞二有些犹豫。因为他觉得胡雪岩中途暴发，根底未必雄厚。随后，胡雪岩在几件事的处理上都显示出了能急朋友所急的义气，而且在利益问题上态度很坚决，显然不是为了几个小钱而奔波，在丝生意上联手，主要是为了团结自己人，一致对外。有生意大家做，有利益大家分，不能自己互相拆台，好处给了洋人。庞二也是很有担待的人，认准了你是朋友，就完全信任你。所以他委托胡雪岩全权处理他自己囤在上海的丝。胡雪岩赢得了丝业里百分之七十强的生意，又得庞二的倾力相助，做成了商业上的绝对优势，加上官场消息灵通，第一场丝茧战胜了。接下来，胡雪岩手上掌握的资金已从几十万到了几百万，开始为左宗棠采办军粮、军火。

就这样，胡雪岩所希望的商场势力已经完全形成。这种局面的形成和他在权场的势力配合甚紧，因为加征蚕捐，禁止洋商自由采购等，都需要官面上配合。尤其是左宗棠外放两江总督，胡雪岩更觉如鱼得水。江湖势力方面，像郁四等人，本身的势力都集中在丝蚕生产区，银钱的调动，收购垄断的形成，诸事顺遂。因为他们不只行商，而且有庞大的帮会组织做后盾，虽无欺诈行为，但威慑力量隐然存在，不能不服。

在胡雪岩的其他生意方面，商势促成了经营这一点也很突出。比如钱庄，从杭州发展到宁波、上海、武汉、北京，在同治光绪年间已经位居江南诸钱业同行之首，与北方的山西帮票号遥相犄角，声名大振，信誉日上。又借官款为后盾，成为客户心中不倒的金字招牌。

典当行的发展更为迅速，全国已开设到二十九家。和阜康的钱业、胡庆余堂的药业一样，都成为胡雪岩在商场立足发展的巨大支柱。

胡雪岩敢于借取江湖势力，这是他经营的第三种重要手段。

胡雪岩借取江湖势力自有章法。王有龄初到海运局，便遇到了漕粮北运的任务。粮运涉及地方官的声望，所以督抚黄宗汉催逼甚紧，前一年为此还逼死了藩司椿寿。

按照胡雪岩的主意，这个任务说紧也很紧，说不紧也不紧。办法是有的，只需换一换脑筋，不要死盯着漕船催他们运粮，这样做出力不讨好，改换一下办法，采取“民折官办”，带钱直接去上海买粮交差，反正催的是粮，只要目的达到就可以了。

通过关系，胡雪岩找到了淞江漕帮管事的曹运袁，漕帮势力大不如前了，但是地方运输安全诸方面，还非得漕帮帮忙不可。这是一股闲置的、有待利用的势力。运用得好，自己生意做得顺遂，处处受人抬举；忽视了这股势力，一不小心就会受阻。

而且各省漕帮互相通气，有了漕帮里的关系，对王有龄海运局完成各项差使也不无裨益。一旦有个风吹草动，王有龄也不至于受捉弄，损害名声。

所以和尤五打交道，不但处处留心照顾到松江漕帮的利益，而且尽己所能放交情给尤五。加上胡雪岩一向做事一板一眼，说话分寸特别留意，给尤五的印象是，此人值得信任。

有了这个印象，“民折官办”购粮一事办得很顺利，尤五把他尊为门外兄长，凡事请教。

后来表明，尤五这股江湖势力给胡雪岩提供了很大方便。胡雪岩在王有龄在任时做了多批军火生意。在负责上海采运局时，又为左宗棠源源不断地输送新式枪支弹药。如果没有尤五提供的各种方便和保护，就根本无法做成。

胡雪岩很注意培植漕帮势力。和他们共同做生意，给他们提供固定的运送官粮物资的机会，组织船队等，只要有利益，就不会忘掉漕帮。胡雪岩有一个固定不变的宗旨就是："花花轿儿人抬人。"我尊崇你，你自然也抬举我。势的做成就是这样。

江湖势力在晚清渐趋衰落，主要是因为各种社会经济因素变化引起的。比如洪门和漕帮，当年借重的是连接南北的运输河道。河道一旦冲淤堵塞，财路一步步衰微，江湖势力也就一步步减退。又比如镖局，当年押银护款，呼啸南北，哪一个钱庄不需要借重镖师？后来银票兴起了，划汇制度也形成了，镖师就逐渐由有人尊敬到无人借重，势力就自然江河日下。

不过，即使大不如前，江湖势力也还一直以各种形式重新组合，发挥着自己的作用。比如国民党时期上海的青帮，蒋介石还曾投帖门下，借重他们以求在上海滩的立足和发展。

所以，在胡雪岩生活的时代，江湖势力仍是影响社会生活的一支重要力量。胡雪岩把这支力量组织起来，和自己在官场的势力、在洋场的势力结合起来，作出了花团锦绣的市面来。

胡雪岩借取的最后一个"势"是"洋场势力"。

我们都知道，胡雪岩的成功在很大程度上得益于太平天国农民运动和清朝政府被迫对外开放，因为这两者使得当时的中国成了一个乱哄哄的局面。而在这之中，胡雪岩善于应对，认得准方向，把握得准秩序。他对洋场势力的借取，也正是得益于他的这种宏观把握的能力。

起初，胡雪岩尚未投入做丝生意时，就有了与洋人抗衡的准备。按他的话说就是，做生意就怕心不齐。跟洋鬼子做生意，也要像收茧一样，就是这个价钱，愿意就愿意，不愿意就拉倒，这么一来，洋鬼子非服帖不可。而且办法也有了，就是想办法把洋庄都抓在手里，联络同行，让他们跟着自己走。至于想脱货求现的，有两个办法：第一，你要卖给洋鬼子，不如卖给我。第二，你如果不肯卖给我，也不要卖给洋鬼子。要用多少款子，拿货色来抵押，包他将来能赚得比现在多。凡事就是开头难，有人领头，大家就跟着来了，具体的做法因时而转变。

在胡雪岩首次做丝茧生意时，就遇到了和洋人打交道的事情，并且遇见了洋买办古应春。二人一见如故，相约要用好洋场势力，作出一番市面来。

胡雪岩在洋场势力的确定，是他主管了左宗棠为西北平叛而特设的上海采运局。

上海采运局可管的事体甚多。牵涉和洋人打交道的有，第一是筹借洋款，前后合计在1600万两以上；第二是购买轮船机器，用于由左宗棠一手建成的福州船政局；第三是购买各色最新的西式枪支弹药和炮械。

由于左宗棠平叛心坚，对胡雪岩的作用看得很重，凡洋务方面无不要胡雪岩出面接洽。这样一来，逐渐形成了胡雪岩的买办垄断地位。

洋人看到胡雪岩是大清疆臣左宗棠面前的红人，生意一做就是二十几年，所以也就格外巴结。这也促成了胡雪岩在洋场势力的形成。

胡雪岩在丝茧生意上和洋人打商战，时间持续了近二十年。其间，胡雪岩节节胜利，中国人扬眉吐气。

19世纪末20世纪初，西方先进的丝织机已经开始进入中国，洋人也开始在上海等地开设丝织厂。胡雪岩为了中小蚕农的利益，利用手中资金优势，大量收购茧丝囤积。洋人搬动总税务司赫德前来游说，希望胡雪岩与他们合作，利益均分。胡雪岩审时度势，认为禁止丝茧运到上海，这件事不会太长久的，搞下去两败俱伤，洋人自然受窘，上海的市面也要萧条。所以，自己在这方面应该从中转圜，把彼此不睦的原因拿掉，叫权场相信洋人，洋人相信权场，这样才能把上海弄热闹起来。但是得有条件，首先在价格上需要与中国这方面的丝业同行商量，经允许方得出售，其次，洋人须答应暂不在华开设机器厂。和中国丝业同行商量，其实就是和胡雪岩他自己商量。因为胡雪岩做势既成，在商场上就有了绝对发言权。有了发言权，就不难实现他因势取利的目的。

势力一旦形成，别人就不易进入。就像自然保护区一样，在保护区内是受保护的动物的天下，外类不得涉足。想涉入也是不大可能，因为洋人认准了胡雪岩，不大相信不相干的来头。江南制造总局曾有一位买办，满心欢喜中接了胡雪岩手中的一笔军火生意，却被洋人告之，枪支的底价早已开给了胡雪岩，不管谁来做都需要给胡雪岩留折扣。

由此看来，在胡雪岩经营性格中，包含了一种积极主动的成分，他总是善于动脑筋，找渠道，形成一股强大的商势，打开了自己的经商人生之门。相反，如果胡雪岩是一个性格内敛、不善用势的人，这些利益恐怕就属于别人了。所以积极主动的性格告诉商人们这样一个好处：可以借势打开自己的实力之门！

借势而行是上策

一个人的性格有多种多样，但是怎样才能有借势而行的性格，则关系到能否成大事。有些人的性格过于自敛，不善于让自己处于开放的状态中，所以很难借势而打天下。我们知道，势是一种力。做事要如中国一句成语说的，“与其待时，不如乘势”，许多看起来难办的大事，居然顺顺利利地办成了，就因为懂得乘势的缘故。商人应当具备借势而行的性格和能力。

不少商人，希望以一己之力摇旗呐喊，造成对自己有利的态势，殊不知这样做往往得不偿失，真正高明的商人必然是顺流而行，乘势而行。胡雪岩为帮助左宗棠筹办船厂和筹措军饷向洋行借款成功，就是乘势而行的结果。

胡雪岩是中国历史上第一个以商人身份代表政府向外国引进资本的商人。而在他之前，政府还没有向洋人借款的先例，且有明确规定不能由任何人代理政府向洋人借款。例如曾是军机首领的恭亲王就曾拟向洋人借银1000万两用于买船，所获批示却是："其请借银1000万两之说，中国亦断无此办法。"这种情况甚至让一向果敢有决断的左宗棠对向外商借款能否获朝廷批准也心存犹豫，是胡雪岩一番关于当下时势以及办大事要懂得乘势而行的剖析使他得以坚定。

胡雪岩说："做事情要如中国一句成语说的，'与其待时，不如乘势'，许多看起来难办的大事，居然顺顺利利地办成了，就因为懂得乘势的缘故。"同样是向洋人借款，那时要办断不会获准，而这时要办却极可能获准。这是时势使然，一则那时向洋人借债买船，受到洋人多方刁难，朝廷大多数人不以为然，恭亲王亦开始打退堂鼓，自然决不会再去借洋债。而此时洋人已经看出朝廷决心镇压太平天国，收复东南财富之区，自愿借款以助朝廷军务，朝廷自然不大可能断然拒绝。二则当时军务并不十分紧急，向洋人借款买船尚容暂缓，此时军务重于一切，而重中之重又是镇压太平天国，为军务所急向朝廷提出向洋人借款的要求，朝廷也一定会听从。三则此时领衔上奏的左宗棠本人手握重兵，且因平定太平天国有功而深得内廷信任，由他向朝廷提出借款事宜，其分量自然也不一般了。借助这三个条件形成的大势，向洋人借款不办则已，一办准成。

事实也确实如此。

这里所说的势，是指那些促成某件事成功的各种外部条件同时具备，即是恰逢其时、恰在其地几好合一，好的机会集体而成的某种大趋势。具体说来，这种“势”也就是由时、事、人等因素交互作用形成的一种可以助成“毕其功于一役”的合力。这里的“时”即时机。所谓“彼一时，此一时”，同样一件事，彼时去办，也许无论花多大的力气都无法办成，而此时去办，可能“得来全不费功夫”。这里的“事”是指具体将办之事。一定的时机办一定的事情，同样的事情此时该办亦可办，彼时却也许不可办亦不该办。可办则一办即成，不可办则绝无办成之望。这里的人即具体办事的人。一件事不同的人办会办出不同的效果，即使能力不相上下的两个人，这个人办得成的某件事，另一个人却不一定能办成。所谓乘势而行，也就是要在恰当的时机由恰当的人选去办理该办的事情。

当然，我们更应清楚，在诸多因素中，对时机的选择与把握是至关重要的，它可以说是我们“乘势”的灵魂，这就犹如我们平常发表对某件事情或对某件事做一个决策的看法一样。在许多事情的处理与运作过程中，特别是在商场的行事中，即使你是一个地位显赫、举足轻重的人物，即使是你的意见很富有科学理性、意见绝对正确、决策十分果断准确，如果你想让你的意见或决策起到更大更有力的作用或影响，你也必须选择恰当的时机，乘着“势”而发。否则，说早了没用，说迟了徒然自误；说的场合不佳，效果不大，甚至带来副作用。这就是“势”的作用。

胡雪岩游刃商界，与他深得“乘势”之妙是分不开的。当然这也是他经商性格的反映。

睁大眼睛紧盯商势变化

商人的性格是不是有一个固定的模式呢？显然是不可能的。聪明的商人总能在关键时刻爆发求成的性格，睁大眼睛，紧盯商势变化，由此为自己奠定成功基础。

从时局入手，打开人生局面，是最高明之举。胡雪岩在清末的个人成功，可以说是“时事造英雄”。但“英雄”也绝不是时势的被动产物，在胡雪岩的心中，看准时局，维持市面，是保证其事业成功的重要条件。

胡雪岩认定自己做生意都与时局有关，自然是他切于自身的体会，他的生意成也好，败也好，确实都与时局有关。比如他的钱庄向太平军逃亡兵将吸纳存款，就与太平天国的走向败局的大势有关，比如他的生丝销洋庄，即与太平军杀向浙江阻断上海生丝来源有关……正因为如此，胡雪岩也总是把帮助维持市面的平静安定，放在一个重要的地位，即使因此自己要付出一些代价，他也在所不惜。

比如杭州战后的善后赈济。杭州被官军收复的消息一传到上海，胡雪岩就立即动身赶赴杭州，参加杭州繁忙的战后赈济工作。

胡雪岩首先做的一件事，就是将 1 万石大米无偿捐献给杭州官军，用于军粮和赈济灾民。之前，杭州被太平军包围，历时数月以至于弹尽粮绝，甚至到了人吃人的地步。胡雪岩受当时已任浙江抚台的王有龄委托，冒死出城，到上海筹款购得 2 万石大米，又冒死将其中的 1 万石运往杭州。由于杭州城被太平军围得铁桶一般，又没有足够兵力打开一条入城的通道，胡雪岩带来的运粮船只能停在杭州城外的钱塘江望城兴叹，绝望之中胡雪岩只好将米运往当时也是刚刚经过大战劫难的宁波。

胡雪岩捐献杭州的就是这批大米。当初胡雪岩将这批大米运往宁波时，宁波刚刚被官军攻下，城中难民无数，粮食奇缺，这1万石大米正好救急，只是当时接受这批大米的米行开价付款时胡雪岩却分文未要，而提出了一个要求：这批大米算是出借，将来不管什么时候，只要杭州收复，无论如何必须在3天之内以等量大米归还。用生意人的眼光看，这等于将一大笔钱"搁煞"在那里。就当时的情况看，太平军在东南地区势头正猛，杭州收复似乎是遥遥无期。即便三五年内杭州可望收复，这么长时间，利上盘利，一石也可能变得不止两三石了。但是胡雪岩有自己的想法和打算，一方面，在他的心中，这1万石米是杭州军民百姓的救命米，虽说自己尽了力，但终归没能运进城里去救活人，他不能拿着等于是杭州军民百姓性命的大米去赚钱。另一方面，他相信不管怎样，杭州总有被官军收复的一天。那时，早一天运去粮食，也就可以多救活一些人，他要留着米在那里，杭州一旦收复，他可以随时启用，以防万一，到时如果不凑手，误了大事，自己又会留下极大的遗憾。

胡雪岩如此行事，从他个人的角度来说，确实也是出于他尽心乡梓的诚意而作出的义举。当初冒死出城采购大米，又冒死将大米运抵杭州城下，就是希望能为赈济乡梓饥民尽一份力，这诚意确实不容怀疑。也正是从这里，我们也可以看到胡雪岩的为人。不过，客观说来，从生意人的用心来看，他要用这1万石大米为自己能重新在杭州站稳脚跟"垫"底，也是确实的。事实上是，他把这1万石大米捐献杭州，立即使他在杭州士绅百姓中名声大振，也使他一下子就得到倔强敢为而素有"湖南骡子"之称的左宗棠的赏识，被委以负责杭州善后事宜的重任，而在此之前，左宗棠本来是要上奏朝廷以贪污粮款的罪名严惩胡雪岩的。

中国古代有一句很流行的警戒生意人的话，叫作"功自诚心，利从义来"。从胡雪岩的为人与他的成功，可以相信这说法绝不是虚妄的，它比所谓“马无夜草不肥，人无横财不富”之类平庸的说法，更符合世道人心，也实在是高明许多。

更为重要的是，胡雪岩捐米杭州的举措，无论从主观上看，还是从客观上看，都有尽快安定杭州市面、振兴杭州市面的作用。在胡雪岩看来，杭州战后的当务之急，就是振兴市面。而市面要赈兴，要兴旺，关键在于安定人心。安定了人心，市面也就随之安定了，不用说，民以食为天。杭州战后粮食缺乏，而且杭州人也经常处于太平军包围之中，由于饥饿而至于人吃人。对战后的杭州来说，首要的是粮食，粮食不起恐慌，人心就容易安定。人心安定，市面平静，五行八作又恢复了自己的秩序，人们才能放心大胆地来做生意。作为一个商人，能为安定市面尽一些力，于公于私，都有好处。所以，对于胡雪岩来说，献出这1万石大米，“这是救地方，也是救自己”。

这也就是胡雪岩不同一般的眼光所在，正因为有这样不同一般的眼光，胡雪岩总是十分热心公益，比如他定下的药店送药的规矩；比如他把典当当成穷人的钱庄；比如他要求药店管家刘庆生只要是能帮助朝廷平息战乱的事情都要做，其中都有帮助维持市面平静的存心。他就是要通过自己的努力，帮助维持局势的安定，以求得市面的平静。

当然，局势是否安定，许多时候并不是生意人可以做主的，也不是光靠生意人就能维持得了的。但是，生意人应该有帮助市面安定平静的想法和要求，要能够想到在可能的时候，特别是自己赚了钱，甚至赚了大钱有能力去做的时候，去做一点帮助维持市面的事情。

帮助维持一方市面，既是帮地方，也是帮自己。

胡雪岩常说：“做生意赚了钱，要做好事。”他说要做好事，也就真的常做好事。他对于行善做好事，常常是能做就做，而且从来都是不遗余力，决不吝啬。而他尽力去做的，也都是有利于平民百姓的很实在，因而也是很实惠的好事。

比如他定下免费施茶送药的规矩，比如他出资建码头。胡雪岩曾在杭州城里修建义渡码头，这是一个施惠于四方百姓的善举。当时，杭州钱塘江上本来没有一座桥梁，与杭州隔江相对的绍兴、金华等通称“上八府”一带的人要到杭州城里，必须从西兴坐摆渡船，到杭州望江门上岸进城。从西兴摆渡过江，不管是“上八府”的人到渡口，还是下船上岸到进城，陆路都要绕道而行，而从西兴到望江门码头，水路航程长，风浪大，很容易出事。胡雪岩生长在杭州，这些情况当然是知道的，据说他早就有设义渡的想法，但在他开办自己的事业以前，他自然不会有力量来完成这桩心愿。胡庆余堂开办之时，他的资产已达数千万两白银。这时他做的第一件事，就是修义渡。他亲自查勘选址，亲自监督施工，在杭州三廊庙附近江面较窄的地方，修起一座义渡码头，让过往的人直接由鼓楼就近入城。而且还出资修造了几艘大型渡船，既可载人，还可载渡骡马大车。胡雪岩规定，所有客船过渡，全部免费。四方百姓无不拍手称好。

事实上，据史料记载，胡雪岩的一生的确做了许多好事，有些事情都变成定规定例，比如时值战乱年景他设粥场，发米票，天寒地冻之时他施棉衣……直到他面临破产的那一年，也没有中断。胡雪岩做的这些好事，使他在江浙一带获得了一个响当当的“胡大善人”的名声。

胡雪岩为一个善人的名称如此的散财施善，似乎有些让人不好理解。生意人将本求利，一分钱的用度总是有一分利的回报才是正理，连胡雪岩自己都说：“商人图利，只要划得来，连刀口上的血都敢舔。”而且“千来百来，赔本买卖不来”。散财施善，分文不取，用自己从刀口上“舔”来的血仅仅换来一个“善人”的名声，何苦来呢！如胡雪岩似的赚了钱能去做好事、善事，实际上为许多生意人所不为。

其实，胡雪岩说做生意赚了钱要做好事，正显示出他的超出于一般人的见识和眼光。他做好事，无疑有他的行善求名、以名得利的功利目的，比如他自己就说过："好事不会白做，我是要借此扬名。"胡雪岩做好事，也的确并不是与自己的生意一点联系都没有。比如他修建义渡，实际上就是与他的药店生意有关系，胡雪岩的胡庆余堂药号建在杭州城里河坊街大井巷，原来光顾药店的都是杭嘉湖一带"下三府"的顾客。义渡码头建成之后，从义渡码头进到杭州城里，必须经过河坊街。这义渡码头不仅为胡雪岩扬了名，其实也为来来往往的"上八府"的人直接到胡庆余堂购药创造了条件，等于是无形之中扩大了胡庆余堂的市场。不过，胡雪岩做好事还有一个十分明确的目的，那就是"做生意第一要市面平静，平静才会兴旺"，因此，他做好事也是在"求市面平静"，也是他做市面的一种方式。

从做生意的角度看，生意人有了钱想着去做点助穷济困的好事，其实也是为自己更好地做生意创造条件，比如因为自己的帮穷济困，使一部分陷入饥寒、落入困顿的人得到某种必要的救助，起码能起到一定的安定社会、平静市面的作用，为自己商务活动的正常开展创造了一个较好的外部条件和环境。俗话说"饥寒起盗心"。处于饥寒交迫之中无正常生路可走的人，在一种求生本能的驱使之下，自然要千方百计为自己谋一条生路，这是很正常的。比如历史上的农民起义。而失了生路又无救助的人一旦起了"盗心"，真正要"吃亏"的还是有钱人。因为穷人已经没有什么可失去的了。

因此，胡雪岩才十分强调，生意人也要能主动地帮助维持市面。

（二）借牌性格：理顺名气与经商的关系

树招牌要诀——越亮越好

很多商人的性格中都有一定要打出招牌的冲动，这也表明经商之成功，换句话说，经商之诀在于要能打出自己的招牌，因为没有响亮的招牌，就等于没有实力。招牌虚假，只能毁坏自己的声誉。所谓“招牌”，就是指公司的品牌和形象。胡雪岩是一个打招牌的高手，因为生意场上是十分注重树立形象的，从某种意义上说，能够树立起自己的形象，也就为自己奠定了成功的基础。做招牌、做场面，也就是树立自我形象的方式。胡雪岩的性格中总有一种让自己招牌越亮越好的性格，因为他知道这是成功的重要标志。像胡雪岩这样一个精明的生意人，自然懂得生意场上树立自我形象的重要，所以他也十分讲究做招牌、做场面。

亮出自己的招牌，是开始实施某项商务运作的第一步，因此，胡雪岩创办自己的钱庄、在物色钱庄“档手”的同时，就开始考虑如何为自己的钱庄题定招牌。他自知自己只会在“铜钱眼里翻跟头”，对题定招牌这样需要文墨功底的事情力不胜任，因而郑重其事地去请教王有龄。不过，胡雪岩虽然不知道题定招牌的遣词用字，但他知道题定招牌该有讲究。当王有龄告诉他题招牌自己也是破题儿头一遭，还不知道怎么题法、有些什么讲究时，他毫不犹豫地就摆出了题定招牌应该注意的几条原则：“第一要响亮，容易上口；第二字眼要与众不同，省得跟别人搅不清楚。至于要跟钱庄有关，要吉利，那当然用不着说了。”

胡雪岩这里讲到的几点要求，正是题招牌的关键所在：

其一，起名以畅

胡雪岩说的招牌用字要响亮，要容易上口，也就是要求题写的招牌要简洁明了、通俗易懂且读起来要响亮畅达，琅琅上口。挂出招牌的目的就是要让人记住，因此，这一点也就显得特别重要。如果一方招牌用字生僻，读起来佶屈聱牙，招牌的作用也就失去好多了。

其二，起名以别

用与众不同的字眼，使自己的商号在招牌上显出一种特别，而能在众多同行同业中引人注目。用现代商务运作的观点看，一个与众不同的招牌，实际上意味着一种独立的品位和风格。因此，这一点也显得非常重要。

第三，起名以适

招牌用字要符合自己商号的行业、行当的特点，要能让人一看招牌就知道你的商号是干什么的。

第四，起名以吉

这大约是中国人题定招牌时特别讲究的一点，不过这也确实符合商场上人们的一种普遍的心理。商场上，无论买方卖方，都希望能够大吉大利，谁也不会喜欢自找晦气。

就是根据这几点要求，王有龄为胡雪岩选择了“阜康”两个字。这两个字取“世平道治，民物阜康”之意，可以说是完全符合了胡雪岩的要求，因此胡雪岩将这两字念了两遍之后，立即欣然同意：“好极！……就是它。”

做名气需要有手腕，有花样，这是毋庸讳言的。但应该知道，做名气不是光去做花架子仅靠花架子做出来的名气，绝不是可以长久的名气，常言道：“瞒得了一时，骗不了一世。”花架子一旦被人识破，靠花架子“搭”出来的名气就会半文不值，不但失去了客户的信任和尊重，还会把自己逼入死胡同，以致很难再改变给别人留下的恶劣印象。

要做名气，关键还是要真正作出自己的“金字招牌”。

胡庆余堂开办之初，胡雪岩做名气的方针，就是要作出自己的“金字招牌”，换句话说，他要的是靠作出一块不倒的“金字招牌”，建立起真正的名气。因此，他在确定送药的同时，还在药店如何开法、怎样用人、怎样进料、怎样炮制等方面，定下了两条不变的原则：

第一，方子一定要可靠，选料一定要实在，炮制一定得精细，卖出的药一定要有特别的功效。按胡雪岩的说法：“说真方，卖假药，最要不得。”而且，胡雪岩还要求，要叫主顾看得清清楚楚，让他们相信这家药店卖出的药的确货真价实。为此，他甚至提议每次炮制一种特殊的成药之前，比如要合“十全大补丸”了，可以贴出告示，让人来参观。同时，为了让顾客知道本药店选料实在，绝不瞒骗顾客，不妨在药店摆出取料的来源，比如卖鹿茸，就不妨在药店后院养上几头鹿，这样，顾客也自然相信本药店的药了。

第二，药店档手除能干之外，更要诚实、心慈。旧时药店供顾客等药休息的大堂上常挂一副对联：“修合虽无人见，存心自有天知”，说的就是卖药人只能靠自我约束。不诚实的人卖药，尤其是卖成药，用料不实，分量不足，病家用过，不仅不能治病，相反还会坏事。而只有心慈诚实的人，能够时时为病家着想，才能时时注意药的品质，这样，药店才不会坏了名声，倒了牌子。

胡雪岩的这些原则，归总一句话，也就是靠诚实无欺来建立起自己真正的名气。这里当然也有为了让自己的诚实无欺能被别人知道而热热闹闹玩出的花样，比如贴告示让人来参观，比如在后院养上几头鹿，这都是别人没有的花样。但说到底，这些花样也都是一种以诚实无欺来“擦”亮自己的招牌的手段。一个有战略眼光的实业家，他的事业取得成功，绝不是靠坑蒙拐骗，而是靠诚实无欺，靠信誉，靠切切实实满足客户的需要。过去许多商家都会挂上“诚信招来天下客，无欺誉揽万人心”的对联，对联道出的确实是一个使自己的“金字招牌”永不倒的简单的“诀窍”。诚实不欺是所有生意行当的立足之本，也是在竞争中取胜的一个重要砝码。有才无德，仅靠耍花样来求名取利，到头来只能是搬起石头砸自己的脚，聪明反被聪明误。所以，胡雪岩很郑重地说道：“我们也不是故意耍花样。只不过生意要做得既诚实，又热闹。”

题定招牌，用现代商事术语说，也就是为自己的公司或商务机构做商业性命名。中国传统的说法是定字号，而用大白话说，也就是为自己的生意取一个名字，实际上也就像为新生儿取名一样。

不能小看了这一取名。做生意首先就必须求名，要有名目（也就是字号）别人才知道，要有名气别人才信服。而取一个好的名字，是成为金字招牌的基础，往往一叫就响。因此，一些有眼光的商人都注重如何为自己的商号题名。从这一角度看，胡雪岩对于自己钱庄招牌的重视以及他对题定招牌的要求，也显示了他精明的生意眼光。

创一个品牌，不是一件轻而易举的事情。在这条路上，可以说千难万险，困难重重。

这一点，“红顶商人”胡雪岩深谙此理。他说：“我想做生意的道理都是一样的，创牌子最要紧。”所以他一直在竭尽全力做好自己的招牌，经营出自己的品牌，创出自己的牌子。

胡雪岩一生极重名声、名气，崇尚名至实归。为保住“金字招牌”，一生苦心经营，取得了令人瞩目的业绩 。胡雪岩经营药业，是别有一番深意的。他认为药店既可救死扶伤，又可显扬名声，使妇孺皆知。他又把药业兼作公益事业来办，由此所收到的效果虽然是无形的，但却能转化成难以计数的实利。

胡雪岩的性格是要强的，但他不是一味张扬自己，而是靠“扬名”，去创“金”字招牌。这是聪明商家的做法。

名气即做人之道

在前面，我们已经谈到很多商人重名气的性格，其实重名气，并不是一件坏事，但是不能仅仅限于此点，如果把重名气看作炫耀的资本，那是浅俗商人的做法。真正的商人，是把名气与自己的经商结合在一起，即以做人为先，以赚钱为次，或者把做人看得重于赚钱，因为不会做人，就赚不了大钱。

生意场上，求名是为了求利。自我形象树立起来了，名气做响了，“金字招牌”擦亮了，生意也就自然会兴隆起来。这就是所谓名至实归。胡雪岩深谙“先赚名气后赚钱”的各种奥妙，因此开创一项事业之初，他总是把如何做名气放在优先考虑的地位。把名气做大，就能把生意做大。绝大多数人都爱为了赚钱而自我毁坏面子，露出贪婪样，此为胡雪岩一大忌。

胡雪岩在他的胡庆余堂创业之始，投入运作的第一步，想到的就是做名气。他要花大钱办两件事，第一是多卖乱世当口急需的救命药，对买不起药的人，免费奉送。第二，为军中提供只收成本的捐助型药品，比如“诸葛行军散”之类。他要在极短的时间内，为自己创出一块牌子。胡雪岩这一举措是受到一个发生在雍正年间的故事的启发。

雍正年间，京城里有一家规模很大的药店。这家药店制药选料特别地道，连雍正皇帝也很相信他们的药，让他们承揽了为宫中“御药房”供应药品的全部生意。有一年恰逢辰戌丑未大比之年，会试正是三月里，称为“春闱”。由于前一年是个暖冬，没下多少雪，一开春又气候反常，导致春疫流行。赶考学子病倒很多，有能够坚持的，也多是胃口不开，萎靡不振。古时科场号舍极其狭小，人在里面站起来立不直身子，坐下去伸不直双腿，而且一连三场考试不能出闱，体格稍差的就支持不住，何况精神不爽的人？

根据这一年的情况，这家药店抓紧配制了一种专治时气的药散，并托内务大臣奏报雍正皇帝，说是愿意将此药散奉送每一个入闱学子，让他们带入闱中，以备不时之需。雍正皇帝本来就有些为当年会试能否顺利进行而担心，有此好事，自然大为嘉许。于是这家药店派专人守在贡院门口，赶考学子入闱之时，不等他们开口，就在他们的考监里放上一包药散。这些药散的包封纸印得十分考究，上有“奉旨”字样，而且随药包另附一张“仿单”，把自己药店有名的丸散膏丹都刻印在上面。结果，一半是这家药店的药好，一半也是这些赶考学子的运气好，这一年入闱学子中报病号中途出场的，并不比往年多。这一来，出闱的学子，不管中与不中，都上这家药店买药。更重要的，由此一举，也让这些来自各省的举子把这家药店的名声带到各地，使天下 18 省，远至云南、贵州，都知道了京城里的这家药店，这家药店的生意，一下子就兴隆起来。

胡雪岩要做的两件事，取的就是这一招。乱世当口，逃难的灾民来自全国各地，送药给他们，既为自己赚得济世行善的好名声，又让他们把胡庆余堂的招牌带到了全国各地。而军营里的兵将更是哪里的人都有，让他们用上自己配制的药效实在的药，让他们都知道胡庆余堂的药好，也就是让天下人都知道胡庆余堂的药好。这样做出来的名气，比花多少银子雇人遍天下去贴招贴的效验，不知好了多少倍。

用现代的商业眼光看，胡雪岩的送药举措，其实也就是一种特殊的广告宣传方式。而且是一种一箭双雕甚至一箭几雕的绝招。第一，为自己挣得了热心公益的好名声；第二，取悦了官方，得到了官方的支持；

第三，利用逃难灾民及官军兵将为自己做了大规模的“活”广告，创下了自己的品牌，立定了脚跟。这些条件一经具备，可不就能财源滚滚？难怪胡雪岩在定下这一谋略之后，曾充满自信地说，只要别人相信我的药好，我就有了第二步办法——“要赚钱了”。

生意场上，求名是为了求利。自我形象树立起来了，名气做响了，“金字招牌”擦亮了，生意也就自然会兴隆起来。这就是所谓名至实归。

事实确实如此。比如胡雪岩阜康钱庄开张之初的认购户部官票，就实实在在地收到了名至实归的效果。这是“金字招牌”起了作用。

阜康开张第三天，钱业公所招集同业开会，商讨户部官票派购事宜，刘庆生接受胡雪岩的指点，在大家相持不下的时候，主动站出来一下子认购了15000两。发往杭州的官票总值是25万，这个时候，杭州城里加上新开业的阜康，大同行9家，小同行33家，按大同行一份、小同行半份的份额计算，阜康一下就挂了头牌。阜康这块招牌，也一下子就在官、商两界响亮起来。钱业公所将承销官票的情况上报藩台衙门，浙江藩台因为朝廷交下的公事圆满完成，高兴之下，对阜康踊跃认购，特加表扬，且决定上报户部，奏请褒奖。这一下就连户部以及京里的票号都知道了阜康的招牌。而不久后，也是因为这一次认购官票做得漂亮，浙江藩台把浙江解往“江南大营”江苏的“协饷”数十万两银子，都交由阜康代理。胡雪岩的钱庄生意，由此也由浙江做到了江苏。

而胡雪岩的药店胡庆余堂则更是如此。由于胡庆余堂在创业时期就定下的以诚实无欺做为宗旨，也由于胡雪岩向有病无钱的穷人免费送药和向军营捐药这两招，使胡庆余堂很快就名声大振。因为药材地道，成药灵验，经营也一直旺盛不衰，遇到春夏时疫流行的季节，上门的主顾常常排起长龙等药，胡庆余堂自然也是大为赚钱。胡雪岩的生意后来因为种种原因走向衰败，最后全面倒闭，他的其他生意如钱庄、典当、丝行以及私人财产如房产、田地，后来都落入他人之手，唯有胡庆余堂却完整地保留下来，实际上也在胡雪岩彻底衰败之后，为他保存了一笔不菲的家业。

究其原因，与他在药店生意上作出的名气，与胡庆余堂的“金字招牌”有着很大的关系。就连他的药店档手也十分清楚这一点。在阜康发生挤兑风潮且开始波及胡雪岩的其他生意，败局已定，胡雪岩面临查封家产的时候，他的药店档手为安抚店员所做的分析，就很有道理。他对店员们说，胡大先生办得顶好的事业，就是这胡庆余堂。胡庆余堂不仅赚了钱，也为胡大先生挣得了好名声。如果说亏空了公款，要拿胡庆余堂封了抵债，货色生材都可以入官，但这招牌是不会被摘下的。胡庆余堂如此大的名声，官府一定不会将它封掉，胡大先生也仍然是胡庆余堂的大老板。药店档手要求店员要格外勤奋，照常经营，抓药要地道，对待客人要和气，这只饭碗一定捧得实，不必担心。

真面子就是一块大招牌

面子有两种：一是真面子，一是假面子。性格正直的商人，取前者；性格虚伪的商人，取后者。对于胡雪岩来说，他认为，真面子就是招牌，真面子保得住，招牌就可以不倒。胡雪岩特别重视真面子，即使在危机四伏、大厦将倾之时，他也不忘记要保真面子。

上海阜康挤兑风潮，第二天就波及杭州。胡雪岩从上海返回杭州，还没有下船就得到了消息。而得到消息之后，他首先想到的是要把面子保住。为此，他采取了三项措施：

第一，所有一应排场照旧。胡雪岩一到杭州，就有在胡家地位特殊的乌先生上船接住，报告上海、杭州两地的“灾情”，同时他建议胡雪岩移舟到离家更近的万安桥登岸。胡雪岩的宅地在元宝街，他的钱庄在清河坊，因此，胡雪岩由外地回杭州，一向是在位于元宝街与清河坊之间也是杭州城里最热闹的望仙桥码头上岸。而且每次回杭，都要家人接轿，摆出极隆重的排场：身穿簇新“号褂子”的护勇在码头上站成两排，点起官衔灯笼，打起旗子，护着一顶蓝呢大轿，常常会引来大群看热闹的行人。乌先生的建议自然是因为风潮已起而希望胡雪岩不要过于张扬。但胡雪岩没有接受乌先生的建议，而且要求一切排场照旧。这当然是在保住面子，胡雪岩不能让别人以为阜康挤兑风潮一起，他自己就灰溜溜的了。

第二，阜康营业照旧。胡雪岩一到钱庄，就否定了钱庄档手谢云清和螺蛳太太商量的钱庄停业 3 天的决定，要求照常卸下排门做生意。不仅如此，他还要求谢云清连夜察看储户账目，做两件事情：一是提早将几个大户的利息结算出来，把银票送到他们门上去；二是告诉那些大户，年关已近，要提款应付开销的，尽可交待，以便预先准备。这是守信用，更是要做回面子。

第三，原拟要办的三女儿的喜事也照旧。胡雪岩此次从上海回杭州，其实主要就是为三女儿的婚事。虽然还未下船就知道了要命的“噩耗”，但胡雪岩一进家门，就告诉螺蛳太太，女儿婚事该怎么办还是怎么办，一切照常。而且，再难也要做到，不管用什么办法，场面无论如何要绷起来。这当然更是做面子。阜康挤兑风潮一起，是否仍按以前排场大肆操办女儿婚事，正是为众人瞩目的一件大事，如果女儿的婚事一改原来胡家办大事的排场风光，自然更是没有了面子。胡雪岩不能“丢”面子。

胡雪岩如此处置，当然不是“死要面子活受罪”的硬撑。

他如此处置的效果是十分明显的：第一，这些措施使客户保持了对阜康的信心，由此稳定了人心并保住了自己的信誉。正是有了这一系列措施，杭州的挤兑风潮才没有向恶性发展。第二，稳定了人心，也稳定了大户，使原本可能参加挤兑的大户不再加入挤兑风潮，减少了压力。钱庄生意最怕挤兑，挤兑最烈则是大户加入兴风作浪。大户稳定下来，零星散户，力能应付，也就无足为虑了。

这是胡雪岩危机中力挽败局的重要手段，只要在人们心中阜康的招牌不倒，就意味着还有重新振兴的希望。

打开自己的生意大门

有时候，小商人并不是因为缺乏能力，而是因为性格怯弱所致；大商人总有从大处着眼、从小处入手的性格，所以小商人的生意门又窄又小，而大商人的生意门又开又阔。这是对“门面”的两种不同态度。胡雪岩说：“门面就犹如人脸，不好会影响生意的。”怎样搞好一个店堂的门面呢？按照胡雪岩求善变大的性格，他制定了三个准则：宜址、精修、巧陈。

第一，“宜址”，即店的地址选择适宜。

1874 年，胡雪岩选杭州吴山脚下的大井巷为址建屋造店，创办胡庆余堂，这是有他的深意的。

吴山坐落于西湖南面，由紫阳、云居、七宝、峨眉等十多个小山头组成，西连凤凰山、将台山和玉皇山。相传，春秋时这里是吴国的南界，因而得名，又因山上有座城隍庙，所以又叫“城隍山”。吴山历史悠久，有很多古迹，如：春秋的伍子胥庙、晋朝的郭璞井、宋代的东岳庙、明朝的城隍庙等。在吴山的山岗上，因石灰岩长期溶蚀作用形成了一组惟妙维肖的“十二生肖石”，山顶上有一座高 8 米、双层重檐的江湖汇观亭，登上此亭北望西湖明澈似镜，南眺钱江宛若锦带。到了清朝雍正年间，“吴山太观”被列为“西湖十八景”之一，这个景目又包括金地笙歌、瑶台万玉、紫阳秋月、三茅观潮、枫岭红叶、云居听松等“吴山十景”。吴山的自然和人文景点吸引着众多的游客前来观光，使它成为杭州客流量很大的一个地方。

另一方面，杭州从唐宋以来就佛寺遍布，有“东南佛国”之称。在每年春暖花开的季节到立夏为止将近一个月左右的时间里，各地（主要是杭嘉湖三地及苏南一带）的善男信女身背写着“朝山进香”的黄布香袋，成群结队地涌入杭城，到各寺院烧香拜佛、许愿还愿。这种年年必有、规模宏大，具有宗教色彩的特色旅游给经商者带来了生意，他们或在寺院附近定点设铺、或随处流动设摊，出售胭脂、簪珥、牙尺、剪刀、木鱼、经卷、玩具、花篮、梳子、药物等物品。据范祖述原著、洪如嵩补辑的《杭俗遗风》记载：“城中三百六十行生意，一年中敌不过春市一市之多。大街小巷，挨肩擦背，皆香客也……各色生意，诚有不可意计者矣。”这种因烧香拜佛者聚集而成的商业性集市叫作香市。吴山早在元代就有香市，元代诗人贡有初在《春日吴山绝句》中有：“十八姑儿浅淡妆，春衣初试柳芽黄。三三五五东风里，去上吴山答愿香。”就从侧面反映了吴山香市的情况。到了清代，吴山香市与钱塘门外的昭庆寺香市、岳坟以北七八里开外的天竺香市成为杭州持续最久、规模最大、集市最盛的三大香市。

鉴于上述情况，吴山在生意人眼中具有特殊意义，而其脚下的大井巷是人们登吴山的必经之路，所以胡雪岩选中这块“黄金宝地”。他在上吴山的石级路旁购地 8 亩，开设建筑面积约 12000 平方米的胡庆余堂国药号，为其经营奠定了长期、固定的基地。应该说，这是很有眼光的。

第二，“精修”，即店堂修建精致，别具一格。

胡庆余堂初造时由东西并列的三进建筑组成（后来西边一进被拆除，现只剩两进）：头进是营业店堂，二进是制药工场，这种前店后场、产销结合的组织格局有利于灵活、及时地适应顾客需要。两进楼房之间有夹弄和风火墙相隔；每进设前、后天井，左、右有廊屋相连，呈环形通达之状，外观气派，结构简洁。

作为我国古代建筑史中不可多得的建筑群，胡庆余堂除了具备江南园林大红漆柱、镏金描彩、雕梁刻枋、飞檐镂格等古朴典雅的共性之外，还根据营业需要，有自己独特的创意：整座建筑被设计成仙鹤状，象征着店铺生机长存，四周造起高 12 米（墙脚就高达 2 米）、长 60 米的青砖风火墙。胡雪岩请人在靠河坊街的一面墙上写了“胡庆余堂国药号”七个特大汉字，十分引人注目。

胡庆余堂的上檐有一般建筑比较罕见的一排排花灯状的垂莲柱，正门在大井巷内，青石库门坐西朝东，青砖角叠的门楼上镶嵌着“庆余堂”三个金光闪闪的大字。跨过门楼，映入眼帘的是“进内交易”牌，四个镏金大字远看凸出，近看凹进，一望就知是高手之作。入口长廊被做成船篷轩。

人靠脸皮，店仗门面，胡庆余堂如此不落俗套的设计能不使人顿兴好奇和赞叹吗？

第三，“巧陈”，即店堂的内部摆陈巧妙适宜。

如果说，胡庆余堂像一只栖息在吴山脚下的美丽仙鹤，那么，它的门庭就像“鹤首”。过了门庭拐弯就是“鹤颈”长廊，迎面是一个八角石洞门，门洞上有青砖雕出的“高入云”三字，左侧横墙上堆塑着取材于神话传说“白蛇传”的“白娘娘盗仙草”图案，整个长廊的石壁挂着 36 块用银杏木精制、黑底金字的药牌，如外科门神丸、胡氏辟丹、安宫牛黄丸、十全大补丸、大补全鹿丸、小儿回春丸等等，牌上标明各种丸药的主治功能，于装饰之中巧妙地为顾客提供了极好的药材和药品性能的说明，既传播了中医药知识，又起到了广而告之的作用。

过了石洞门，长廊的末端有四角亭，檐挂精雅的宫灯，梁绘中医始祖神农尝百草、白娘娘盗仙草、桐君老祖白猿献寿以及李时珍、朱丹溪的故事，栩栩如生。看到这些饰画，人们很容易浮想联翩，如登仙界，如返幽古年代，在得到美的享受之余，从这些与中医密切相关的神话人物和古代先贤图中体会到中医文化的源远流长。四角亭下面有一排红漆锃亮的“美人靠”，这是视顾客为“养命之源”的胡庆余堂为顾客特设的小憩之处。长廊四周奇花烂漫，异草葱翠。

穿过“鹤颈”长廊往右拐就是第二道门，门楼两边有“野山高丽东西洋参，暹罗（泰国旧名）官燕毛角鹿茸”的对联，上端横卧一方“药局”匾。要知道，过去的药业分药店和药局两类，药局规模大，包括直接向产地进货的药号、批发的药行。胡雪岩有银号、钱庄、典铺互为挹注的金融网，资本大、手面宽，兼营药号、药行、药店，因此，堂而皇之地挂了“药局”匾，颇有雄视医药界的威风。

跨过“药局”门楼的青石门槛，便来到坐北朝南、金碧辉煌的营业大厅。这里雕栏画栋、宫灯高悬，顶棚玻璃透光明亮，厅堂陈设琳琅满目。牛腿（连接柱、梁的建筑构件）精雕吉祥动物图案和栩栩如生的人物故事，大厅两旁分立高大的红木柜台，左侧为配方、参茸柜，右边是成药柜，给人一种庄重的感觉。柜台后边更高大的“百眼橱”摆着色泽不同的瓷瓶和幽幽发光的锡罐，神秘而又高雅。“百眼橱”格斗里存满各种药材饮片，正中的“和合”柜台，两边挂着“饮和食德，俾寿而康”的“青龙”招牌，说的是饮食适可、有规律，使人健康长寿，也在向行人揭示“饮和食德”是要挤垮、吞并杭城另两家资格老、规格大的药号“许广和”与“叶种德”，含有竞争的火药味。“和合”柜台两侧有两副对联，外面一层是“庄云在霄甘露被野，余粮访禹本草师农”，横批是“真不二价”；里面一层是“益寿延年长生集庆，兼吸并蓄待作有余”，中间上方挂“庆余堂”横匾。两副对联笔法遒劲，而且各自巧妙地把“庆”、“余”二字用于对联首尾。值得一提的是，“庆余堂”三字出自南宋奸相秦桧（1090～1155年，江宁人）在秦府落成时书写的“余庆堂”的手迹。秦桧在宋金对峙的形势下，主张向金称臣纳币、主持和议，并以“莫须有”的罪名杀害精忠报国的抗金名将岳飞，结果被后人铸成反剪双手、面岳墓而跪的铁像，还落得个“白铁无辜铸佞臣”的千古骂名。不过，秦桧品德虽然不好，却是一位大书法家，而且他在北宋末年历任左司谏、御史中丞，南宋高宗年间两任宰相，前后执政19年，特别是冤杀岳飞一案提高了他的知名度，虽是遗臭万年，但几乎家喻户晓。胡雪岩将秦桧“余庆堂”手迹颠倒为“庆余堂”来用，除了欣赏秦桧的字，恐怕还隐含从反面利用秦桧的“名人效应”的因素，这大概又是他得意的一则广告创意吧。

在胡庆余堂制药工场的东楼和作为门市部的西楼之间有一条长长的通道相连。封建时代不允许商人在店堂里擅设通道，但胡雪岩被赏戴红顶花翎、穿黄马褂后，成为晚清商界“异数”，才有此特例。这条通道名叫“长生弄”，中间比两旁高出些许，俨然如皇宫及官府内的甬道，显示出胡庆余堂药号主人的显赫声势和大药号的排场。

可见，胡雪岩的店址的选择佳宜、修制精好、摆陈巧妙，使得胡庆余堂的门面有很高的文化品位，与众不同，极有个性色彩。胡氏的三个准则在今天也还具有积极的借鉴意义。

△ 胡氏求胜性格之现代释用（一）

先借别人的钱，再去赚更多的钱

胡雪岩是善借高手，他明白不靠借势是很难打开商道的，所以在“借”字上下尽百般功夫。从胡雪岩借势经商看，告诉古今中外所有商家一个基本的经商之道，就是只有善借者，才能先得天下。特别是一个初涉商道的人，手头的资金不够，那么怎样才能借别人的钱，赚更多的钱呢？这是一个非常实际的问题。下面举例说明：

丹尼尔·洛维格，1897年生于美国密歇根州，洛维格父亲是个房地产生意的经纪人。洛维格10岁时，父亲和母亲因为个性不合离婚了。这样，洛维格跟随父亲离开家乡，来到了得克萨斯州的小城——阿瑟港，一个以航运业为主的城市。

洛维格对船情有独钟，几乎到了着迷的程度。终于，高中没念完就去码头工作了。他先给一些船主做帮工，拆装修理轮船引擎。洛维格对这一行有出奇的灵气，简直称得上无师自通。

由于他手艺出众，揽的活越来越多，忙都忙不过来。于是干脆辞职，独自开了个修理行。

就在洛维格即将30岁的时候，灵感开始迸发了。童年的一个小小的赚钱经历出现在他的脑海里。

在9岁时，他偶然获悉邻居有条柴油机帆船沉在了水底，船主人想放弃它。洛维格向父亲借了50美元，用其中一部分钱雇人把船打捞上来，又用一部分钱从船主人手里买下它，然后用剩下的钱请人把那条几乎报废的帆船修理好，再转手卖出去。这样他净赚了50美元。他知道如果没有父亲的那50美元，他难以做成这笔交易。洛维格发现，对于一贫如洗的人，要想拥有资本就得借贷，用别人的钱开创自己的事业，为自己赚更多的钱。

洛维格能选择的唯一办法，就是向银行申请个人贷款。在相当长的日子里，纽约的很多家银行里都能见到他忙碌的身影。他得说服银行家们贷给他一笔款，并且使他们相信他有偿还贷款本金及利息的能力。可是银行对他的请求一一给予了拒绝。理由很简单，他几乎一无所有，贷款给他这样的人风险很大。希望一个个像肥皂泡般破灭。就在绝望之际，洛维格突然计上心来。他有一条尚能航行的老油轮，他把它重新修理改装，并精心“打扮”了一番，以低廉的价格包租给一家大石油公司。然后，他带着租约合同等去找纽约大通银行，说他有一艘被大石油公司包租的油轮，如果银行肯贷款给他，他可以让石油公司把每月的租金直接转给银行，来分期抵付银行贷款的本金和利息。

经过研究，大通银行的经理们答应了洛维格的要求。当时大多数银行家都认为此举简直不可思议，把款贷给洛维格这样一个两手空空的人，等于是把钱白白扔进大海里。但大通银行的经理们自有他们的道理：尽管洛维格本身没有资产信用，但是那家石油公司却有足够的信誉和良好的经济效益；除非发生天灾人祸等不可抗拒因素，只要那条油轮还能行驶，只要那家石油公司不破产倒闭，这笔租金肯定会一分不差地入账的。洛维格思维巧妙之处在于他利用石油公司的信誉为自己的贷款提供了担保。

他拿到了大通银行的第一笔贷款，马上买下一艘货轮，然后动手加以改装，使之成为一条装载量较大的油轮。他采取同样的方式，把油轮包租给石油公司，获取租金，然后又以包租金为抵押，重新向银行贷款，然后又去买船，如此循环往复，像滚雪球似的，一艘又一艘油轮被他买下，然后租出去。等到贷款一旦还清，整艘油轮就属于他了。随着一笔笔贷款逐渐还清，油轮的包租金不再用来抵付给银行，而转进了他的私人账户。

洛维格拥有的船只越来越多，包租金也滚滚而来，洛维格不断积聚着资本，生意越做越大。不仅是大通银行，许多别的银行也开始支持他，不断地贷给他数目不小的款项。

洛维格没有就此满足，他有了一个新的设想：自己建造油轮出租。

在常人看来，这是极为冒险的举措。投入了大笔的资金，设计建造好了油轮，万一没有人来租，怎么办？凭着对船特殊的爱好和对各种船舶设计的精通，洛维格非常清楚什么样的人需要什么类型的船，什么样的船能给运输商们带来最好的经济效益。他开始为一些客户“量体裁衣”地设计油轮和货船。然后拿着设计好的图纸，找到客户，一旦客户满意，立即就签订协议：船造好后，由客户承租。

洛维格拿着这些协议，再向银行申请高额贷款。此时他在银行家们心目中的地位已与过去相比不可同日而语了。以他的信誉，加上承租人的信誉，洛维格向银行提出给予他很少人才能享受的“延期偿还贷款”待遇，也就是说，在船造好之前，银行暂时不收回本息，等船下水正式营运后，再开始归还银行贷款本息。这样一来，洛维格可以先用银行的钱造船，然后租出，以后就是承租商和银行的事，只要承租商还清了银行的贷款本息，他就可以坐收源源不断的租金，自然而然地成为船的主人了。整个过程他不用投资一文钱。

洛维格的这种“空手套白狼”的赚钱方式，乍看有些荒诞不经，其实每一步骤都很合理，没有任何让人难以接受的地方。

如果说洛维格的初步成功是靠了他的天才思维，那么后来他的事业跨上巅峰，多少还是靠了一定的机遇。

二战爆发时，也就是洛维格 40 岁的时候，他已经有了规模不小的船厂和码头。随着太平洋战争的开始和加剧，美国政府需要大量船只。洛维格和政府机构很快打上了交道，政府向他订购了大量的船只。洛维格的资本急剧地膨胀起来。

战后，美国经济开始走向繁荣，可是洛维格却逐步陷入了困境。因为政府大大地提高了对造船业的税率，各种各样的税赋山一般沉重地压得这一行业的人喘不过气来。同时，工人工资提高、原材料价格上涨，形势逼人。就在此时，洛维格以他的远见，决定走出美国，向国外输出资本。

当时，日本政府积极恢复经济，正急需引进外资，以求发展。野心勃勃的洛维格把目光投向了那里。日本战前的海军重港、从前专门生产其主力舰、航空母舰的地方——吴港，因为战争的缘故，被美军夷为平地。工人们纷纷被遣散，造船厂也关门大吉了。当时日本人一心想重建它，但又不敢惊动美国政府，怕美国把吴港作为美军的军事造船基地。精明的洛维格猜透了日本政府的顾虑，便以私人的身份来到这里，向有关部门进行游说。他很快赢得了吴港地方官员的信任，跟他签订了造船协议，并向他提供了廉价的劳工和平价的钢铁。

洛维格租下了码头，不仅租金低廉，日本政府还给予他免税免赋待遇。吴港的发展给洛维格的产业注入了新的活力。他所造的船吨位越来越大，船队也越来越庞大。在世界各地的海域里，都有了洛维格的船只。

借钱生财，从小到大，从弱到强，可谓深悟经商之道。

△ 胡氏求胜性格之现代释用（二）

靠广告效应造声势

胡雪岩经商重视招牌的巨大作用，甚至把名气看得比赚钱还重要，这是大商家的经商意识，尤其值得令人学习。在现代经商中，打名气的常用手段是借助于广告，这样做的好处是什么呢？做生意，广告具有强大的推动效应，因为广告能宣传自己，打出品牌。现代商家，都非常重视通过广告打造一块发亮的金匾，以求做到品牌化。实际上这与胡雪岩的重名气、打招牌术是一致的。可看一例：

1961 年日本经济在世界市场中实施自由化，速溶咖啡也是从这一年的 7 月 1 日开始向日本自由进口，因而形成了速溶咖啡的风潮。在此后的 30 年，雀巢咖啡完全控制了日本的速溶咖啡市场，速溶咖啡占有量经常保持在日本市场的 70% 以上。

雀巢咖啡在日本市场的销售成功，是因为借鉴美国的现代经营策略，得力于广告宣传的效果。因为日本经济自由化后，雀巢咖啡以广告宣传来加强商品形象，尤其是推行对口广告的宣传策略，在电视、报纸及杂志上大获成功。

1961 年，雀巢黑标瓶装咖啡通过“我就是雀巢咖啡”这部有名的广告片反复出现在日本各电视台节目中。广告中提到“雀巢咖啡保证让您有买到好东西的成就感和满足感。口味不同、香味不同、溶解不同……温水一泡，瞬间即成！在冰水中亦可即刻溶化，是最高级的速溶咖啡，喜爱喝雀巢咖啡的家庭占世界第一，请您一定要尝试。”当时的雀巢咖啡绝对不便宜，但在这简短的广告中，雀巢咖啡已强调出它的高级感。第二年，“集千万粒咖啡于一匙中”的文案经常出现在报纸、杂志上，由弘田三枝子主唱的广告歌曲——“43 粒”，在电视上也出击见效，弘田三枝子也由此一跃成为耀眼的歌星。接着在 1965 年，雪村泉主唱的“咖啡，就是雀巢咖啡”，也成为日本儿童琅琅上口的儿歌，雀巢咖啡在大众心目中留下了深刻的印象。同时，雀巢咖啡开始降价，消费者群体进一步扩大。1967 年，以冷冻干燥法制成的雀巢咖啡开始上市，“世界都市系列”广告片也同时开播。

“世界都市系列”广告片动人的内容给日本大众留下了难忘的印象：“在纽约的晨景中，‘迅速泡一杯咖啡嗜好者所爱喝的咖啡，雀巢咖啡’，传达了纽约商业社会那种紧张的生活。‘如梦幻般的游船泛于湖上，威尼斯这个恋情的发源地，令人兴奋的雀巢咖啡，咖啡嗜好者的咖啡，雀巢咖啡’。”

随着“更好喝的雀巢咖啡”的口号，冰咖啡冲泡六法的广告活动由此开始。“咖啡嗜好者所推荐的咖啡，雀巢咖啡”也开始于这个时期。1970 年，雀巢推出剔除 91% 咖啡因的红标雀巢金牌咖啡。这个以钢琴家中村宏子鲜“红”装扮出现于观众面前的广告片，至今仍使人记忆犹新。

以“烤后的法国面包充满笑容”来衬托巴黎的早晨，以“在冷风中的热雀巢咖啡，令人垂涎”来衬托斯德哥尔摩的风景——“让雀巢咖啡，无论何时何地，与您同在”的广告片，是以世界各都市的风貌来吸引家庭主妇。同时，黑标雀巢咖啡的销售量并没有因为金牌咖啡的上市而受到影响。“清爽的一天开始了，清爽的味道，雀巢咖啡，凉快的清晨，愉快的笑容”的广告效果，还是不断地使黑标雀巢咖啡继续成长。

1972 年，“了解差异性的男人”广告片推出，以特殊限定来提高形象的做法，终于扩散为“一般性”需要。

“雀巢金牌咖啡”上市后，所创制的电视广告，如“了解差异性的男人”、“世界都市系列”等更是接连告捷。

和雀巢咖啡竞争失败的品牌，误认为雀巢咖啡的成功只是得力于广告和销售手法，断定只要模仿其做法即可与之竞争。事实上，雀巢咖啡的广告、促销和销售方法，完全公开，任何人都可以模仿。雀巢咖啡广告强调的是“雀巢金牌咖啡”与主力产品“雀巢卓越者咖啡”之间的差异性，即制造方法与原料的不同。并且，自我限定附属性产品的销售量以衬托其主力产品，雀巢金牌咖啡就是这样自我限定，使其营业额停留在主力产品——雀巢卓越者咖啡的 1/2 以下，以支持雀巢卓越者咖啡的销售成功。

为回应消费者多样化购物导向，雀巢产品也力求具有多样化性能。尤其是雀巢的速食品，这种多样化性能更为突出。雀巢公司的美极品牌等速食产品大多具有多种性能，而其他品牌性能往往较单一。雀巢卓越者咖啡具有这样的多样性能，从小孩到成人、老人，不论男女，皆可随心所欲地购买，再加上与其销售渠道的选择连成一气，因而就能获得良好的效果。也由于消费者对普通型的雀巢卓越者咖啡已经习惯或有亲切感，所以当雀巢公司再推出“高级”品牌时，消费者自然也会全力支持。

在雀巢咖啡中，普通型的卓越者咖啡和高级型的金牌咖啡、总统咖啡，加起来在日本市场约有 70% 的占有率，而其中 60% 左右是属于雀巢卓越者咖啡。从这种比例可以看出，电视中各种产品广告的比例均有明显的差异。对口广告的奥秘盖在于此。

1981 年，雀巢公司进一步推出新的广告文案：“夏天一到，欧洲翩然而至。”“丰富的味道，世界各地都喝雀巢咖啡。”此时，日本独特的冰咖啡喝法开始普及，市场也开始稳定。“手制的饼干，加上雀巢咖啡，悠闲自在的生活”；“把香榭丽舍大道烧得滚烫的巴黎之夏，雀巢冰咖啡就像塞纳河的冷风，冰凉了您的杯子”。这种广告让人感觉好像置身于巴黎的咖啡厅喝雀巢咖啡，备感愉快，这给逐渐西化的日本国民以极大的诱惑。这也是雀巢咖啡溶入日本人生活，产生日本式独特喝法最有力的证据。

更令人不可思议的是电视广告音乐的效果。从 1980 年开始，雀巢咖啡也像可口可乐一样在广告片中插入许多首歌。它的广告歌词乍听之下，可以知道是在宣传热咖啡的种种优点，但翻译成日文，却是强调喝冰咖啡的愉快感。这种别出一格的广告音乐，当然会引起消费者的极大兴趣。

总之，雀巢的成功，销售量的稳定增长，与独具特色的广告宣传手法，加上配合广告所采取的适当的促销策略是密不可分的。

[二]

胡氏善算性格
草率出手就会失手

挣钱的感觉真好！这是许多商人的真切感受。但钱不是水龙头里的水一拧就来，需要靠思考“拧”出来。这就是说，尽管挣钱的感觉很好，但不能像猛李逵那样抡起板斧四处开花，草率为之，而是要能像诸葛亮那样掐掐算算把每一步都计划得严丝合缝。做到这一点，必须要有善算的性格，要能坐得住、想得妙。可惜有很多商人都是一味求快、快、快，结果就像一个莽汉在商场中乱蹦一样，不但累了自己，还会颗粒无收。

胡雪岩特别注意训练自己善算的性格，学会像工兵一样去摸势察情，辗转左右，敲敲打打，然后再拿出一套可行的方案。一旦出手，就绝不失手。此等力戒草率的性格，你可能一两次体会不到其好处，但一旦你前功尽弃的时候，就会人仰马翻。所以劝你多向胡雪岩学一学这种善算的性格。

（一）细算性格：以发现问题为第一

做事要想好，但绝不拖延

有些性格草率的人，做事情总是急急忙忙，脑子中并无多少把握的时候，就开始动手，结果失败者居多。胡雪岩性格谨慎，不了解情况时，为求了解，急如星火，等到弄清楚事实，有了方针，他就从容了。说是“慢慢儿来”，但绝不是拖延，更不是搁置，帮他做事，须知这一点。

对于胡雪岩这样一位眼界开阔、头脑灵活且敢想敢干的人来说，实在是到处都能见到财源，到处都能开出财源。比如他为销“洋庄”走了一趟上海，在上海的“长三堂子”吃了一夕花酒，酒宴上与那位后来成为他可以生死相托的朋友古应春的一席交谈，就让他抓住了一次赚钱的机会。

古应春是一位洋行通事，也称“康白度”或“康白脱”。中国开办洋务之初，这样的通事是极要紧的人物。他们表面上主要充当的是类似今天的外事翻译的角色，但由于这一角色的特殊性，在当时的外贸活动中，他们其实还承担着为买卖双方牵线搭桥的职能，实质上也就是后来所说的买办。“康白度”或“康白脱”等也就是英语 comprador 的音译。有意思的是，在咸、同年间名人的笔记中，也有将这个词译作“糠摆渡”的，并就中文意思加以附会解释，称买办介于华人和外商之间以助成交易，犹如以糠片做摆渡之用。这种解释既有指明买办居间于华、洋之间的作用，也暗含讥诮。不过尽管如此，却也歪打正着，部分道出了买办的职事性质。

胡雪岩要和洋人做生意，自然一定要结识这样的要紧人物。胡雪岩来到上海，设法托人从中介绍与古应春相识。请吃花酒是当时上海场面上往来应酬必不可少的节目，于是便由胡雪岩做东，尤五出面，在怡情院摆了一桌以古应春为主客的花酒。酒席上，古应春谈起他自己参与的洋人与中国人的一桩军火交易。那一次洋人开了两艘兵轮到下关去卖军火，本来价钱已经谈好，都要成交了，半路里来了一个人，直接与洋人接头，听说太平军有的是金银财宝，缺的是军火，洋人一听立即单方毁约，将原来议定的价格上涨一倍多。买方需要的军火在人家手里，自然只能听人家摆布，白白让洋人占了大便宜。

古应春讲这段经历，是因为愤慨于中国人总是自己相互倾轧，以致让洋人占了便宜。但古应春的这段经历，也引起了胡雪岩要尝试与洋人做一票军火生意的兴趣。在胡雪岩看来，当时有两个情况决定了这军火生意可做，而且一定可以做成功。第一，当时上海正闹小刀会，两江总督和江苏巡抚都为此大伤脑筋，正奏报朝廷，希望多调兵马，将其一举剿灭。兵马未动，粮草先行，可以先备下一批军火，官兵一到，就可以派上用场。胡雪岩知道江苏巡抚是杭州人，他可以通上这条路子。第二，此时太平军也正沿着长江一线向江、浙挺进，浙江为地方自保，正在办团练，也就是组织地方武装。办团练自然少不了枪支弹药，借王有龄在浙江官场的势力，促使浙江地方购进一批军火，也不成问题。反正洋人就是要做生意，枪炮既然可以卖给太平军，也就没有不卖给官军的道理。

事情一旦想到，立即便着手进行，这是胡雪岩一贯的作风。请古应春吃花酒的当晚，酒宴散后已是子夜，胡雪岩也仍不肯休息，留下尤五商谈与古应春联手同洋人做军火生意的事宜，甚至将如何购进、走哪条路线运抵杭州、路上如何保障军火安全都考虑到了。第二天他又约来古应春，又细细商定了购进枪支的数量、和洋人进行生意谈判的细节、如何给浙江抚台衙门上“说帖”等事宜。第三天，胡雪岩就和古应春一道会见了洋商，谈妥了军火购进事宜。从动起做军火生意的念头到此时，不到 72 个小时，这笔生意就让胡雪岩做成了。

胡雪岩认为，只要发现是财源，甚至只要产生一个念头，就立即想到去付诸实施，这就是要反应迅速，敢想敢干。生意人面对的总是与时局、政局紧密相连，且总是处在不断变化之中的具体的市场。市场出现的各种具体情况以及变化，对于生意人来说往往既是挑战也是机会。能及时针对具体市场情况作出迅速反应，才能不断地为自己开辟新的经营渠道，也就是为自己开拓出新的财源。

想好就干，神速出击，值得任何一个现代商人深深体会和借鉴。

凭智慧与做人做生意

智慧型的人，总有这样一种性格，不是靠蛮力做人办事，而是靠智力做人办事，所以总能达到“巧妙”的境界。胡雪岩经商讲究“智”。他所谓智即权变，也就是观察市场，通权时变。这是一个商人的基本要求。而胡雪岩的商业智慧，还有两个与众不同的特点。第一是把智运用到义上，以攻人心为上，以此把握商情；第二是把智化解为“眼光”，以此评判生意。

胡雪岩的智慧的首要特点就是化智入义，把自己在人情关系上的基本才智充分发挥出来。体人情，通人性。他对人情的体察到了十分细微的地步。

比如他因资助王有龄而丢了饭碗，自己落魄了，他绝不去找老关系的麻烦，宁可屈就去吃门板饭。一旦发达了，他又精挑细选礼品，把老同事们服侍得服服帖帖。个个觉得，胡雪岩这人有难了不会找熟人麻烦，有福了会和大家一起享。

这个智慧就是人情的智慧。胡雪岩知道人心厌恶啰唆，有人给你找麻烦总是件不快的事；反过来，人本性中又总爱占小便宜，你能满足他这一小小本性，他就会喜不自胜。

这个入微体贴的关于人性的知识运用起来了，做出来的行为就入了义。

比如和淞江漕帮的尤五谈"民折官办"的事情时，揣知尤五卖米有难色，不是不卖，而是卖了不甘心，自有隐衷。胡雪岩就捕捉到了这一心理，并且拿话挑明了，告诉尤五，有什么难处，胡雪岩自然会帮，否则还不如不买这批粮食。

难处积在心里头，被人讲明了，并且帮你落实了解决办法，这就是为人筹计的举动，显见出是朋友了。因此，关于人性的体察，又化作了与义有关的举动 。

这种智，算不算商业智慧？应该算，而且应该是上乘。因为这种智慧是边拆边用，边用边结，最后上升为义，又为以后的商业往来打开了路子。新的机会，由于受这种义智的鼓励，是越滚越多，越扩越大。等于每一次都为未知的下次增加了取胜的机会。它和单纯的商业市场估计大为不同。

我们拿绿营兵罗尚德存银 12000 两的例子来做比较。

按一般的市场规则做的话，只需点明银两，立折为凭即可。或者按现代银行储蓄来做，发现此人行踪可疑，身份与银两出入太大，先把来人稳住了，找到警察来盘问清楚再说。

胡雪岩却是人未打交道，义名已经在外。罗尚德是听了自己的表亲杨书办讲述胡雪岩的侠义之举后作出判断的：姓胡的这人靠得住。

这个判断正是胡雪岩关于人性智慧运用后化智入义的结果。

一次是资助王有龄，人皆尽知。

第二次是阜康开业，先开二十个大洋的户头折，托杨书办一一送到官场内室手里。

有了胡雪岩的一贯表现，罗尚德就有信心上门存银了。

存银却不要折，也不要息，显见是别有隐曲。换一个人不见得会处理。胡雪岩却借故要和他摆一碗。

这一摆就有了时间缓冲。胡雪岩又算对了，酒酣饭饱，罗尚德把自己的故事全倒给了胡雪岩听。

罗尚德年轻时嗜赌，结果亲家老丈召他入堂，告诉他，如果他愿意退婚，原借债不算，另外奉送他1500两银子。罗受此刺激，撕了婚约，投军攒钱，用尽了各种手段，发誓要把这笔欠款还清。

胡雪岩的商业头脑又活动开了，向罗尚德表示，罗的这笔钱，以3年为期，3年后来提，15000两足银。

利息给的是高了点儿。

不过，首先，又是一个化智入义的机会。有了自己的这一表示，成例放在那里，经罗尚德回去那么一宣传，恐怕短期内的存款，单是罗尚德这一号当兵的，累加起来也会不下10万。其次，利息高低，全看你对存款如何运用。头寸足了，生意大了，区区利息，实不算什么。

胡雪岩的商业智慧，实在是以智养智了。

还有一点，胡雪岩不但用他对人情的通透了解结义，化智入义，而且善于攻心，化智为利，化智为势。

比如对抚台黄宗汉的贪吃贪索，那是毫无“义”字可言的。但是胡雪岩照塞不误。先是从上海往他老家汇去了20000两，后是从杭州往北京帮他汇到户部10000两。

前一笔化为黄宗汉对王有龄的提拔，从海运局转为署理湖州府；后一笔化为对嵇鹤龄的补缺，允许由嵇代王有龄在海运局的原差使。

两个差使各管一摊官银，只要自己人在，不愁官银不从阜康过，阜康的头寸手面实力更不在话下。

嵇鹤龄曾戏称宁可拿钱塞狗洞，也不肯白出孝敬费；王有龄也对抚台大人的暗示置若罔闻，落得抚台大人把脸一沉，端茶送客。

胡雪岩只是听，听出门道了，就适逢其时地派人把事情办了。

这就是胡雪岩攻人心的智慧，即便它是人性的负面，表现出来是恶劣的，也要顺着对它的了解去做。

不仅如此，胡雪岩还具有化智为“眼光”的高超本领。

在上述罗尚德存银一例中便可看出胡雪岩的眼光来。通俗地说，化智入义均是眼光。就是说，胡雪岩人在做眼前的生意，思想却是放在将来。所以他不做一锤子买卖（好像准备趁着谁还没醒悟过来，大捞一把，赶快洗手似的）。

胡雪岩的眼光还有另外一种：“做生意怎么样的精明，十三档算盘，盘进盘出，丝毫不漏，这算不得什么！顶要紧的是眼光，生意做得越大，眼光越要放得远。做大生意的眼光，一定要看大局，你的眼光看得到一省，就能做一省的生意，看得到天下，就能做天下的生意，看得到外国，就能做外国的生意。”

这是从大处显示商业智慧。

眼光看得大，看得远，手头做起事来就放得开，摆得匀。比如官票初次发行，信用不可知，小眼光的只看到这一点，大眼光的则看到官府平逆，民心所向，所以这信用得靠同行维持，官府信用好了，做钱业生意的也跟着占便宜。

胡雪岩的商业智慧，有这两点与众不同，也就注定了胡雪岩走上与官府合作、受朋友拥戴的道路。尤其是化智入义这一点，把侠义之心渗入到商业活动中，把握了人性中极为复杂的方面，使得胡雪岩有了“东南大侠”的尊誉。现在的人，之所以为胡雪岩所激动，正是因为胡雪岩迎合了人们的浪漫性格。假定一个商人工于算计，斤斤计较，按现代资本主义眼光看，符合商人的一般标准，但其智慧是冷苛型的，作出的事也必平庸无奇、无情无义，总没有胡雪岩的义智型来得光艳照人。

先收编，再征服

做生意必须要有好帮手，不能单打独斗，这是非常重要的一点。对于胡雪岩来说，他有一句名言，叫“先收编，再征服”，意为要学会找人为自己谋天下。因此，胡雪岩的善算性格，在这一点就表现得特别明显。胡雪岩在湖州做生意，与洪帮势力的诚心接纳，是其经营生涯中极为精彩的一笔，因为他这是用心智笼络对手的。

这一年，王有龄补了湖州知府的实缺，要去湖州府上任。启程那天，胡雪岩和一帮朋友，定了5艘大官船，满载礼物馈品、地方土仪、陪唱戏子，在船上开桌子摆酒，张张扬扬、风风光光，给王有龄送行。

船行至湖州境内，两岸的桑林引起了胡雪岩浓厚的兴趣。

凭借职业的敏感性，他仔细观看河边，见桑林连绵，无边无际，有如绿色海洋，宽阔浩瀚。如此广大的桑林地带，该养活多少做丝的农家！

胡雪岩怦然心动，叫过船家询问。船家告之说，湖州自古为丝米之乡，农家终年三件事：栽桑，养蚕，种稻。湖州丝质量上乘，远销海内，连上海外国洋行的丝厂，也要到湖州采购生丝呢。

说者无意，听者有心。胡雪岩暗暗叫好，他早就有心要做生丝生意，苦于无从下手，没想到应在湖州地面。做生意讲究天时、地利、人和。胡雪岩盘算，眼下正当产丝季节，可谓天时，湖州为产丝地方，正合地利，最后一个也是顶顶重要的条件，王有龄赴任湖州，自大一方，令行禁止，谁敢不从？可做丝生意的强大靠山。

想到就做。当夜，胡雪岩同王有龄在舱里促膝长谈，提出自己的设想。

王有龄不懂经营生意，但会用人，他相信胡雪岩具有经济天赋，只要放手去干，必会大发利市。自然言听计从，支持他在湖州开办丝行。

当王有龄在湖州府衙大堂坐定时，胡雪岩的丝行也在湖州城开张了。他原以为凭借知府大人的权势，湖州百姓自会源源不断地将生丝送到丝行来。但开张几月，门可罗雀，眼见同业丝行生意兴隆，自己却无丝可收。胡雪岩猜测其中必定有蹊跷，派了一个贴心伙计四处打听，到底是谁从中作祟？没过几日，小伙计满载而归，把打探所得告诉胡雪岩。

湖州的丝行，统归顺生堂调遣。顺生堂虽是民间会社，来历却非同一般。明朝崇祯四年，燕人洪盛英中进士，官拜翰林，他为人精明练达，慷慨好义，豪侠之士纷纷慕名而来，投拜在他门下，时人称他“小孟尝”。后来清军入主中原，洪盛英联合明朝遗民进行反清活动。后战败阵亡。其徒众撤至台湾，在郑成功指挥下，创立“运论堂”，此为江湖“洪门”最早的秘密会社。

雍正九年，清兵火烧少林寺，洪门子孙四散逃跑。翰林学士陈近南力谏朝廷停止摧残少林寺，未能如愿。陈近南回湖北故乡，收罗洪门弟兄，以“洪”字为结盟之姓，创“三合会”组织，各地纷纷响应，借洪门为招牌，创立“天地会”、“哥老会”、“义兴党”等洪门团体，从此，“洪帮”在江湖上形成浩大声势。湖州“顺生堂”是“洪帮”在湖州的一个分支，以“洪门”为正宗，信奉五字真言：明大复兴一。本来，洪帮与清朝对峙，屡遭朝廷围剿取缔，处于地下状态。但洪帮人多势众，深受百姓拥戴，清兵剿而不灭，越剿越多，反有燎原之势。同时，从洪帮分出的青帮也与洪帮遥相呼应，成犄角之势，朝廷对洪帮的态度也只有渐渐改变，改剿为抚，收买笼络为上。

湖州顺生堂打出“安清顺民”旗号，保境安民，排解纠纷，官府对它并不反感，时时还要借重它安抚民心，防止变乱。顺生堂在湖州的主要财源，乃是垄断生丝收购。湖州盛产生丝，每到收丝季节，顺生堂派出人员，保护商道安全，维护丝行秩序。丝行同业按一定比例缴纳保护费，大家相安无事，各不侵犯。胡雪岩贸然开设丝行，触犯了顺生堂的利益。顺生堂慑于知府权势，并不公开同他作对，暗地里传令养蚕人家，不得卖丝与胡雪岩。顺生堂的命令，在湖州百姓心目中有如圣旨，违抗不得。若有违反，便是违犯了洪门家法，轻则棍打、挂铁牌，重则活埋、凌迟、三刀六洞。

胡雪岩了解到上述情况，暗暗责备自己粗心大意，竟忘了江湖弟兄们的存在。有道是到了乡门，先拜土地，顺生堂便是湖州的土地神，没有它的首肯，胡雪岩一个子儿也休想拿走。

胡雪岩备下厚礼，去顺生堂见堂主尹大麻子。

尹大麻子在洪门是有一席之地的。他的祖父是洪门盟主朱洪竹的关门弟子，惠及子孙，尹大麻子便做了湖州洪门的首领。尹大麻子好勇斗狠，武艺不凡，性情暴烈倔强。一次，顺生堂弟子因械斗犯案，官府缉拿凶手，尹大麻子挺身而出，力保弟子无罪。知府冷笑道：“你若能将身上的肉剜下作保，可不予追究。”尹大麻子一听，手持牛耳尖刀，大堂之上，众目睽睽，他用刀尖从两颊剜起，一共剜下十五块蚕豆大肉块，鲜血淋漓，恰恰符合被押的 15 个弟子之数。知府大惊失色，只得放了洪门弟子，赐酒为尹大麻子嘉勉。从此，尹大麻子脸上布满 15 个疤痕，名副其实成了“麻子”。

如此侠义剽悍，只可做友，不可成仇。胡雪岩告诫自己。

顺生堂远在湖州郊外，一处僻静园林。四周古柏森森，白鹤飞翔，树木葱茏处挑出飞檐翘角，原是道观改造而成。

胡雪岩一行来到顺生堂门前时，尹大麻子早已在门外等候。他身材魁梧，满脸黑肉，那 15 块疤痕星罗棋布，触目可见。胡雪岩猜想他便是堂主，满脸堆笑，上前拱手为礼，寒暄道："久闻堂主大名，前来打扰。"哪知尹大麻子冷若冰霜，无动于衷，逼视他良久，忽然开口道："客从何山来？""锦华山。""山上有什么堂？""仁义堂。""堂后有何水？""四海水。""水边有何香？""万福香。"

见胡雪岩对答如流，山名、堂名、水名、香名，丝毫不差。尹大麻子略一停顿，又道："三子结拜？""义重桃园。""天下大乱？""英雄志立。"

"嗯，"尹大麻子神色缓解，对方懂得顺生堂的内外口号，说明来意为善，他又问："来客知书达礼，听说会做诗？"

胡雪岩答道："诗不会做，却会吟，锦华山上一把香，五祖名儿到处扬；天下英雄齐结义，三山五岳定家邦。"

听到此，尹大麻子绽开笑容，拍拍胡雪岩的肩膀道："失敬，失敬，堂规如此，不得不防，不要放在心上。"原来，洪门为了防止官兵偷袭，制定了见面的许多暗号，局外人浑然不知。来客若是对答有误，必怀异心，那么兵刃相见，一场恶斗不可避免。胡雪岩庆幸预先请教了洪门弟子，才顺利通过盘查。

顺生堂的香堂上，正中设天帝位，上悬"忠义堂"匾额，置三层供桌：上层设羊角哀、左伯桃二人位，中层设梁山宋江位，下层设始祖、五宗、前五祖、中五祖、后五祖、五义、男女军师和先圣贤哲等位，各用红纸、黄纸书写。与青帮香堂不同的是，洪帮讲究一个"义"字，并特别突出。义薄云天，做生意亦要讲义，看来洪门与我有缘。胡雪岩边看边想。

香堂上的用物，都非摆设，有很深的含义。如香炉寓有"反清复明”之意；烛台、七星剑则有“满覆明兴”之意。尺和镜用来衡量门下弟子的行为。这一切外来人很难理解。堂上张挂红灯，其中外层3盏、中层8盏，内层21盏，正合“洪”字拆开为“三、八、二十一”的笔画。

尹大麻子带领胡雪岩看过香堂，小厮在堂下摆上茶具，招呼客人入座。一套宜兴紫砂茶具，古朴大方，上等的碧螺春茶芬芳袅袅。尹大麻子对小厮轻声喝道：“走开！”自己抄起茶壶斟茶水。胡雪岩正被他的殷勤好客所感动，堂主亲自斟茶，面子够大了。但却看出蹊跷：尹大麻子将茶壶嘴对着茶杯把儿。猛然间他省悟过来，这是江湖上茶壶阵的一个问句：你到底是门外还是门内？

胡雪岩从容地将茶杯嘴对着茶壶嘴，重新摆定，意即：嘴对嘴，亲对亲，都是一家人。

尹大麻子不语，将左手向上并拢三指，右手向下握紧四指，捧茶杯递给对方。胡雪岩知道他用“左三老右四少”的帮规考查自己，便以左手掌向下搭在杯口、右手掌朝上托住杯底，将茶杯接过，此为“上三老、下四少”的手势，意为帮中自谦者。尹大麻子把两个衣袖头的上边翻开，用大拇指挡住。胡雪岩则顺便解开衣襟第二、第三两个钮襻，表示胸怀坦荡，无所顾忌之意。做完这些，尹大麻子才完全放心，胡雪岩是来结友，并非刺探。他仍不言语，继续在茶桌上摆弄茶杯。8个茶杯围成一个大圈，开口处置放茶壶，意即：“虎口夺食，欺人太甚。”胡雪岩将茶杯摆成双雁行，茶壶放在领头，回答他：兄弟同行，有福同享。

尹大麻子把5个杯子摆成半弧形，将3个杯子倒扣在弧内，意为：权势压顶，鱼死网破。胡雪岩明白他指责自己倚仗知府势力强行收丝，表明不服的意思。胡雪岩将一张银票压在3个杯子下，说明以票致歉，多有得罪。尹大麻子将两个杯子一个朝上，一个朝下，表示湖州地盘狭小，一山难容二虎，双方难以共处。胡雪岩笑笑，将8个杯子合在一起，又用茶壶在另一边倒一摊茶水。明白向尹大麻子建议：我们一块儿合作，共同对付外洋。

尹大麻子眼睛一亮，起身向胡雪岩拱手道："幸得先生指点，几乎坏了大事！"

局外人并不知道他俩摆的茶碗阵内容如何，都对尹大麻子突然拜服感到诧异，唯有胡雪岩颔首微笑，端起茶杯吹拂茶沫，一副心领神会模样。

胡雪岩精于买卖行情，湖州甫至，便把当地收丝行情打听得一清二楚。按时价，当地每担上好生丝不过2两银子，而据他掌握的情况，上海洋商出口到英伦三岛的生丝启运价达每担11两银子，两地相差5倍之多。胡雪岩为洋商利润之高而咋舌。洋商在湖州压价收丝，固然因为湖州百姓交通不便，消息闭塞，洋人钻了空子。更因为顺生堂为维护当地秩序，获得稳定财源而听任洋人压价，为"洋"作伥的结果。胡雪岩打算同尹大麻子携手合作，垄断生丝收购，把洋人挤出湖州地方，便可同洋人讨价还价，提高生丝价码。

尹大麻子并不傻，他明知洋人收丝压价，苦于无好搭档合作，垄断生丝市场。所以当胡雪岩主动提出团结一致、对付外洋时，尹大麻子如遇知音，脑中一亮，立刻放下架子，向胡雪岩致歉认输。以胡雪岩的财力，加上知府为后台，顺生堂若和他携手，该是多么理想。一旦垄断可行，顺生堂的财源将如滚滚巨流，前景极是诱人。

胡雪岩好生得意，茶壶阵中，他又胜一着。

两人不再打哑谜，摆上酒席，觥筹交错，推杯把盏，煞是亲热。席间，胡雪岩和尹大麻子约定，合伙做蚕丝生意，垄断湖州市场，把洋人挤出湖州。

以后许多年间，湖州洪帮为胡雪岩所用，成为打击洋商、垄断丝行的得力助手。

（二）明算性格：谨慎地吃掉眼前的困难

找重点，抓重点，就会有所获

有些商人什么都想要，结果什么都没捞着，到头来，还是两手空空，这就叫“驼子跌跟头。”曾有这样一句话，说的是“驼子跌跟头，两头落空”，是指做事没有轻重缓急，几件事平均用力，反倒一件事也没能做好。“驼子跌跟头”，自然是不智之举。因此，胡雪岩有“找重点、抓重点”的性格，并且谋算到位，令人佩服。

郁四的独生儿子阿虎暴病而亡，胡雪岩得到消息，立即在百忙之中赶往湖州，才知道事情并不是那么简单。原来阿虎还有个姐姐阿兰，这阿兰年近30，本就是十分厉害的角色，而她的丈夫是一个刑房书办的儿子，子袭父业做了书办，书办本是厉害的角色，这对夫妇凑到一起，能够造些什么麻烦，也就可想而知了。阿兰见弟弟死了，娘家没有可以承续香火的人，就思谋着回到娘家夺家产，终日在娘家闹腾。独生儿子暴死，郁四本就痛不欲生，加上女儿这一存心不正闹腾，更使他万念俱灰，以至整日在家里“孵”着，连历来“世袭罔替”父子相承户房书办的差事，也不想再做下去了。

郁四是胡雪岩在湖州做生丝生意和代理湖州府库的托靠，也是他交情已经相当深的江湖朋友。无论是就生意而言，还是就个人感情及胡雪岩的为人性情而言，胡雪岩都不能不管这桩“闲事”。他不能看着郁四就此消沉，但对于胡雪岩来说，要管这桩闲事，确实又有困难。不是他没有能力，而是他确实没有时间管。胡雪岩知道，要把这桩闲事理清楚，3 天功夫一定来不及，即使再加上一两天，也未必料理得好。之所以计划来湖州只待 3 天，是因为上海、杭州方面事情不能耽搁，生丝销洋庄正在洽谈之中，买好的军火正待启运，许多具体操作上的事都要他去拿主意。杭州方面，则主要是钱庄生意刚刚开张不久，发行官票，代理藩库，虽然起点不错，自己选择的钱庄档手刘庆生人也不错，但毕竟事业刚刚起步，刘庆生也太年轻，有些事情无论如何还得自己照应。

一方面是郁四的事情于情于理都不能丢开不管，另一方面杭州、上海方面的生意耽误不得，这不能不让胡雪岩大费踌躇，如处理不好，就会“驼子跌跟头，两头落空”。

面对这一难题，胡雪岩的处理方法，似乎也很简单。经过短暂的踌躇之后，他很快决定留下来，先帮忙料理好郁四的家事。如此决定，理由有三：第一，郁四的事也是大事，且比较而言，它比上海、杭州方面的事情更大，因为连着朋友的情分，关系到湖州的生意，还因它比上海、杭州方面的事情都急。上海、杭州方面的生意毕竟已经有了大致的计划，运作上也有了大致的眉目。第二，这里的事情如没有自己的运作，将很难圆满解决，而上海已有古应春、尤五打点，杭州有刘庆生在照应，他们都有相当的能力，只要不出意外，一般说来也不会发生什么不可收拾的大事。第三，自己本来就已经到了湖州，不如索性多花一点时间将这里的事情解决好。耽搁下来，以后再来处理，多费一道周折不说，还有可能错过处理问题的最佳时机，凭空增添许多麻烦。而此时自己反正不在上海、杭州，那里的事情想管也管不了。

由此，胡雪岩也就毫不费力地避免了“驼子跌跟头”。

胡雪岩确实特别注意不做“驼子跌跟头”的事。面临彻底破产最后关头，这一点也是他处理事情的一条重要原则。

比如官府将要查封他家产的时候，螺蛳太太想要为他匿下一些财产，做日后东山再起的资本。她甚至将方便转移金银细软的包裹装箱，连帮忙带出的人都找好了，但胡雪岩坚决不同意。

之所以如此，当然有他的“杭铁头”的性情在起作用，但不能“驼子跌跟头”，实际上也是一个重要的原因。

在胡雪岩看来，采取这种手段为自己留下资本，就如赌场赖账，赌本是留住了，名声却臭了。从此连赌场的门都进不去了，哪里还有什么机会去东山再起？既无法东山再起，又坏了名声，这岂不是“驼子跌跟头”？与其如此“驼子跌跟头”，还不如留下一个好名声。

归纳起来，胡雪岩避免“驼子跌跟头”的考虑，其实关键也就是两点：首先，当处于两难甚至多难的境遇的时候，要分出孰轻孰重，孰缓孰急。在做选择的时候，较轻的事情、可以缓一缓的事情当然是先丢开再说，人人都知捡芝麻而把西瓜丢掉了极不明智；其次，要行事果断，不能优柔寡断。特别是两件事一时难以分轻重缓急、又难以两全的时候，这一点尤其重要，因这个时候，当事人最容易犹豫不决。其实，想一想，我们就会明白。反正两件事都重要，那么，你不管做哪件事都是必要的，也是必须的。既然不能两全，那就索性放弃，全力做好一件事，至少做成一件总比在犹豫中两件事都耽误，或者两件都做而两件事都做不好要划算得多。

不与人拼争，你就成不了强者

在生意场上，与人拼争的性格，是从内部强化自己实力的一种过招手段。胡雪岩经商中有一个精彩的地方就是与洋人过招，他敢于与人拼争，性格极为倔强，为的是争回一口气。

中国两千多年长期而稳定封闭的封建社会，形成了统治者妄自尊大的心理，把外国人称为“夷人”，加以贬低和排斥。

胡雪岩是一个商人，思之所及，首先考虑到的是利益。由于他生活在一个民族矛盾十分尖锐的时代，所以他个人的利益又常常与民族的利益分不开，尤其是当他同洋人做生意时。

江南是蚕桑业发达的地区，在外国势力未入侵之前，一般都是手工染丝业，由当地一些小手工作坊加工。因此，与蚕桑业有关系的人数以万计，一旦市场出现什么风波，往往就会使无数家庭破产，沦为难民，背井离乡，流落四方。清政府对江南尤其是江浙一带的蚕桑业起初是有保护政策的，禁止垄断，哄抬价格，或贱价收购，所以江浙一带桑蚕业一直发展得很好。

然而洋人的势力一侵入中国，形势就变了。西方的机器工业生产效率远远强于中国的手工作坊，而且质量也强于传统的手工技术水准。洋人先是大量地收购生丝，然后把生丝运回国内，这使得江浙一带的手工作坊没有生产原料，因而不得不关门大吉。在许多手工作坊纷纷倒闭之后，西方的商贸势力就控制了蚕桑业市场，他们肆意压低生丝的价格。刚出的生丝如果没有特殊的保护措施，不到一个月便会由雪白变成土黄，从而分文不值。那些分散的蚕农看着刚出的雪白的生丝，根本不敢久留，而且蚕桑业一直是江南一些地区的主要农业，维系着千家万户的命运。如果丝质变坏，洋人拒收，那么这些蚕农一年的工夫就化为泡影，所以，虽然洋人把价压得十分低，但无数蚕农在万般无奈的情况下，还是乖乖地把生丝送往那些洋人设的收购点。

胡雪岩在浙江多年，对蚕桑业中间的名堂看得十分清楚。他一直想在蚕桑业中分一杯羹，却苦无资金，所以先安下心来办钱庄，拉政府部门关系。很快，资金雄厚了，于是，他开始涉足他梦寐以求的蚕桑业了。

他以浙江巡抚的名义在乡下收购生丝，而且价格高于以往洋人的收购价格，这对那些久受洋人摆弄的蚕农来说，无疑是个天大喜讯，纷纷把生丝卖给胡雪岩。然而以胡雪岩一人的资本，何以能够收购完浙江一省的生丝？于是胡雪岩想了个主意，由浙江巡抚牵头，成立蚕丝总商会，商会成员都是浙江的大富翁、乡绅、告老还乡的官僚等等，这些富翁们如果愿意出钱，则出钱，不出钱，则提供担保。向谁提供呢？向那些蚕农。

胡雪岩向那些前来卖生丝的蚕农们讲明："我们先付你一部分钱，另外一部分我出具欠条。这个欠条由蚕桑商会担保，而且加盖浙江巡抚的官印。这部分钱一般等到秋天就付给你们，而且还付有利息。"

胡氏这一手确实厉害，洋人一下子慌了神。西方许多国家，尤其是英国，他们的丝厂都依赖中国丝源。胡雪岩把丝源垄断起来后，使他们国内许多丝厂"无米下锅"，纷纷告急。外国洋务商办于是都跑来找胡雪岩，要求把生丝卖给他们，哪怕价格高一点也无所谓。然而这时胡雪岩的报价已不是高一点的问题，几乎要比以往的生丝收购价高出一倍，洋商一听各自摇头。

洋商转而进行密谋，通过他们的洋务代表进京贿赂京中一些高官，希望他们能制止浙江巡抚参与商业行为。然而胡雪岩早有预料，他开始就说服浙江巡抚王有龄上一道奏章，道："江南丝业，其利已为洋人剥夺殆尽，富可敌国之江南大户，于今所余无几……民无利则国无利，民心不稳，则国基不牢。鉴此，本府痛下决心，力矫蚕桑弊病。兹有商贾胡雪岩者，忠心报国……"奏章把自己的行为大大吹嘘了一通，同时对洋商给政府经济带来的伤害也作出了准确的剖析。所以奏章一到京中，许多大臣都认为有理，并上奏皇上，希望另外的省份也效法浙江。情况如此之盛，那些受纳外国洋务代表贿赂的高官们不敢贸然行事，加之指责浙江巡抚的证据也不够，靠皇帝下令制止胡雪岩的大胆举动明显是毫无效果的。

此计不成，洋商们又生一计，决定以其人之道还治其人之身。他们放出风声，说胡雪岩的生丝他们坚决不收，即便是压低价卖给他们，而其他省份的生丝他们大量收购，收购价也高，并且可以当场付清银两。

这种举动对胡雪岩无疑是致命一击，如果洋商真的从别的省份收到足够的生丝，哪怕只够维持一个月的生产，对胡雪岩来说，也是不敢想象其后果的。自己不能加工，收购生丝又占用大量资金，而且生丝也不宜久放，否则质量会变坏，这一切把胡大老板的头快搅昏了。

好个胡雪岩，事到关键时刻，仍然能够气定神闲，他马上乘船，赶往上海。

胡雪岩到了上海之后，首先拜访了上海名宿陈正心。陈正心国学深厚家财万贯，而且为人豪放，善济人之难，有“小宋江”之称，在上海颇有影响。

胡雪岩通过陈正心广发请帖，召集上海各丝行老板，并不让胡雪岩出面，而是就浙江胡雪岩的做法征询众商行老板的意思。一石击起千层浪，各商行老板抱怨个不停，纷纷埋怨洋人贪得无厌，而恨上海没有胡雪岩似的人物，后来便有人提议由陈正心出来领导大家一块对付洋人。只要大家一条心，联合起来，把生丝压一段时间，洋人的厂没米下锅，那么生丝的价肯定会上去。

几天过后，上海的丝行老板一致要求洋人提价，他们对洋人道：胡雪岩已经答应出高价收购他们的生丝。

洋人这才明白事情的严重性。他们还私下想分化拉拢，对某些商行许诺以高价，然而却遭到拒绝。那些商行的老板告诉他们，如果他们私下把丝卖给洋商，他们会受到同行的谴责，而且背上卖国的恶名，也会得罪上海的陈正心，他在上海可是个黑白两道都吃得开的人。

洋商们知道事情除了同胡雪岩当面商谈之外，其他方法都是行不通的。加之国内生产厂家的告急电报雪片般地飞来，使他们不得不给胡雪岩一个公平合理的价格。

胡氏办洋务，从来讲求激发人的民族感。他一向认为，同洋人做生意，两种态度完全要不得：一则以洋人为野蛮人，茹毛饮血，未经开化；一则见洋人则腿软骨酥，称之为父母大人。拿这两种态度来办洋务，岂有不丧权辱国的道理？

中国封闭了许多年，养成自高自大的恶习，在文化上，崇古、崇孔，往往把自已的一切都看得无比高大，而对外面的文化、习俗却不能接受。既不求同，也不存异，见着异端就一棍子打死。

胡雪岩无疑属于那个时代极有远见的人，那些死读四书五经的士大夫，盲目崇古，拘泥于礼法，不知变通。胡雪岩自幼在钱庄长大，没读过多少书，反而能够看得清世界发展的变化趋势，从而随潮流而变。

由于胡雪岩采取“假借洋人之用”的务实态度，他的这种商业行为令人赞赏。

△ 胡氏善算性格之现代释用（一）

盯住市场变化，出手恰到好处

胡雪岩推崇经商智谋，强调做生意不可草率行事，否则就会失手。也就是说经商者应当学会算人之未算，这样才能稳操胜券。其理也适合于当今。如果经营者在决策中能够做到视野开阔，胸怀全局，全面比较，综合分析，必将找出最佳的方案，从而“运筹于帷幄之中”，“决胜于千里之外”。

日本任天堂公司的前身是成立于1889年的一间小作坊，在创业后的90多年里，主要生产纸牌、扑克牌、麻将、象棋等极普通简单的休闲娱乐品，一直是手工作坊式的小本经营，默默无闻。公司社长山内博掌管任天堂后，面对无前途的企业，一直寻机转舵离开此行。

1964 年，东京成功地举办了奥林匹克运动会。大批量生产带动了大批量消费，人们的娱乐需求也更加丰富多彩，扑克牌已难以满足娱乐需求市场，这为任天堂公司转型发展创造了良好机遇。

在电子技术推动下，1975 年日本掀起了电子热，电子游戏业也随之兴起。娱乐产品的各厂家争先恐后地投下巨资，抢占市场。但好景不长，石油危机的爆发导致了严重的经济衰退，刚刚起步的电子游戏机市场陷入萧条。

坚信电子游戏业的光辉未来及巨大的市场潜力，任天堂决定抓住稍纵即逝的机会，在挑战中奋进。于是，公司冒着风险，再次投资，向电子游戏业发起冲击。

任天堂公司认识到，日本电子游戏业市场是群雄混战，竞争激烈，若想称雄于电子游戏界，还必须独辟蹊径，不断创新。通过对娱乐市场的透彻分析，山内博发现：

1. 娱乐商品的生命周期极为短暂，所以必须不懈地努力，不断开发新产品。而开发和决定投入市场的新娱乐商品，不能换汤不换药，务必使它的娱乐性能高于同类老商品。

2. 娱乐需求分金钱消费与时间消费，花钱少的娱乐消费具有强大的市场生命力和广泛需求，是发展方向。

3. 电子游戏业做为新兴的科技型娱乐产业，是电子产业同闲暇娱乐业相结合的产物，既能充分发挥电子业的优势，又能充分满足人们多层次的娱乐需求。

4. 电子游戏业同传统娱乐业的区别就在于消费的配套性：硬件是其基础，没有硬件的普及，再好的软件也无所作为；但若没有软件的不断推陈出新，硬件也缺乏吸引力。硬件和软件的销售可以相互促进，相互制约。

5. 此时的日本电子游戏市场上，所有游戏软件都依附于计算机，大型专业游戏机等价格昂贵的硬件，花费较大。而且，这些硬件要像电视机一样普及到家庭也需要一个漫长的过程。因此，电子游戏业还是需要耗费较多金钱的一种娱乐消费，难以普及。

通过以上分析，山内博敏锐地认识到，花钱少的娱乐消费是娱乐需求的一个市场缝隙，是电子游戏业尚未被识别的发展契机。

1981 年，个人电脑在日本开始普及。当时的报刊上，常有分析、预测个人电脑市场的文章。分析使用情况时，发现大部分用来玩游戏，一般厂商纷纷投入“远景看好”的个人电脑生意，而山内博却非常重视“大部分用来玩游戏”所包含的重要信息。他认为，如果不考虑电脑的其他功能，而制造一种专门用于游戏的简易电脑，岂不更妙？山内博决心放手一搏，任天堂将尽全力研制电脑游戏机软硬件。

鉴于公司在硬件开发方面起步较晚，无竞争优势，家用游戏机开发出来后，并不立即投放市场，而是冷静观察与等待，伺机而行。1983 年 7 月，任天堂以与众不同的产品定位和廉价策略，将第一批家用游戏机推向市场。别的厂家宣传自己的游戏机有玩游戏、计算、编排、学习等多种功能，而任天堂则宣称自己的游戏机只是具有游戏这一唯一功能，其操作方法简单明了，老少皆宜，所以不仅能让孩子着迷，而且能讨得家长的欢心。别的厂家将游戏机价格定在每台 3 ~ 5 万日元之间，而任天堂却将游戏机价格定在每台 1.48 万日元，低得令人难以置信。因为公司认为面向普通家庭的娱乐商品，必须做到低成本和低售价，公司的低价格策略是“放长线，钓大鱼”，当人们花不多的钱高高兴兴地买下任天堂的电脑硬件后，必然要购买软件（否则是玩不成的），而且要经常更换软件（这样才能不断有新花样），一套软件的价格在 4000 ~ 6000 日元之间，利润率是较高的，任天堂何愁不财源茂盛呢？就这样，任天堂 1983 年推出的游戏机以“画面清晰、内容精彩、价格大众化”的强大优势，一上市即被抢购一空，生产线加班运转也供不应求，一举将其他8家游戏机生产厂商全部打垮，任天堂游戏机在市场上独占鳌头。

功能专一的家用游戏机大获全胜后，任天堂还紧追新科技的发展，不断开发新产品。1989年开发出微型便携的“少年壮志”游戏机。1990年又研制成功具有更清晰画面和更逼真立体声的“超级游戏机”，并将其上市时间比原计划推迟一年半，以煽动市场消费者的热望，上市后，立即被翘首以待的顾客踊跃抢购，掀起了阵阵市场热潮。此外，公司还不断花样翻新，为自己的游戏机配套设计了106套新奇有趣的吸引力强的专用游戏卡，一次次撩拨起消费者的欲望，一次次煽动着市场的热浪。

任天堂自1983年首次推出游戏机，在近10年时间里，国内销售的各种游戏机达3400多万台，家庭普及率达50%以上，独占国内硬件市场80%的份额。在海外销售7400万台以上，仅美国的家庭占有率就达1/3。其软件在国内累计销售3．25亿个，海外累计销售4亿个，在日本电子游戏软件市场的占有率高达90%。全国1/3的玩具店和2000多个任天堂玩具专柜销售其游戏机和游戏卡。当时职工人数仅950名的日本任天堂公司税前利润高达1684亿日元，仅次于拥有7万多名职工和近3万家配套中小企业的丰田公司及职工人数达23万之众的日本电话电报公司而位居日本第三，人均纯利润为9000多万日元，堪称世界企业人均创利之最！

△ 胡氏善算性格之现代释用（二）

巧妙运作，谋事在心

胡雪岩在经商过程中，能够及时洞察出眼前的“线索”，然后再付之以行动。这叫巧妙运作，谋事在心，把商战当作战场，故无往而不胜。的确，现代经商者要打一场漂亮的商战，也是谋事在人，而且在谋人心。在现代社会里，无论从事商业运作，还是企业经营，都必须懂得：谋事在人，成事也在人。可看一例：

1963 年，曾宪梓到香港求发展。在最初几年里，为了生活，他不得不放弃自己曾热衷多年的专业，混迹于小生意人的行业里，惨淡经营。

20 世纪 60 年代中期，香港服装业受世界服装潮流的影响，西装盛行。穿西服必须打领带，一时间领带颇为抢手，而当时的香港领带业很薄弱。

商机就在眼前。曾宪梓以区区 6000 港元为本钱，开始了创业之路。

“一人工厂”诞生了。曾宪梓日夜操劳，自己选材，自己设计，自己剪裁，自己缝制，自己熨烫和包装。几乎倾囊中所有，第一批自制领带终于问世，只是无人问津，经销商甚至连多看一眼都不愿意。

终于，有一天，一家商店的经理同意看一看他的领带，可是其出价之低，令人感慨，甚至低于成本费用，买卖自然不成。那位经理便把曾宪梓带到自己的商店参观，曾宪梓终于明白了自己所制的领带用料低劣、款式单一、色泽灰暗，难登大雅之堂。这种产品不会带来利润，只会招来别人的歧视与羞辱。

全部家当打了水漂，曾宪梓认真总结了经验教训：只有高档名牌产品，才有可能在市场上占有一席之地。他忍痛“斩仓”，将自己的产品出让给了街头地摊，用得来的钱买了几条国外产知名度高的高级领带，悉心研究，认真总结，终于领悟了名牌的真谛。

经过一段时间的精心选料，认真加工，一批精致高档的领带问世了。曾宪梓拿着自己的硕果，穿梭般奔走于各大商店。终于，地处旺角的瑞兴百货公司经理对他的领带赞不绝口，只是担心知名度欠缺，一时难以大规模销售。

曾宪梓欢心之余，痛下决心：愿以成本价换取与高档进口领带同列的资格。

经过市场检验，销量不菲。瑞兴百货公司与曾宪梓私下结盟，形成产销一条龙，同时曾宪梓制作的领带价格远非一般香港领带所能比拟，并且销量直线上升。

曾宪梓迅速扩大生产规模，并确定以“金狮”为商标，初步确立了自己的名牌地位。

“金狮”在香港独树一帜，不久，曾宪梓将“金狮”易名为“金利来”。“金利来领带”从此成为“男人的世界”。

曾宪梓没有被眼前的胜利冲昏头脑，针对知名度问题，投巨资展开广告战，一时轰动香港，驰名全球。“金利来”领带价格由原来的每条9.9元猛涨至100元，直逼国际知名品牌，并销往全球，依然供不应求。

金利来的发展史，就是曾宪梓的艰辛史、成功史，它是曾宪梓动心动脑谋算的结果。

△ 胡氏善算性格之现代释用（三）

善于预见，可防失算

胡雪岩主张做任何事情都要有预见性，不能急于出手。这说明，预见对于经商的重要性，如果缺乏这一点，经商就会带有很大的盲目性。在现代经营中，如何巧妙构想、准确预测呢？下面这个例子很有说服力：

石油大亨罗伯·安德森叱咤石油王国数十载，是创建全美第七大石油公司——大西洋沃野公司的亿万富豪。探明并打出全世界有史以来油藏最丰富的一口油井的，是他；购买了9万英亩以上的牧场而成为美国最大的私人土地拥有者的，也是他；与中国政府合作勘探南中国海的石油蕴藏，签订了为期35年、耗资25亿美元的探油协议的，依然是他。

正是这一连串令世人侧目的惊人之举，铺设出他那辉煌的成功之路。

罗伯·安德森 1917 年生于美国芝加哥。安德森从小在邻近大学区的肯伍德地区长大。18 岁时，考入著名的芝加哥大学。

1939 年他毕业于芝加哥大学经济学系。他的第一份工作是在芝加哥的矿物酒精公司任职。一年多以后，他辞了职，携新婚的妻子搬到偏远的新墨西哥州。1941 年他独自尝试办厂。二战爆发，石油及汽油的需求量激增，安德森的煤油厂的利润也随之上升。他成为麦可煤油公司的总裁，不久又将这家公司改名为“杭多石油瓦斯公司”，并通过一系列的吞并及收购，逐渐壮大起来，从而迈出了他石油生涯的第一步。

安德森显示了他非凡的经营管理才能。杭多公司在 15 年内扩充了 6 座煤油厂，并钻探到几口油井，铺设了长达 500 英里的油管。1955 年他以 200 万美元收购了加拉威尔夏石油公司，这家公司很快便开始赚钱。两年后，安德森又将它卖给海湾石油公司，这一买一卖使他获利 2100 万美元。为更好地抵御风险，他决定开始多种化经营，便在新墨西哥及得州买下一系列的大农场，在农场里饲养一种叫布拉格斯的优质肉牛。

到了 1963 年，安德森的杭多石油瓦斯公司已变得十分强大。他让公司与大西洋提炼公司合并，组建成大西洋沃野公司。他由此拥有价值 3500 万美元的 50 万股大西洋股票，占全部股权的 5%。第二年，安德森担任了该公司执行委员会主席。1965 年，该公司董事长心脏病突发而死，于是 48 岁的他接任了公司董事长。

首次董事会上，作为主持人的安德森不动声色，并很快发挥其强大的影响力。他提出一系列改革方案，加强内部组织系统化，断然关闭效益低下的加油站，并下令进行一系列的现代化改革。

安德森似乎总是具有超越平常人的预见能力。在用人问题上，他物色的总裁桑顿在以后的 15 年中都一直是他的得力搭档。而事实上，他的预见也大都是对的。1968 年，他将公司总部从洛杉矶迁往纽约。他认为，公司要想成为一流公司，就应该迁到一个“企业气氛更为活跃的地方，要跟其他的大石油公司更为接近一点，纽约就是这个合适的地方”。果然，在纽约这个金融、贸易、工业和信息中心，大西洋公司如鱼得水，在十几年后果真成了美国十大石油公司之一。

安德森的英明预见，在阿拉斯加北坡大油田的发现上起到了决定性的作用。北坡油田地处阿拉斯加的卜路后湾，从 20 世纪 50 年代起就有许多石油公司在这里钻探寻油，但钻井打了几百口，却未见有多少油，最终都灰溜溜地无功而返。唯有安德森还坚持让他的大西洋公司在那里继续钻油，因为他直觉上认为北坡应该有油，而且是大油田。当然，他的直觉是建立在对当地地质构造的科学分析的基础之上的。1968 年，他的信心与耐心终于获得应有的报偿。大西洋公司在卜路后湾发现了油藏，而且该油田很快被证实是有史以来油藏量最丰富的一个油田。由于这个油田的新发现，美国确切的石油蕴藏量在一夜之间增加了 2 倍。也正是这次大发现，使安德森一夜成名，一跃而跻身于美国大石油公司的老板之列。

阿拉斯加大油田的开采与利用，给大西洋沃野公司带来滚滚的财源。它的全部蕴藏量将会给这家公司带来将近 1 兆亿美元的收入。如果这些油是进口的，每年将花费 90 亿美元，因此，光是安德森的这个大油田，目前就能为美国一年节省下 200 亿美元的贸易收支逆差。

阿拉斯加大油田被发现的消息，使大西洋沃野公司的竞争对手之一——海湾西方石油公司慌了手脚。他们不久便向辛克莱石油公司提议，要收购这家公司。安德森在风闻这一消息后，认为这是千载难逢的大好机会，必须抢先一步采取行动。他立刻亲自前往辛克莱公司，与其总裁路易斯面谈，陈述兼并对两家公司的种种好处。路易斯对他的提议深感满意，两人在晚餐席上达成了初步的共识。

几天后，安德森终于如愿以偿，成功地完成了对辛克莱石油公司的兼并。两家公司的兼并使大西洋公司的规模扩大了3倍，增加了阿拉斯加古巴路克油田、一座位于休斯敦的煤油厂、一个长达数百公里的油管系统、一家大型石化企业以及美国大陆中部的一些石油行销机构等。

随着阿拉斯加大油田开采量逐日增加，数以亿计的美金纷纷涌入安德森的金库。大西洋沃野公司的股价疯涨，股利猛增，新投资的项目一个接一个。

在20世纪80年代初的石油危机冲击下，安德森的公司也遭遇了经济危机，甚至有人扬言要收购大西洋公司。为此，安德森在1984年采取断然措施，以迎接挑战。他推出了一份内部结构重组计划，大幅度精减该公司的组织结构，职工总数从5.5万人削减到2．5万人。石油勘探及开发的计划也予以外包或延搁，亏损的非石油类计划则干脆一笔勾销。为筹措资金，他甚至把位于洛杉矶的公司总部卖了，换取资金重新买回价值40亿美元的大西洋沃野公司股票，从而避免了被收购的危险。这一举措使公司股票不跌反涨，仅在一年内就升值30亿美元。

这样安德森仅用一年时间就使大西洋沃野公司顺利度过难关，各项业务蒸蒸日上。

由于安德森的英明预见，并积极开发石油，使其顺利度过重重艰难险阻。

［三］

胡氏贴身性格 把人缘看得比金砖还重要

提到贴身性格，可能有些人不明其意，它指的是：对自己可以信得过的人，采取靠近术，把他变成自己的一只有力的胳膊。深明其意者，一定知道里面藏着很大的学问。这与一个人的结交性格紧密相连。一个商人如果没有一定的结交战术，没有较旺的人缘，一定只能做小本生意。但是有些商人在性格上有“害羞”症状，不愿意摸人心、解人难，终究落得个可怜巴巴的孤家寡人。

胡雪岩在经商时，特别善于让自己的贴身性格在关键时刻显威力，总能打开一条通道，把办不成的事办成。胡雪岩在这一点上，非常有耐心，不急不慢，想尽一切办法，贴近对自己有用的人，把想法都深埋于心，学会侧面进攻。这种性格的好处是能让人学会挣钱之外的功夫。

（一）贴人性格：你不帮人，就没有人帮你

贴近最有用的人

经商是一门学问，是一门什么样的学问呢？自然是做人的学问。有些商人不明其理，只知道赚钱，却忽略了做人的学问，殊不知，这样赚的都是小钱。胡雪岩的性格却与之相反，他善于观察，敢于预见，总能及时地贴近最有用之人的身边。一句话，胡雪岩的眼光厉害就厉害在：可以一下看准将来可成大事者！他怎样贴近有用之人呢？这就是胡雪岩的绝活——“帮助术”。

胡雪岩辉煌的历程就是从捐官开始的。也正是“捐官”这一新概念，造就了一代“红顶商人”，为胡雪岩的破土营造了契机。

大凡进中国古代官场者，不外乎有几个途径：一条路是莘莘学子寒窗苦读，头悬梁，锥刺股，四书五经、诗词曲赋烂熟于心，八股文章做得顺畅，吃尽千般苦头，逐步求取功名，由童生、秀才、举人、进士而步入官场。有吉星高照的，中了状元，披红挂彩，所谓“春风得意马蹄疾，一日看尽长安花”，便是道其风光。历史上清贫书生转瞬之间金榜题名、飞黄腾达者不乏其人。另一条路是国家有难，或外族进犯，或官逼民反，社会动荡，天下大乱，社稷倾危。此时，瞅准时机，投笔从戎，沙场血战，博取武功。所谓“了却君王天下事，赢得生前身后名”，一旦凯旋，论功行赏，封妻荫子，泽及后世，一样无限风光，不亚于科考入仕。

以上入仕者，或从文，或习武，为官做宦，来路光明正大，无可非议诟言。倘有那一种人，文不能提笔成章，武不能盘马弯弓，金榜题名无望，封妻荫子休想，难道只好做个一品老百姓，绝了为官做宦的念头？其实不然，只要有孔方兄帮忙，一样可以穿朱着紫、出将入相哩！这便是进入官场的另一途径：捐官。

胡雪岩为王有龄捐官，显示了其非凡的眼光和勇气。

境况不好，而且举目无亲，王有龄混得很不成样子。每天在“梅花碑”一家茶店里穷泡，一壶“龙井”泡成白开水还舍不得走。中午四个制钱买两个烧饼，算是一顿。

30 岁的人，潦倒落破，无精打采，叫人看了起反感。他的架子还挺大，经常两眼朝天，那就越发没有人爱理他了。

唯一的例外是个 20 岁左右的少年，王有龄只知道他叫“小胡”。小胡生得一双四面八方都照顾得到的眼睛，加上一张常开的笑口，而且为人“四海”，所以人缘极好。不过，王有龄跟他只是点头之交，也识不透他的身份。有时很阔气，有时似乎很窘，但不管如何，总是衣衫光鲜。像这初夏的天气，一件细白夏布长衫，浆洗得极其挺括，里面是纺绸小褂裤，脚上白竹布的袜子，玄色贡缎的双梁鞋，跟王有龄身上那件打过补丁的青布长衫一比，小胡真可以说是“公子哥儿”了。

胡雪岩了解了王有龄的具体情况后，心头不由一亮，眼前的王有龄绝非等闲之辈，若助他进京“投供”，日后定有出头之日，成为助己的强大力量！

“老哥不忙走，请看一样东西。”胡雪岩叫住了走出茶店的王有龄。

“什么东西？”王有龄感到很纳闷。

“你打开来看，不要给人看见。”他低声地说，把手巾包递给王有龄。

他避开行人，悄悄启视，里面是一叠银票，还有些碎银子，约莫有十几两。

“怎么回事?”

“这就是你做官的本钱。”

王有龄愣住了，一下子心里在发酸，眼眶发热，尽力忍住眼泪，把手巾包放在桌子上，却不知怎么说才好。

“你最好点一点数。其中有一张300两的，是京城里‘大德恒’的票子，认票不认人，你要当心失落。另外我又替你换了些零碎票子，都是有名的字号，一路上通行无阻。”小胡又说，“如果不为换票子，我早就来了。”

这时王有龄才想出来一句话:“小胡，你为什么待我这么好?”

“朋友嘛!”小胡答道，“我看你好比虎落平阳，英雄末路，心里说不出的难过，一定要拉你一把，才睡得着觉。”

“唉!”王有龄毕竟忍不住了，两行热泪，牵连不断。

“何必，何必?这不是大丈夫气概!”

这句话是很好的宽慰，也是很好的激励。

要知道，为王有龄捐官的这笔钱，并非胡雪岩所有，而是他收账所得，但他并未把银票交回钱庄，而是寻思把这钱做本钱，做一桩大生意的投资，如今瞅准了王有龄，正好在他身上下功夫，这又是一个当年“奇贷可居”的吕不韦。

琢磨透“人抬人高”的魔术

在古代，聪明的商人都善于“人抬人高”的魔术，这样可以迅速壮大自己的经商势力。胡雪岩在这方面也自有一套想法，他善于抬人，因为他相信:“水涨船高，人抬人高。”可见，胡雪岩性格的多面性。

在古代，最厉害的东西就是权杖。封建社会里，权力无所不在，无所不能。权力就是财富，《汪穰卿笔记》记述了这样一件事：有个候补道为某银行总办索得某省开矿权，他开价索要10万两银子报酬，总办一口答应，而且对候补道十分殷勤。过了数月，事情办成，总办不再露面，候补道再三登门才获见，但总办好像不认识候补道似的，反问何事。待候补道把事情原原本本讲了，总办装作十分吃惊，说："怎会有这样的事，大概是你记错了吧？开矿权我本有能力获得，何必求靠于你。我想如果说酬谢约千八百两，倒还有点可能，怎会许给这么巨大的款子呢？"

这个钱庄总办，利用候补道达到目的后就装聋作哑一脚蹬开对方，大概是欺候补道在官阶中毕竟属于低级的，或许总办还有更大的背景。

古今能成大事之人，手笔自然恢弘，行事自然开阔。胡雪岩曾点化王有龄"水涨船高，人抬人高"之道，难怪会一路发。除非体己兄弟，否则，长官之辈不可能公然摆明了索要，不会笨到明明白白指名要什么。所以，上路的部下要能体会长官所思，经常让长官"心里想"的得以实现，这一方面，胡雪岩无疑是个行家里手。

对胡雪岩一番体察的话，王有龄心领神会，深以为然。

按照胡雪岩的点拨，王有龄去做了，效果果然不同凡响。抚台大人对王有龄提携有加，到海运局不久，黄宗汉抚台就把催运漕粮的任务交给他去办。

运送漕米本来是一项肥差，只是浙江的情况却有自己的特殊性。浙江上年闹旱灾，钱粮征收不起来，且河道水浅，不利行船，直至9月漕米还没有启运。同时，浙江负责运送漕米的前任藩司由于与抚台黄宗汉不和，被黄宗汉抓住漕米问题狠狠地整了一下，以致自杀身亡。到王有龄做海运局坐办时，漕米由河运改海运，也就是由浙江运到上海，再由上海用沙船运往京城。现任藩司因有前任的前车之鉴，不想管漕运的事，便以改海运为由，将这档子事全部推给了王有龄。漕米是上交朝廷的“公粮”，每年都必须按时足额运到京城，哪里阻梗哪里的官员便要倒霉，所以，能不能完成这桩公事，不仅关系到王有龄在官场的前途，而且还关系到他的身家性命。但如果按常规办，王有龄的这桩公事几乎没有能够完成的希望，一是浙江漕米欠账太多，达三十多万石之巨；二是运力不足，本来漕米可以交由漕帮运到上海，可是由于河运改了海运，等于是夺了漕帮的饭碗，他们巴不得漕米运不出去，哪里还肯出力？到时你急他不急，慢慢给你拖过期限，这些官儿们自己也就该丢饭碗了。

然而这桩在王有龄几乎是无法解决的麻烦事，被胡雪岩一个就地买米之计一下子就给化解了。以胡雪岩之见，反正是米，不管哪里的都一样，只要能按时在上海将漕米交兑足额，也就算完成了任务。既然如此，浙江可以就在上海买米交兑，差多少就买多少，这样省去了漕运的麻烦，问题也就解决了。

就地买米，解决漕运麻烦，严格说来并不是通常意义上的做生意，但从这里我们却看出来胡雪岩遇事思路开阔、头脑灵活，不墨守成规而能随机应变的本事。比如黄宗汉、王有龄以及浙江藩司等人，想到的只是漕米欠账太大，一时难以筹足，想到的只是漕米由河运改海运之后漕帮会作梗，即使筹足米数，要按时运达上海也难，就是想不到漕米改海运之后实际上为同时解决上面两个问题提供了契机。由于没有想到这一层，因而只能在那里一筹莫展干着急。究其原因，也就在于他们拘于漕米必需是由征收地直接上运的成法，而没有想到情势不同还可以有新的运作方式。

生意场上当然少不了如胡雪岩的思路开阔、不拘成法。后来胡雪岩借公家的银子开自己的药店，用苏州富家公子的资金办自己的典当，都是他头脑灵活、随机应变的结果。胡雪岩说：“八个坛子七个盖，盖来盖去不穿帮，就是会做生意。”说的就是做生意要不拘成法，灵活机动。

上海之行，收获不小。公事方面，圆满完成了漕粮代垫；私事方面，汇了20000两银子到黄宗汉老家。黄宗汉异常满意，透出口风，要不了多长时间定有酬谢。

向巡抚大人交了差后，王有龄松了口气，深感自己要做好官，离了胡雪岩实在不行，就有些感叹地对胡雪岩说：“我们两人合在一起，何事不可为？真要好好干一下。”

胡雪岩便趁机对他说，立个门户，开家钱庄。现在因为打仗的关系，银价常常有涨落，只要眼光准，兑进兑出，两面好赚，机会不可错过。

开钱庄有一个最大的好处就是代理道库、县库，公家的银子没有利息，等于白借本钱。他的计划是先把门户立起来，开张时弄得热热闹闹的，其实是虚张声势，内里是空的。等王有龄一旦放了州县，不就可以代理公库、解省的公款了？空的也就变成了实的。

胡雪岩的“人抬人高”是非常聪明的策略，为此达到了自己的目的。

善于用人之所长

这里讲的用人，并非简单的上下关系，交给任务，你去完成就是了；而是一种非常特殊的寻求致胜的策略。在胡雪岩看来，做生意不能没有支持。他层层结交势力，从而为自己开发出巨大的财源。对于商人而言，胡雪岩生活的时代是特殊的。胡雪岩时代的特殊，就特殊在旧制受到冲击，洋人叩打大门，社会发生变乱。所以他要找到自己致胜的策略。这就是他极其精明的用人之道，况且按照胡雪岩的性格，他极其擅长此道。

胡雪岩时代的旧制，十分影响商人的发展。面对这样一种情况，商人要想把其经营进行下去，必须作出合适的策略。一般来说，商人会设法避开“封建人”，但这是一种消极的策略。所以就有商人另想策略，设法与“特殊人”沟通，以争取他们的保护。这就是胡雪岩所采取的策略。

正是长期与这些人打交道，胡雪岩逐渐变得为人四海。当他遇到王有龄时，听说他是捐班盐大使，便感觉到机会来了。他利用收款的机会，为王有龄筹措了500两银子，资助他进京拜官。

王有龄因为胡雪岩这一帮助，得到机会补了实缺。知恩报恩，胡雪岩得以借机有了自己的钱庄。随后，因为有了王有龄这个官声很好、升迁很快的后台，胡雪岩发现自己面前突然铺开了一个新世界。粮食的购办及转运、地方团练经费与军火费用、地方厘捐、丝业，各个方面的钱都往胡雪岩所办的钱庄流了过来。

胡雪岩有了这一经验，回头反思，便很快明白了古代商场之道：寻找保护。

要寻找保护的办法很多，首先是继续帮助有希望有前途的人。在这一点上，对于王有龄绝对适用。家中如何用度、个人是寒是暖、上司如何打点，都是胡雪岩的帮助行列。随后是何桂清。因为有了王有龄的例子，胡雪岩对何桂清更是不惜血本。为了他的升迁，一次可以放出15000两银子；为了他的欢心，也为了日后自己的商业，忍痛把自己的爱妾转赠给他。

其实是要替这些有前途之人出谋划策。胡雪岩明白，办团练、漕米改海运、征厘捐、购军火、借师助剿，所有这些应对之办法，虽然是绕了一道弯，是在代他人操劳，但是到了最后，无非是帮助这些人得到朝廷赏识，巩固了自己的地位。有了这些人的支持，自己的商业势力也就有增无减了。

何桂清在苏浙之日，为朝廷出力甚勤，所以在这一带的影响日盛。为了这个缘故，胡雪岩的点子也有了市场，他的商业也有了依托。他个人在经营中逐渐冲破了先前的钱庄的经营观念，开始在以官府为后盾的前提下向外扩张。这一扩张预示了胡雪岩在商业上必将称霸东南半壁江山。此时的胡雪岩，因为尝到了在官僚阶层中扩充势力的甜头，他是再也不会回到旧有的经营观念中去了。

何王集团土崩瓦解之日，胡雪岩已经开始在为自己寻找新的商业保护人了。这一次的寻找是有意识的，不过也不得不迁就时局，左宗棠这样一位世纪人物就出现了。

左宗棠在位之时，胡雪岩为他筹粮筹饷、购置枪支弹药，购买西式大炮，购运机器，兴办船厂，筹借洋款。这些事耗去了他大部分精力。但是胡雪岩乐此不疲。第一是因为这些事本身就是商事，可以从中赢利，第二是因为左宗棠必须有了这些东西，才能安心平捻剿回，兴办洋务，成就功名大业。左宗棠是个英才，左宗棠事业日隆，声名日响，他在朝廷中的地位日益巩固，胡雪岩就愈加踏实。他原来之所以仰赖官府，就是为了减少风险，增加安全。现在有了左宗棠这样一个大员做后盾，有了朝廷赏戴的红顶，赏穿的黄褂，天下人莫不视胡雪岩为天下一等一的商人，莫不视胡雪岩的阜康招牌为一等一的金字招牌。胡雪岩也敢放心地一次吸存上百万的巨款，也可以非常硬气地与洋人抗衡。任何一个以本业为主、不能上传下达的商人都不敢像他这么做。只有一个胡雪岩，把握住这个时期的特点，而且做到了。

汪康年《庄谐选录》记载："胡某为某钱店司会计，有李中丞者，时以某官候补于浙，落拓不得志，一日诣其店，众慢不为礼，胡独殷勤备至，且假以私财，某感之，誓有以报。迨后场历封疆，开府浙江，甫到任，即下檄各县曰：'凡解粮饷者全由胡某汇兑，否则不纳。'众微知其由，于是钱粮上兑，无不托诸胡，胡遂以是致富。”书中所载情形倒像胡资助王有龄的事，在众人对王投以势利眼之际，胡雪岩独报以殷勤礼节，并冒着丢饭碗的风险，擅作主张，动用东家的大笔银两相资助，表现出相当的政治远见。在王有龄这边，遇胡雪岩如大旱逢甘霖，他对胡的“慧眼识俊杰”自然念念不忘。后来，王有龄以粮台积功报知府，旋补杭州，不出几年，升浙江巡抚，胡雪岩先前的人情投资便得到难以计数的回报，还博得了“东南大侠”的美誉。

除了与王有龄、左宗棠沟通外，胡雪岩还通过钱庄业务与京中大官奕䜣、文煜等人接上了关系。当然，多一个朋友多一条路，对于官阶和名气小的胥吏僚属辈以及士大夫文人，胡雪岩也极力拉拢，李慈铭《越缦堂日记》说他“时出微利以饵杭士大夫。杭士大夫尊之如父，有翰林而称门生者”。胡的曾孙胡亚光在《安定遗闻》中记述：“有贵人王军门献玉屏风一座，值千金以上，置厅，事仆失手坏之，时大亨宾客莫不震惊，而公竟面不改容，反曲意慰仆不置。”

胡雪岩回到杭州筹集资金，他先说服了杭州抚台黄宗汉出资做股本开药店。黄宗汉出股了，他手下的也纷纷效仿，出资向胡雪岩的药店入股。

紧接着，胡雪岩又利用官府的钱来为自己开药店。

胡雪岩先利用自己的高效名药以成本价或免费给军队，让军队接受他的药。然后再与军队管后勤供给的“粮台”打交道，让他一方面从中获利，另一方面向胡雪岩以预支的形式订购大宗军队药品业务。领下定购药品的款子，正好可以用来发展药店生意，这一步一走通，胡雪岩的药店就像滚雪球般地发展起来。

胡雪岩依靠这个方法办起了胡庆余堂，不仅带来了大量的财富，还给自己带来了“济世善举”的名声。然而，若非背靠官场，这些恐怕都是实现不了的。

胡雪岩转粮购枪、借款拨饷无一不可放大胆子、堂而皇之地去做，即以十一之利计之，由此而聚敛的财富也是一般商贾所不能望其项背的。

胡雪岩在人们心目中，其最大特点就是“官商”，也就是人们所说的“红顶商人”。这“红顶”很具象征意义，因为它是朝廷赏发的。戴上它，意味着胡雪岩受到了皇帝的恩宠。事实上，它意味着皇帝肯定了胡雪岩所从事的商业活动的合法性。既然皇帝是至高无上的，皇帝所保护的人自然也不应受到掣阻。换一层面来讲，皇帝的至高无上也保证了被保护人的信誉。所以王公大臣才能很放心地把大把银子存入阜康钱庄。

胡雪岩凭借其独特的眼光和力量，发现和开辟着滚滚财源。

雪中送炭，可以暖人心

不同性格的人，就会形成不同的人际关系。在胡雪岩看来，如何搞好人际关系，是有许多学问的。例如，怎样去对待那些急需要帮助的人，学问就很大；你可以置之不理，不管他死活，你也可以热情相助，以图回报。前者眼光短浅，后者眼光远大。假如一个处于穷困潦倒的人受到你的帮助，他在成功的时候，最容易记住和报答的就是你。胡雪岩把这种“雪中送炭”的方法，变成了“烧冷灶”。这就是胡雪岩的贴身性格之一。

胡雪岩资助王有龄正是“雪中送炭”。照胡雪岩的话说就是：“我看你好比虎落平阳，英雄末路，心里有说不出的难过，一定要拉你一把，才睡得着觉。”另一处的记述讲得更明白。胡雪岩对王有龄说：“吾尝读相人书，君骨法当贵，吾为东君收某500金在此，请收。”

应该说，胡雪岩“雪中送炭”得冒风险，因为胡雪岩事实上是挪用了东家的钱来帮助王有龄的。所以王有龄担心自己一旦用钱，会连累胡雪岩。胡雪岩的回答十分着实：“子毋然，吾自有说。吾无家只一命，即索去无益于彼，而坐失500金无着，彼必不为。请放心持去，得意速还，毋相忘也。”要钱没有，要命一条。既然能作出这种打算，就看出胡雪岩主意一定，这个忙是非帮不可了。胡雪岩的这一次“雪中送炭”奠定了他成功的基础。

这种“雪中送炭”的手段，在中国传统生活中颇为流行。旧社会上海滩的黄金荣，便识蒋介石于患难之时，他不但代蒋了结了数千元债务，还资助蒋一笔旅费，使蒋得以投奔广州。后来蒋介石政界发迹，黄金荣的地位也就无人敢动摇了。杜月笙交戴笠也是如此。戴从小是个无赖，靠摆小摊骗钱度日，为警察所追捕，后来混到上海，也是在流氓群中做些无本“生意”。其时，杜月笙已跨进黄金荣的大门，与戴一见面，就认为戴是个“人才”，倾心结纳，不久就结为兄弟。后来戴仕途遇阻，一度陷入一文不名的困境，就去求杜帮忙。那时，杜月笙已是首屈一指的上海阔人了。杜居然顾念旧情，一次给了他50元。用完了，杜又给他50元。对杜的“慧眼识英雄”，戴念念不忘，在他后来炙手可热、杀人不眨眼的时候，不时对部下提起往事，称道杜“古道热肠”，是他生平知己之一。每次去沪，必和这位盟兄亲密，共商大计。

“雪中送炭”的另一种情形是善结交下台人和失意文人。也许会有人因结合或有意帮助未发迹之人，却很少有人看重已失势之人。胡雪岩并不是这样。宝鋆因为政绩平庸，被当时的四川巡抚丁宝桢以“才堪大用”的奏折形式，借朝廷之手体面地把他请出了四川。宝鋆闲居在京，每日呼朋唤友，吟酒品茶泡赌场，表面上很是悠闲，其实心中甚感落寞。胡雪岩就特意拜访，劝说他到上海一游，费用全部由胡雪岩包了。宝鋆因为旗人身份限制，在京玩得实在不过瘾，就随了胡雪岩去游上海，逛杭州，猜拳狎妓，游山玩水，甚是痛快。遂把胡雪岩视为密友，以后每遇大事，必自告奋勇，帮助胡雪岩在京城通融一番。

阜康钱庄刚开业，胡雪岩就遇到了这样一件事：浙江藩司麟桂捎了个信来，想找阜康钱庄暂借20000两银子，胡雪岩对麟桂也只是听说而已，平时没有交往，更何况胡雪岩听官府里的知情人士说，麟桂马上就要调离浙江，这次借钱很可能是用于填补他在财政的空缺。而此时的阜康刚刚开业，包括同业庆贺送来的“堆花”也不过只有40000现银。

这一下可让胡雪岩左右为难，如果借了，人家一跑，岂不是拿钱往水里扔？即使人家不赖账，像胡雪岩这样的人，也不可能天天跑到人家官府去逼债。20000两银子，对阜康来说也是一个不小的损失。

俗话说，“人在人情在，人去人情坏”，一般钱庄的普通老板大约会打马虎眼，阳奉阴违一番，四两拨千斤，几句空话应付过去，不是说“小号本小利薄，无力担此大任”，就是说“创业未久，根基浮动，委实调度不动”；或者，就算肯出钱救麟桂之急，也是利上加利，活生生把那麟桂剥掉几层皮。

但胡雪岩的想法却是：假如在人家困难的时候，帮着解了围，人家自然不会忘记，到时利用手中的权势，行个方便，何愁50000两银子拿不回来？据知情人讲，麟桂这个人也不是那种欠债不还、死皮赖脸的人，现在他要调任，他不想把财政“空缺”的把柄授之于人，影响了他仕途的发展，所以急需一笔钱来解决问题。

想明白后，胡雪岩决定“雪中送炭”。他不惜动用钱庄的“堆花”款项以超低利率，悉数把钱贷给麟桂，这样做，钱庄档手刘庆生有些不解，胡雪岩则说：“调度，调度，做生意讲究的就是调度。所谓‘调’，就是调得动，所谓‘度’，就是预算。生意要做得活络，有进有出，什么时候有银子进来，什么银子该用出去，要有计划。银子调来调去，只要不穿帮崩盘就可以。”

胡雪岩这一宝，算是压对了。在麟桂临走前，送了阜康钱庄三样礼物：

（1）找到名目，请朝廷户部明令褒扬阜康，这等于是给阜康发了个正字标记，不但在浙江提高阜康名声，将来京里户部和浙江省之间的公款往来，也委托阜康办理汇兑。

（2）浙江省额外增收，支援江苏省戡剿太平天国的“协饷”，也委由阜康办理汇兑。

（3）将来江苏省与浙江省公款往来，也归阜康经手。

这样的一招“烧冷灶”，使得胡雪岩的阜康钱庄不仅不愁没有生意做，还将生意做到了上海和江苏去。“烧冷灶”的利益回报，一下就显出来。

胡雪岩不仅给地方“雪中送炭”，甚至给朝廷“雪中送炭”。话说胡雪岩开设阜康钱庄未久，朝廷军兴，需资金，因而户部（也就是清廷的财政部）发行官票。

表面上，朝廷规定“愿将官票兑换为银票，与银一律”，但是，倘若朝廷节制，官票适度发行，倒还罢了；如果官票无限制滥发，则现银有限，官票无数，届时官票必然大幅贬值。

清廷户部十分狡猾，通令各省布政使司衙门（也就是省库），每省吃下官票若干。然后，再由各省布政使司衙门，通令省内钱庄或票号等民间金融机构，强制分摊，全数吃下官票。也就是，朝廷凭空发行纸钞（亦即官票），强制兑换民间现银。

可以讲，正常人对这种做法无不忧心忡忡，深恐将来票多银少，自己吃亏。杭州城里大大小小钱庄业者，无不哭丧着脸，大伙在钱庄公会里开会，讨论对策。那次同业聚会，胡雪岩没有参加，但他事前明白告诉阜康钱庄档手刘庆生：“我们现在做生意，就是要帮官军打胜仗。只要能帮官军打胜仗的生意，我们都要做，哪怕是赔钱生意，照样要做。

这不是亏本，是提前放资本下去，有朝一日官军打了胜仗，天下一太平，到时候什么生意不好做？到时候，我们是出过力的，公家自然会报答我们，做生意处处会给与方便。”

正因为胡雪岩如此指示，刘庆生在杭州城钱庄公会中，抢先吃下额度为 15000 两的现银，兑换“官票”。事实证明了胡雪岩的正确。清廷打败太平军后，因为阜康率先承销官票有功，特地下旨褒奖，于是阜康名震京城。

胡雪岩善于拉拢一些失意的官僚文人充当谋士，颇有孟尝君遗风，许乃钊为其一。胡雪岩对他执礼甚恭，专门去函，盛赞他的政绩政声，然后历诉浙江民众疾苦，以及当时面临的各种窘境，表现出虚心求教的样子，许乃钊为其所感，忠心耿耿为其服务而不自觉。当然，少不了暗中给许乃钊打打牙祭，让许有知遇之感。又比如落魄文人裘丰言，胡雪岩遇节必送礼金，使裘丰言十分感激。正因为如此，时人盛赞其有“春秋”策上风度。

当然，“雪中送炭”也不是逢人便雪中送炭，而是放出眼光，择其有资望者，或将来必有起用之日者，殷勤接纳，时相探望，慰其寂寥，解其困难，使彼心中感动，当你是“雪中送炭”的君子。有朝一日，先前的投资，便可大获厚利了。

患难见真情，胡雪岩屡出义举，也许并非源于本性，更重要的是他深知“雪中送炭”的作用，明白先给别人面子，然后再从别人那里要面子的道理。

（二）贴心性格：打动人心最难，也最容易

该顺则顺，不可逆着来

人的性格中常有两种因素：顺人心和逆人心。前者可以不费太多的力气，就能心想事成；而后者则往往是给自己找别扭。在胡雪岩看来，顺势一推，往往可以节省资金、体力和时间，立即获得赢利。胡雪岩善借东风，这是他张扬有形势力、从而游刃商界的一个性格绝学。

1862 年 2 月（同治元年正月），他初识左宗棠，左是新任浙江巡抚。俗话说“天高皇帝远”、“县官不如现管”，胡雪岩明白要在浙江这块地皮上赚钱，并谋求向外发展，当然需要与眼前这位“土地神”套上关系。因此，他便把受王有龄委托从上海采办来而因故未能运入杭州城的军粮军需当作谒见左宗棠的见面礼，从此开始了两人长达 20 年的密切合作和倾心交往。

左宗棠在青年时代就写联明志：“身无半亩，心忧天下；读破万卷，神交古人。”可以说，他取得这样高的地位是他多年奋斗得来的。而比他小 12 岁的胡雪岩在他施展抱负、建功立名的过程中给予了莫大的支持。胡通过购武器、筹粮、筹饷，参与左宗棠镇压太平军、捻军、陕甘回民起义的行动，在当时可是大清朝了不得的重大国事。胡雪岩还为左宗棠协理洋务，更难能可贵的是在左宗棠以 60 多岁的高龄挂帅出征，与阿古柏等分裂势力逐鹿于西北蛮荒之地时，左的政敌冷嘲热讽，各省观望延缓，而胡雪岩精心选购西洋军火，奔走筹借洋款，在帮助左宗棠

收复新疆这件大事中出了大力。彼时彼刻，在左宗棠的眼里，胡雪岩恐怕已成了春秋时犒师救郑的弦高、西汉时输财助边的卜式一类的良商了。

胡雪岩为左宗棠效犬马之劳的结果，是获得了对方的信任和倚重，且看左是怎样评价他的：

左宗棠在一篇奏稿中说："江西补用道胡光墉，自臣入浙，委办诸务，悉臻妥协。杭州光复后，在籍筹办善后，极为得力，其急公好义、实心实力，迥非寻常办理赈抚劳绩可比。"1864 年 4 月（同治三年三月），左宗棠在给长子孝威的信中说："胡雪岩虽出于商贾，却有豪侠之概。前次浙亡时，曾出死力相救；上年入浙，渠办赈抚，亦实有功桑梓。"1878 年 3 月 27 日（光绪四年二月二十四日）在致谭仲麟的信中说胡雪岩是他"依赖最久、出力最多之员"。

此外，据胡雪岩曾孙胡亚光《安定遗闻》记载，左宗棠曾对人说，浙江有奇才异能者二，一为本丙（1832～1899，字松生，世营布业，富于资财，有"嘉惠堂"藏书室，曾补集杭州文澜阁《四库全书》，著有《庚辛泣杭录》）；另一个就是胡雪岩。

胡雪岩通过公事与左宗棠建立了私交。左宗棠于 1881 年（光绪七年）调两江总督兼通商事务大臣后，派差官护送侄女赴浙，先从南京搭乘轮船至沪，由沪至浙的船只，就托给胡雪岩照料，1883～1884 年，胡雪岩濒临破产，还吃了官司，左宗棠从南京三次到上海胡雪岩住处探望。

胡雪岩有出将入相的左宗棠作为靠山，在总办粮台、劝捐、军火买卖、借款中上下其手，捞了不少好处，更重要的是，有了洋务派左文襄公的手下红人这一块牌子，他在商场更能左右逢源了。

早在太平天国时期，胡雪岩就接受清军官兵的存款，这些钱财多是在攻城抢掠中得来的不义之财。如费行简《近代名人小传》所记曾接受胡雪岩资助的那位湘军营官在重逢胡雪岩时，说："今我有资10万，皆得自贼（统治者对农民起义军的诬称）中者，固不足告外人。"结果他的这笔浮财就成了胡雪岩开设钱肆的资金。随着战局的推进，"诸将既得贼中货多，而克城皆置局榷税，饷入亦丰，莫不储之光墉所"。到左宗棠镇压陕甘回、捻时，"肆中湘人存资过千万"。后来，胡雪岩的钱庄开遍南北，各省大吏、京城显贵纷纷至胡雪岩处托存私款，其中就有大名鼎鼎的恭亲王奕䜣，他是同治帝的叔叔、光绪帝的伯伯。还有文煜，此人是满洲正蓝旗人，由官学生授太常寺库使，累迁刑部郎中，历任直隶霸昌道、四川按察使、江苏布政使、直隶布政使、山东巡抚、直隶总督、福州将军、署闽浙总督，到1877年擢刑部尚书，1881年做了协办大学士。文煜自己的地位相当于副宰相，他与奕䜣还是儿女亲家（文煜的女儿是奕䜣长子载徵的嫡福晋），他在宦海弄潮多年，搜刮了不少民脂民膏，在阜康银号中存银就有70万两。此外，福州布政使沈保靖在阜康的存款有38万两。

胡雪岩经商的顺势法，重在为做生意奠定好的根基。

摸透人心，想着自己的事

在古代，精明的商人总是有多种多样的性格，他们有时舍利取义，有时舍小取大，不在乎今日之可取，而重于将来之大用。胡雪岩的性格绝学之一是能从大处考虑问题，做到先摸透人心，再想清楚自己的事。

在晚清，有"三年清知府，十万雪花银"的说法。尤其是在晚清极其腐败的政治制度之下，吏治混乱、私欲膨胀。在这种情况下，只有善打心理战，才能成为精明的商人。"能猜察别人的心理想法，是做生意的一大奥妙。"这是胡雪岩的名言。

王有龄在胡雪岩的帮助下顺利完成调动漕米的公事，一下子在浙江获得能员的称誉，很快就得到署理湖州府的美缺。按惯例他应该既已得州府实缺，就应交卸海运局坐办的差使，但由于调动漕米拉下的亏空一时无法填补，加上还有一些生意上的事务牵涉到海运局，王有龄想暂时兼领海运局坐办。这自然也没有什么不可以的，但要得到抚台的批准。不过，当王有龄向浙江抚台黄宗汉提出这个请求时，黄宗汉却有意卖了个关子，对王有龄的请求只做了一个两可回答，却向他问及阜康钱庄的情况，并提出要请胡雪岩的阜康钱庄为自己代汇一笔10000两银子的捐输军饷。王有龄自然爽快答应，说是只要抚台大人招呼，给下钱来即随时汇出。不料王有龄话没说完，黄宗汉便端茶送客，而对于王有龄兼领海运局坐办的事，也置之不理了。

这样一来，倒把王有龄弄了个云山雾罩，不知其理。

还是胡雪岩看得准。这黄宗汉原是一个贪财刻毒、翻脸不认人、一心搜刮银子而不恤下情的小人。浙江前任藩司椿寿，就因为没有理会他40000两银子的勒索，被他在漕米解运的事情上狠狠地整了一把，以致生路全失，自杀身亡。胡雪岩告诉王有龄，他在黄宗汉提出代汇捐输军饷的要求时给黄宗汉的回答，是聪明一世，懵懂一时。黄宗汉哪里是要自己借阜康钱庄交汇捐输军饷？他其实是要借海运局的差使，勒索王有龄的银两，而且“盘口”都已开出来了，就是10000两银子。你王有龄不明就里，还在那里大包大揽，说是让他发下银子即刻汇出，你如果不是有意装糊涂，就是愚蠢，他哪里还会理你兼领海运局坐办的碴？

在胡雪岩的点拨下，王有龄恍然大悟，赶忙在第二天代黄宗汉交了10000两银子的捐输军饷。而事实上也真正是“药”到“病”除，10000两银子交出，他也随即得到兼领海运局坐办的批准。

黄宗汉为官极为贪婪，但他从不公然索贿，手下人要是不给，黄宗汉也不会发作，但是，往后可以另外寻个名目，修理礼数不够的属下。

胡雪岩是好样的，他看出黄宗汉的德性，只有使银子买平安。

有了这次前车之鉴，胡雪岩对黄宗汉日后的索贿也就心照不宣了。办理漕粮事件之时，王有龄与胡雪岩一行前往上海松江府这趟差使出发之前，“浙江海运局坐办”王有龄提领公款30000两银子，作为路上差旅盘缠。其实，30000两银子当中，实实在在只有10000两用于差旅，其他两万两，则另有用途。胡雪岩事前英明指出，巡抚黄宗汉对钱财看得甚重，这趟出去，一定要给黄巡抚弄点好处，他要王有龄去探口风。

果不其然，黄宗汉暗示要20000两银子，所以，胡雪岩就要王有龄挪用公款20000两，一路带着，到了上海之后，汇到福建黄宗汉老家。

胡雪岩办事精明识趣，经常让长官心里想的得以实现，使得黄宗汉对他大开方便之门。后来胡雪岩在浙江的许多生意比如贩运军火，也是借助他的力量完成的。

然而，献贿也并非全都如此简单明白，送银子了事。对一些主要人物，比如朝廷大员，这要使巧计不露形迹地去做。胡雪岩不愧为这方面的高手。

胡雪岩在光绪七年三月来到北京。此行最主要的目的是疏通中央政府，同意由他向洋人借300多万两银子的外债。

刚到北京，他就面临两项需索。首先，左宗棠与光绪皇帝之父醇亲王交好，醇亲王身兼朝廷禁卫军“神机营”司令，邀请左宗棠去看神机营操练，事情早就讲定了，但日期始终没敲定，说是要等胡雪岩到京之后，才能确定。

胡雪岩心中雪亮，知道所讲“要等胡老爷到京后再决定”，无非是说“胡老爷有钱，等胡老爷到京之后，带着钱去看神机营操练，看完之后由胡老爷放赏”。

第二桩需索，则与胡雪岩借外债息息相关。那时候，满人宝鋆任户部尚书及总理各国事务衙门大臣，等于现在的财政部长兼外交部长。胡雪岩想要借外债，“外”与总理各国事务衙门有关，而“债”则是户部的业务职掌。所以说，宝鋆一关一定要打通。

怎么打通，还不是送银子！问题是，胡雪岩并不认识宝鋆，总不能就这样带着银票上宝家去。胡雪岩本事大，经过打听，竟然探听出一条门道。

原来，北京城有个地方叫“琉璃厂”，专卖文房四宝、书籍、古董、字画，这地方到现在还有，还是经营这些行业。那时候，清廷满朝权贵无不视贿赂为当然，可是又碍于颜面，不敢公然行之。于是，就想出了变通办法，这变通办法，就是与琉璃厂商家挂钩，由商家担任贿赂中转站。

事情是这样办的：某人打算向某大员求事，求取某一官职，则先与琉璃厂商家接头，讲定以若干银两购买一件古董或一幅字画。接着，琉璃厂商家就到大员公馆去，取得古董或字画，拿回琉璃厂，卖给行贿者。行贿者买到古董或字画，送给大员；琉璃厂卖出古董或字画，获得银两，留下回扣与手续费，把剩下银子交给大员公馆。

所以说，就某大员而言，他只是把自家的古董或字画交给琉璃厂商人，商人卖给行贿者，行贿者又把东西送回大员公馆，某大员并没少了东西。另一方面，却由琉璃厂商号送来银两，某大员并没有直接收受行贿者银子，他只是收了古董或字画，总算是文人雅士赠送文物，并没沾上铜臭。这真是有意思，明明是拿红包收贿款，但就是没有直接收钱。

胡雪岩就是用这种办法，巧妙地送了宝鋆 30000 两银子，结果该大员在朝廷上拼命地说借洋债的好处，终于使这一事落实下来。

而胡雪岩办事的方式还不仅为送钱送物，他深谙衙门里的人的心思，拉拢手段也几乎到了无所不为的地步。

胡雪岩一行人抵达上海郊区淞江府之后，与松江漕帮搭上线，漕帮祖宗魏老爷子交代手下大哥尤五，一定要好生招待胡雪岩一行。胡雪岩那帮人，品流不齐，领头者是学官两栖王有龄，往下数，还有两个幕僚随员，一个姓吴，另一个姓周，都以“海运局委员”名义，随行办事。往下，还有听差高升，以及打杂下手。

为了照应这么一大帮人，胡雪岩心思缜密，分门别类，从大老爷王有龄到听差高升，全都安排做了一趟风月之旅。胡雪岩的手段就在这里，什么人去什么地方，分得清清楚楚，绝不龙蛇混杂。

由于胡雪岩深知那些“特殊人”的心理，而且总能投其所好，他的商业行为也左右逢源，得以顺利进行。

善于抓住不同人的特点

每个人的做人之法都是不一样的，但是每个人都有自身的弱点。一般讲，最容易突破的就是人的弱点。胡雪岩的高明之处，还在于他善于抓住不同人的特点，区别对待，也就是通常说的“投其所好”。这是胡雪岩成大事的性格绝学之一。

在胡雪岩的那个时代，要经营势力，离不开银子的作用，大多数人都是眼盯钱袋的。胡雪岩深谙此道，自然也从不吝惜银子，甚至到了有索必给、有“求”必应的地步。比如浙江藩司麟桂调署江宁藩司，临走时在浙江亏空的20000多两银子需要填补，又一时筹不到这笔款项，便找到胡雪岩请他帮助代垫，胡雪岩二话没说便爽快地应承下来，以至麟桂派去和胡雪岩相商的亲信也“激动”不已，称胡雪岩实在是“有肝胆”、“够朋友”，要他一定不要客气，乘麟桂此时还没有卸任，有什么要求尽管提出来，反正惠而不费，他一定肯帮忙。胡雪岩做的却也实在“漂亮”，他没有提出任何索取回报的具体要求，只是希望麟桂到任之后，有江宁方面与浙江方面的公款往来，能够指定由阜康代理。这一点点要求，对于掌管一方财政的藩司来说，自然是不费吹灰之力。事实证明，胡雪岩的投资是有眼光的，最终得到了意想不到的收益。前文所说的对黄宗汉、对朝中大员，都是看准了他们爱钱的特征，对症下药，收效甚丰。

但是，送钱并不是唯一的解决办法，也有爱金钱更爱美女的。胡雪岩认准这一点，忍痛割爱亦在所不惜。

当初，浙江巡抚黄宗汉露出口风要动一动了，就得考虑一下浙抚的位置谁来接替最为合适。

为自己的利益计，这个位子由何桂清接任最合适，为此，胡雪岩专门去了一趟苏州，游说何桂清早日进京活动。至于费用，可以由胡雪岩放款（其实也就是代垫了）。

没想到光是金钱难以驱动何桂清，何桂清年少得意，在情、色上免不了看不开，居然迷上胡雪岩的宠姬阿巧。这使胡雪岩非常意外。

对于阿巧，胡雪岩自相遇之日，便有“西南北东，永远相随无别离”的属意。现在要做“断臂赠腕”的举动，这个决心委实难下。

最终，他还是做了“退一步想”的打算，忍痛割爱，将阿巧让给了何桂清。何桂清见胡雪岩竟然以美相让，万分感动，当即带阿巧上京打点，不多日便补了黄宗汉的缺。从那之后，他对胡雪岩非同一般，一直到死，都是胡雪岩生意的坚强后盾。

赠金、赠美，对以一品顶戴兵部尚书兼都察院左都御使任闽浙总督的左宗棠，又都失去作用了。起初，由于杭州被太平军占领期间的谣言，此时的左宗棠对胡雪岩既早闻其名，也早有戒备，他甚至接到许多状告胡雪岩的禀帖，决定一律查办，指名严参。这位素有“湖南骡子”之称的总督，在胡雪岩前去拜见时，甚至都不给他让座，很是“晾”了他一把。而胡雪岩终于还是得到了左宗棠的信任，甚至被引为知己，左宗棠由此成为胡雪岩比王有龄更有力量的支持者。后来也就是因为左宗棠的一力举荐，胡雪岩才得到朝廷特赐的红顶子。

胡雪岩取得左宗棠的信任，其实只做了两件事：

第一，献米献钱。胡雪岩回杭州，带到杭州去的有 10000 石大米和 10 万两银子。本来这 10000 石大米有一个名目，那就是当初杭州被围时，胡雪岩与王有龄商量，由胡雪岩冒死出城到上海采购大米以救杭州粮绝之急。胡雪岩购得大米 10000 石运往杭州但无法进城，只得将米转道宁波，现在杭州收复，胡雪岩将这 10000 石大米又运至杭州，且将当初购米款 20000 两银子面交左宗棠，等于是他既回复了公事，以此证明自己并非携款逃命，而又另外无偿献给左宗棠 10000 石大米。那 10 两银子则是胡雪岩为了敦促攻下杭州的官军自我约束、不要扰民而自愿捐赠的犒军饷银。清军打仗，为鼓励士气，有一个不成文的规矩，攻城部队只要攻下一座城池，3 日之内可以不遵守禁止抢劫奸淫的军规。胡雪岩献出 10 万两银子，是要换个秋毫无犯。

第二，主动承担筹饷重担。左宗棠几十万兵马东征镇压太平军，每月需要的饷银达 25 万之巨，当时朝廷财政支绌，用兵打仗采取的是“协饷”的办法，也就是由各省拿出钱来做军队粮饷之用，实际上是各支部队自己想办法筹饷。胡雪岩听到左宗棠谈起筹饷的事，毫不犹豫地表示自己愿意为此尽一分心力，而且当即就为筹集军饷想出了几条很是行之有效的办法。

胡雪岩做的这两件事，的确做到了对“症”下“药”，因而也是一下子“药”到“病”除。所谓对症，是因为粮食、军饷，都是左宗棠此时最着急也最难办的事。杭州刚刚收复，善后是一件大事，而善后工作要取得成效，第一位的是要有粮食，另外，当时镇压太平军实际是左宗棠与李鸿章协同进行，太平军败局已定，左宗棠当然想争头功，这个时候，粮草军饷也是当务之急。没有粮饷就无法进一步展开攻势，而且一旦“闹饷”，部队无法约束，也就势成“乌合”，还会酿出乱子。胡雪岩的到来，使左宗棠这两件让他头痛的事情一下子迎刃而解，哪里还有得不到他赏识的道理？用左宗棠的话说，解决了这两个问题，不但杭州得救，肃清浙江全境他也有把握了。难怪胡雪岩去拜见他，开始连座都不让，到听说运来了粮食，不仅让座而且是升炕，而到了谈及筹饷，他马上吩咐留饭了。

这对症下药，说到底也就是投其所好。正如送礼，要送得合适，其中一条重要的原则就是要对方喜欢。而要对方喜欢，常常也就是送给对方急需的又一时没有的。比如左宗棠喜奉承，求事功，胡雪岩正好给他送去了能使他成就事功所必需的东西，一送之，也就送出了意想不到的效果。胡雪岩说：“送礼总要送人家求之不得的东西。”可见他是深谙此道的。

胡雪岩在商场中如鱼得水，跟他善于抓住弱点并进而投其所好的心计和手腕是分不开的。

（三）贴事性格：为人办事胜过千言万语

发现跳板，才能跳得更远

如果说，三级跳远运动员的水平在踏板准确，飞身如箭，那么古代经商也需要有发现跳板的功夫，特别对胡雪岩来说，他在最关键的时刻总能抓住转折点。胡雪岩日后能做大生意，是以投靠左宗棠为转折点的。这是理解胡雪岩之所以踏板准确有力的关键。因此，胡雪岩的性格灵活多变！

胡雪岩依靠王有龄的势力生意越做越大，一片坦途。然而天有不测风云，同治元年（1862年），太平军围攻杭州，王有龄守土有责，被围两月弹尽粮绝。胡雪岩受托冲出城外买粮，然而却无法运进城内。王有龄眼见回天乏术，上吊自杀。胡雪岩闻讯，悲不自禁，胡氏之生意，得力于王有龄，尤其是这种乱世，没有一个可以信任的靠山，凭什么成事呢？如今王氏一去，大树倒矣，又岂能不悲伤。

此时的胡雪岩开始将目光投向了杭州藩司蒋益澧。但他逐渐在交往中发现，蒋益澧谨慎有余，远见不足，他不得不寻找更有价值的人物。这时，他将目光投向了闽浙总督左宗棠。

此时左宗棠正忧心忡忡。杭州连年战争，饿死百姓无数，无人耕作，许多地方真是“白骨露于野，千里无鸡鸣”。自己带数万人马同太平军征战，自己的几万人马吃饭成了个大问题。

正在考虑之时，手下人报，浙江大贾胡雪岩求见。左宗棠乃传统的官僚，有“无商不奸”的思想在脑中作怪，而且他又风闻胡氏在王有龄危困之时，居然假冒去上海买粮之名，侵吞巨款而逃。心想此等无耻的奸商，本不欲见他，无奈蒋益澧的面子，只得待了半天，才懒洋洋地宣胡雪岩进见。

胡雪岩一进去，就察觉到了气氛的不对，随即告诫自己小心谨慎。胡雪岩振作精神，撩起衣襟，跪地向左宗棠说道：“浙江候补道胡雪岩参见大人！”左宗棠视而不见，仍怒目圆睁。一会儿，左宗棠那双眼睛开始转动，射出凉飕飕的光芒，将胡雪岩从头到脚仔细打量一遍。胡雪岩头戴四品文官翎子，中等身材，双目炯炯有神，脸颊丰满滋润，一副大绅士派头。端详之后，左宗棠面无表情地说道：“我闻名已久了。”这句话谁听都觉得刺耳，谁都懂得它的讽刺意味。胡雪岩以商人特有的耐性，压住心中的不满，他觉得自己面前只不过是一个挑剔的顾客，挑剔的顾客才是真正的买主。胡雪岩没有直接谦虚地回答左宗棠，而是再次以礼拜见左宗棠。他知道左宗棠素来是个吃捧的人，抓住这一弱点，恭贺左宗棠收复杭州，功劳盖世。又向左宗棠道谢，使杭州黎民百姓过上安定日子。胡雪岩一边恭维一边注视着左宗棠，他见左宗棠脸上露出一丝不易让人觉察的微笑。捕捉到这一信息，胡雪岩又急忙施礼。这一次左宗棠虽然仍旧矜持地坐在椅子上，但先前阴沉的双脸绽开了笑容，也许面子过不去，他装作恍然似地说：“唉呀，胡大人，请坐！”胡雪岩在左宗棠右侧的椅子上坐了下来，摆脱了尴尬的窘境。

胡雪岩坐定之后，左宗棠直截了当问起当年杭州购粮之事，脸上现出肃杀之气。胡雪岩这才如梦初醒，赶紧把事情从头到尾讲了个清清楚楚，说到王有龄以身殉国，自己又无力相救之处，不禁失声痛哭起来。

左宗棠这才明白自己误听了谣言，险些杀了忠义之士，不禁羞愧不已，反倒软语相劝胡雪岩。

胡雪岩见左宗棠态度已有松动，急忙摸出 20000 两藩库银票，说明这银票是当年购粮的余款，现在把它归还国家。他解释说，这巨款本应属于国家，现在他想请求左帅为王有龄报仇雪恨，并申奏朝廷惩罚见死不救又弃城逃跑的薛焕。这符合常情的恳求，左宗棠欣然答应，并叫管财政的军官收入了这笔巨款。

20000 银票对于每月军费开支 10 余万的左军来说虽属杯水车薪，但毕竟可解燃眉之急。胡雪岩清楚地知道左宗棠想要的是什么，所以不失时机地掏出银子，为自己争得了左宗棠的好感。

收下胡雪岩的银票后，胡雪岩对王有龄的忠心使左宗棠非常佩服，立即叫人上茶，和胡雪岩闲聊。胡雪岩大赞左帅治军有方，孤军作战，劳苦功高。胡雪岩说话有分有寸，当夸则夸，要言不繁，让人听起来既不觉得言过其实，又没有谄媚讨好的嫌疑。左宗棠听得眉飞色舞，满脸堆笑。胡雪岩见左宗棠已被自己的话吸引，他想，只要实事求是地奉承恭维，左帅还是能够接受的。如果拉他做靠山，往后的生意更会如日中天。主意拿定后，他抛砖引玉，话锋一转，指责曾国藩只顾自己打算，抢夺地盘，卑鄙无义；气愤地谴责李鸿章不去乘胜追击占领唾手可得的常州，而把立功的肥缺让给曾国藩的弟弟曾国荃做人情。胡雪岩有根有据的指斥引起了左宗棠的共鸣，左宗棠在心中对胡雪岩更有好感了。

过后，左宗棠亲自将胡雪岩送出去，他认为胡雪岩不仅会做生意，而且还对官场非常熟悉，是一个大有作为的能人。难怪杭州留守王有龄对他如此器重。然而粮食仍像幽灵一样萦绕脑际，缠得左宗棠心急如焚，愁眉不展。一连几天都没有想出个好办法。

其实胡雪岩上次别后，就筹划着如何帮助左宗棠解决粮食以解眼下之急。他迅速到上海筹集了上万石大米运回杭州，一部分救济城里的灾民，另一部分送到了军营。

这万石大米真是雪中送炭，不仅救了杭州，而且对左宗棠肃清境内的太平军也助了一臂之力。左宗棠捋着花白的胡须，连日紧皱的双眉舒展了，他高兴不已，内心总觉得过意不去。他说："胡先生此举，功德无量，有什么要求，无妨直说。我一定在皇上面前保奏。"胡雪岩大不以为然，他说："我此举绝不是为了朝廷褒奖。我本是一生意人，只会做事，不会做官。"

"只会做事，不会做官"这一句话可当真说到左宗棠的心坎上了。左宗棠出自世家，以战功谋略闻名，在与太平军的浴血奋战中，更是功绩彪炳。所以平素不喜与那些凭巧言簧舌、见风使舵之人为伍，对这些人向来鄙夷不屑。此时一句"只会做事，不会做官"当真是使左宗棠感觉遇到了知己。对胡雪岩顿时更觉亲近，赞赏之意，溢于言表。

粮食的问题得到解决，但军饷还没有着落。军饷像重担似地压在左宗棠的心上。由于连年战争，国库早已空虚。两次鸦片战争的巨额赔偿犹如雪上加霜，使征战的清军军费自筹更为困难。左宗棠见胡雪岩如此机灵，于是请胡雪岩为他想法筹集军费。胡雪岩一听每月筹集 20 万的军费，感到非常棘手，但他认为如果能够顺利筹集，左帅对自己会加倍信任。胡雪岩经过一番深思熟虑后便把自己的想法全盘告诉了左宗棠。

原来，太平天国起义 10 年来，不少太平军将士都积累了很多钱财，如今太平军败局已定，他们聚敛的钱财不能带走，应该想法收缴。但由于这些太平军不敢公开活动，唯恐遭到逮捕杀头，常常躲藏起来。胡雪岩认为左帅可以闽浙总督的身份张贴告示，令原太平军将士只要投诚，愿打愿罚各由其便，以后不予追究。

左宗棠心有灵犀一点通。这确实是个好办法，既收集钱财，又能笼络人心，一箭双雕。可如此做法还没有先例。如果处理不周，后果不堪设想。左宗棠将心中的顾虑和盘托出，胡雪岩忙出妙策。他的理由是：太平军失败后，很多人都要治罪。但人数太多株连过众，又会激起民愤，扰得社会又不安宁。这与战后休养生息的方针背道而驰。最好的处置就是网开一面，给予出路。实行罚款，略施薄刑，这些躲藏的太平军受罚后就能够光明正大做人，当然愿罚，何乐不为。

左宗棠对胡雪岩的远见卓识钦佩不已，当即命胡雪岩着手办理。回去后，胡雪岩立即着手，张贴布告，道之以理，晓之以义。不多久，逃匿的太平军便纷纷归抚，一时四海闻动，朝廷惊喜。借助这一机会，阜康钱庄也得利不少，胡雪岩更是四品红顶高戴，成了真正的“红顶商人”。

通过这次事，左宗棠既了解了胡氏的为人，也了解到胡氏办事的手段，知道这确实是一个难得的人才，于是倾心结纳，倚之为股肱，两人很快成为知己。

回头看胡雪岩结交左宗棠的过程，主要有三个因素：

第一，对左宗棠的充分了解。胡雪岩在决意拉拢左宗棠这座大靠山之时，已经通过各种渠道对左氏有了透彻的了解。他知道左宗棠是“湖南骡子”脾气，倔强固执，难以接近。他也知道左氏因功勋卓著，颇为自得，甚喜听人褒扬之辞。他也对左宗棠与曾国藩及其门生李鸿章之间的重重矛盾了解得很透彻，建立在这些知识之上，他才能打一场有准备之仗，使得言辞正中左氏的下怀。

第二，善急人之所急。光说不做是不行的，胡雪岩打动左宗棠还体现在他的行动上。他解了左氏的燃眉之急，为他做好了两件事：筹粮与筹饷。这两件事对左宗棠来说都是迫在眉睫的，现在胡雪岩主动地为他去掉了两块心头之病，当然也就换取了他的感谢和信任。

第三，最重要的还是胡雪岩本人的真才实学。胡氏结交官场自有一套或以财取人，或以色取人，或以情取人的手法，然而这些对左宗棠而言都是不起作用的。左宗棠贵为封疆大吏，区区小惠根本不放在眼中，若是胡雪岩只是一个有意拉拢的庸人，左氏早就三言两语把他打发掉了。而左宗棠之所以器重他并引为知己是因为胡雪岩有过人的才学，能助他一臂之力，是一名不可多得的人才。所以，他才愿意在胡雪岩的生意中加以援手，因为他知道，两人是互惠互助的关系。

由于有了左宗棠，胡雪岩衰败的生意很快有了生机，而且比以前发展更快。十数年间，运输、购置弹药，筹借洋款，拨饷运粮，无一不经其手，以这种大势，求十一之利，胡雪岩的事业如日中天，财富也从数十万银转而至数百万进而至数千万。

当年杭州收复全赖左宗棠之功，而胡雪岩献出大米、捐助军饷，极有成效地主理杭州战后善后事宜，这一系列事情收到的一个直接的功效，就是得到了左宗棠的赏识和信任。凭着左宗棠的支持，胡雪岩的生意不仅在战乱之后得以迅速全面地恢复，而且也越做越顺，越做越大。到左宗棠西征新疆前后，他以“红顶商人”的身份，为左宗棠创办轮船制造局，筹办粮饷，代表朝廷借“洋债”，开始了与洋人的金融交易。到这时，胡雪岩才真正如履坦途，事业也终至如日中天，盛极一时。左宗棠饮水思源，光绪四年春，他会同陕西巡抚谭仲麟、联衔出奏，请“破格奖叙道员胡雪岩”，历举他的功劳，计 9 款之多。

胡雪岩的母亲 70 大寿，不仅李鸿章、左宗棠这些红极一时的封疆大吏送礼致贺，就连慈禧老佛爷也特为颁旨加封。从此，胡雪岩走上事业的巅峰。

做好事，是为了赢得人心

性格与成事的关系并不像是教科书上所说的那样简单，而是与人生的复杂经历相缠绕。在胡雪岩看来，有些人爱讨好别人，有些人喜欢别人讨好。这就是捧场！如果仅仅懂得那些“特殊人”的心理，这一点还是远远不够的；还有更重要的一手，要善于利用人性的弱点，讨好有方。在这点上，胡雪岩可谓无师自通。

胡雪岩初见左宗棠时左对胡甚有恶感，言语间颇不客气。胡雪岩见势不妙忙大加称赞左宗棠平定太平军的丰功伟绩，听得左宗棠心里甚为受用，对他的态度缓和下来。在接着的谈话中，胡雪岩抓住左宗棠的特点巧妙地投其所好。当左宗棠夸奖他筹粮为国出力时，他说："大人栽培，光墉自然感激，不过，有句不识抬举的话，好比骨鲠在喉，吐出来请大人不要动气。我报效这批米，决不是为朝廷褒奖。光墉是生意人，只会做事，不会做官。"

"好一个只会做事，不会做官！"这一句话碰到左宗棠的心坎上，拍着炕几，大声地说，赞赏之意，真个溢于言表了。

胡雪岩还特别善于利用左、李之间的矛盾来捧左宗棠："我在想，大人也是只晓得做事，从不把功名富贵放在心上的人，"胡雪岩说，"照我看，跟现在有一位大人物，性情正好相反。"

前一段话，恭维得恰到好处，对于后面一句话，左宗棠自然特感关切，探身说道："请教！"

"大人跟江苏李中丞正好相反。李中丞会做官，大人会做事。"胡雪岩又说："大人也不是不会做官，只不过不屑于做官而已。"

"啊，痛快，痛快！"左宗棠仰着脸，摇着头说，一副遇见知音的神情。被奉承得如此真诚，如此舒服，心里实在高兴。

"雪岩兄，"左宗棠说，"你这几年想必一直在上海，李少荃的作为，必然深知，你倒拿我跟他的成就比一比看。"

"是！"胡雪岩想了一下答道，"李中丞克复苏州，当然是一大功，不过，因人成事，比不上大人孤军奋战，来得难能可贵。"

左宗棠听得大为高兴："这总算是一句公道话。"

一唱三叹，到了击节相和的地步，自然见出胡雪岩捧场面的艺术来。

事实上，左宗棠平生一大癖好，就是喜欢听人恭维。胡雪岩跟从左宗棠多年从未忘记这一点，因此甚得左氏的欢心。总是投其所好，既不吝赞美，又实事求是，总是能说出左宗棠最爱听、最想听的，却无一丝谄媚做作之意。

商量筹借洋款时，胡雪岩带来了泰来洋行和汇丰洋行的代表。款子是代理泰来的，但是还需要汇丰出面。左宗棠不解，就问这里边有什么讲究。胡雪岩很会说话："汇丰是洋商的领袖，要它出款子调度起来才容易。这好有一比，好比刘钦差、杨制台筹饷筹不动，只要大人登高一呼，马上万山响应，是一样的道理。"

话经胡雪岩这么一说，左宗棠感到很是受用，往下谈到借款的数目和利息，就爽快起来。胡雪岩深明左宗棠的脾性，所以左宗棠问到"要不要海关出票"时，胡雪岩响亮地回答："不要！"

原来，洋人借款，为了商业利益，总是要想办法降低风险，避免出现拖欠还款的现象。由于当时中国海关掌握在外国人手中，所以一般借款，总要中国方面出具海关税票，保证借款能如期归还。这回因为是和"胡财神"打交道，信誉好了，自然不必担心出现问题，所以海关是否出票一节上，也就没有勉强。

虽然是看在"胡财神"的面子上，胡雪岩却不这么讲。左宗棠问是否只要陕甘出票就可以了，胡雪岩回答："是，只凭'陕甘总督部堂'的关防就足够了。"

这一回答使左宗棠连连点头，表示满意，不免感慨系之："唉！陕甘总督的关防，总算也值钱了！"

"事在人为，"胡雪岩接过他的话头说，"陕西甘肃是最穷最苦最偏僻的省份。除了俄国以外，哪怕是久住中国的外国人，也不晓得陕甘在哪里。如今不同了，都晓得陕甘有位左爵爷，洋人敬重大人的威名，连带陕甘总督的关防，比直隶两江还管用。"

这样讲还不过瘾，又要古应春问洋人，如果李鸿章要借洋款，他们要不要直隶总督衙门的印票，回答是："都说还要关票。"

听得这一句，左宗棠笑逐颜开，他一直自以为勋业过于李鸿章，如今则连办洋务都凌驾其上了。这份得意，自是非同小可。

胡雪岩这么一捧，左宗棠直觉得自己犹若丈八金刚，奇伟无比，对于捧人的胡雪岩，自然也生出极大的好感，对胡的其他活动，也就欣然支持了。胡氏结交左宗棠，这是一个非常重要的手段。

不仅是口头上恭维，胡雪岩还非常注意给左宗棠捧场面。

左宗棠外放两江总督，中途要在上海停留。胡雪岩提前安排古应春回去活动，联络洋人，在左宗棠抵达上海时，上海英、法两租界的工部局，以及各国驻沪海军，都以很隆重的礼节致敬。经过租界时，租界派出巡捕站岗，列队前导，尤其是出吴淞口阅兵时，黄浦江的各国兵舰，都升起大清朝的黄龙旗，鸣放200响礼炮，声彻云霄，震动了整个上海，都知道左宗棠到上海来了。这样一来，左宗棠自然喜不自禁，暗中更加欣赏胡雪岩了。

多方联手，把生意做得畅透起来

好人缘是成功的保证。胡雪岩性格的最大特点之一是：善于多方联手，以便把生意做得畅透起来。胡雪岩经商不求点滴之利，而是着力把各种关系理顺，多方寻找投资渠道，所以生意兴旺。

胡雪岩加紧阜康钱庄筹备速度，不料钱庄尚未正式挂牌亮相，便有人找上门来。这天，一位老者来到阜康门前，指名道姓要见胡老板。胡雪岩见他戴瓜皮小帽，着青色缎袍，一副师爷模样，便请进内堂叙话。此人自称高师爷，在江宁府公干，胡雪岩察言观色，见他两颊如削，双眼深塌，前额微突，便知是惯弄刀笔的老吏。两人寒暄已毕，一时无话。师爷从夹袋里掏出一张官报，请胡雪岩过目。胡雪岩客气道：“胡某一个商贾，不敢与闻政事。”“看有何妨，”师爷微妙地笑笑，“生意人当眼观六路，耳听八方，战乱时期尤其如此。”

报上有一段地方官更迭的消息，其中有“江宁知府俞大寿迁升河南藩司”的内容，胡雪岩揣摩这也许是师爷来此的原因。师爷双目如鹰眼，扫视胡雪岩道：“胡老板看出其中的门道么？”“没有，”胡雪岩大智若愚，答道，“胡某愚钝，敬聆老前辈指教。”

师爷跷起二郎腿，老实不客气地说：“我家主子升为河南藩司，实为喜事，胡老板难道不高兴？”

胡雪岩说：“当然值得庆贺，但和我有什么关系？”

“若胡老板愿交朋友，鼎力相助，关系便非同寻常。”接着，高师爷压低嗓门，悄声道：“千里做官只为钱，我家老爷慷慨大方，乐善好施，在江宁任内3年，亏空了20000银子，眼下新任已到江宁，等着交接，20000银子的亏空如不设法补上，恐遭诟谴，危及前途。”

胡雪岩一下便明白了，大凡有人升迁交接，前任亏空公款司空见惯，只要弥补及时，人不知鬼不觉，账面上做得干净漂亮，便可安然无恙，仍可落个“廉洁清正，操守可嘉”的考语。高师爷此行伸手告贷，其意不言自明。但这种借钱方式，不早不迟，偏偏在钱庄开业节骨眼上，尤其耐人寻味。一般而论，弥补亏空款子，如填无底洞，前任账目一清，溜之大吉，后任亦不认可，只苦了钱庄，白借一笔钱，有借无还。这种情状，胡雪岩当伙计多年，见过成千累万。有本钱小的钱庄，在威逼下替官吏弥补亏空，以致倒闭。

胡雪岩开钱庄的消息，扬名遐迩，四方无赖之徒，莫不红了眼要来捞一把、吃白食。但胡雪岩做得聪明，与各个衙门搭上关系，又有知府王有龄撑腰，因此，“吃白食”者尚不敢轻易开口要钱。这个江宁知府，莫非吃了豹子胆，晕了头，敢向胡雪岩伸手？

胡雪岩婉言道："高师爷，敝号是新张甫始，本小利薄，不敢高攀，恐难如愿，使你失望了。"高师爷摇头道："找个弥补亏空的钱庄，江宁多的是，老朽只当胡老板久居钱业，精细过人，才不远千里来结缘交友，不料胡老板拒人于外，蒙昧难教，实在可惜。"说着，起身便要走人。胡雪岩听他话中有话，忙做出很谦恭的样子，百般挽留说："晚辈无知，冲撞老前辈，实在不应该，还请不吝赐教、指点迷津。"

高师爷这才回嗔作喜道："生意人应该八面玲珑，一点就透，送上门的财，若放过了，财神爷生了气，终生都不会照看你的。"接着便说明来意。河南藩司为一省粮饷最高当权者，执掌河南银钱度支，因逢战乱年代，朝廷命河南地方每年筹措饷银 70 万两，输送军前粮台使用。这方式称为"协饷"。协饷一般存放在信誉良好的钱庄备用，且不算利息，随时供军队取用。钱庄都渴望能得到协饷存银，一则充实钱庄本钱，二来可放款以获厚利。

胡雪岩果然一点就透，藩司想用河南协饷做好处，请阜康弥补亏空，日后河南协饷必定存入阜康。胡雪岩不消细算，直觉告诉自己，70 万对 20000，好处不言自明，若长期来往，更是极划算的交易。当下胡雪岩做出如大梦方醒的样子，对高师爷一揖到地，连声说："小的有眼无珠，差点误解了高老前辈，多有得罪，实在惭愧！"

高师爷倚老卖老道："年轻人经验不足，在所难免，吃得亏，人上人，日后就懂得了。"胡雪岩命人摆设上等鱼翅席，频频为高师爷斟酒，灌一气迷魂汤，令他乐不可支，兴致空前。宴毕，封好 20000 两的银票，交高师爷转给知府，又私下备了1000 两的银票，送与高师爷。

忙碌过后，胡雪岩又有些担忧，唯恐 20000 银子有去无回，打了水漂儿。可是不到半月，河南协饷 70 万两银子，果真划到阜康钱庄。胡雪岩幡然觉悟，感慨丛生：吃小亏占大便宜，古人言之不谬也！

面临开张，胡雪岩心中惴惴，有一桩心事尚未落实。他要把面子做足，台面撑大，不同凡响，令人敬畏，让杭州人看看阜康的场面和派头。钱庄的面子就是银钱，本钱越大信誉越高，胡雪岩打算用“堆花”的办法让众人大吃一惊。所谓“堆花”，钱庄新张，同行前来致贺，各家抬来银子存入钱庄，以壮气势，称为“堆花”，本是同行业的捧场做法。“堆花”纯属礼仪行为，同行都是钱庄，不可能拿大批银钱为别人壮威，礼仪上点到为止，图个喜气。

胡雪岩却不然，他打算借“堆花”大出一番风头。如何让同行肯抬上大批银钱为开业“堆花”助兴，几乎成了一件性命攸关的事。

胡雪岩与王有龄商议此事，没想到王有龄哈哈一笑，道：“如此区区小事，还用犯难吗?”他从官札中捡出一张来，对胡雪岩道：“户部刚刚行文下来，朝廷饷银吃紧，新近发行一种官票，要各地钱庄派销银钱，保证官票能够上市流通、兑换现银。”

清朝增发官方银票，和后来的政府多印钞票是同一码事。增发的银票必须要有银子做后盾，各地钱庄便承担了派销银票的任务。朝廷对钱庄颐指气使，巧取豪夺，钱庄忍气吞声，慑于压力，打落牙齿和血吞，只得召集同行各家钱庄，根据实力大小，分配派销份额。

“浙江新派40万两官票，”王有龄说，“钱庄固然不愿意也没有办法，我们不妨在同业会上做个好人，声称全由阜康包了，不要大家承担，众人岂不感激涕零，提出‘堆花’还能拒绝吗?”胡雪岩有些担心：“40万两银子不是小数目，我们能承担么?”

“老弟原来不知，”王有龄笑他迂阔，“我们并不真的承担，只是装模作样罢了，待压过一段时间，另发一通官札，再平摊到大家头上，不露半点儿痕迹。”

“官札那么好发，说写就写?”

“举手之劳，要不，衙门里那么多刀笔吏，不清闲得发慌么?”

胡雪岩恍然，原来如此办事，多半是应付老百姓的，拿着鸡毛当令箭，还是老百姓可怜。他由此认定，若做大生意，非有技巧不可。

中秋节前，阜康钱庄开张大吉，自抚台以下，浙江各衙门官员纷纷莅临致贺。钱庄门前，高车驷马，冠盖如云。商贾同行，前来捧场，市民百姓，远远地围观。阜康钱庄柜台上，白花花的官制锭银，堆得如同小山，与阳光交相辉映，刺得人们睁不开眼睛。杭州市民，多少人生下来一辈子，没见过这么多银子。于是街头巷尾流行一句民谣：金山银海，抵不上阜康的柜台。

胡雪岩灵活应变的处世性格，使他在商界如鱼得水，不仅为他化解了商业活动中的一个个困难，更主要的是他在各种关系中找到了自己巧妙投资的路子。

△ 胡氏贴身性格之现代释用（一）

读懂关系学的潜力

胡雪岩经商把人缘提高到很高的位置，事实上他也是这样做的。他善于琢磨人与人之间关系的重要性，在关键时刻总能找到突破的防线，所以他把生意术变成了人缘学。在现代经商中，这种人缘学或多或少也是存在的。“结交一段有用的人缘胜过投资百万美元。”印尼著名华侨林绍良发家的经验告诉了人们一个可靠的经商之道。在创业的艰难历程中，有时候一个“贵人”的出现，会使本来毫无希望的事业变得大有希望，更能使一个身无分文的创业者成为富甲一方的商业巨人。

印度尼西亚的企业家林绍良是世界上著名的大富翁。1917 年 9 月 7 日，林绍良出生于中国福建省福清县海口镇本宅村。1938 年，他抵达印尼谋生。最早，林绍良在义父的花生油店打工，略有积蓄就另谋发展。他在家磨咖啡粉，粗加工包装后骑自行车沿户叫卖。他所在的古突士镇市面萧瑟，人丁稀落，要赚些钱就得鸡鸣而起，去几十里外的爪哇主要城市三宝垅叫卖。当时的印尼，与中国一样，烽火连天，经济不景气，要赚钱，谈何容易。

日本投降后，印尼宣告独立，但荷兰军队卷土重来，印尼又处于战火纷飞之中。在战争中，爪哇岛一度被划分为荷兰占领区和印尼共和独立区，荷兰人对中爪哇一带实行经济封锁。当地的华侨华人冒着生命危险支援印尼人民进行独立战争，他们突破荷军的封锁线，在东爪哇其他地区用帆船偷运白糖、椰子等土产去新加坡贩卖，然后购买武器及军需物资支援印尼游击队。

林绍良凭借多年积累下来的行商经验和广泛的社会关系，冒着风险为游击队源源不断地输送弹药和医药用品等物资，表现很突出。在支援活动中，他认识了许多印尼军官，其中一个是后来担任总统的苏哈托，当时苏哈托是三宝垅地区的中校团长。每当苏哈托的军队陷入经济窘境，林绍良都义不容辞地给以有力支持。苏哈托十分感激，也为林绍良突破重重包围把丁香烟运到新加坡贩卖提供保护，两人结下深交。

丁香是一种香料，印尼香烟都要掺合香料。处在乱世中的林绍良认定丁香贸易有厚利可图，他安排好丁香运输路线，从产区马六甲、苏门答腊及北苏拉维装货，迂回经新加坡，避过印尼国内被封锁的地区，运到丁香烟制造中心古突士，果然利润丰厚，从此，他为自己的事业打下了厚实的基础。

1949 年，印尼赶走了荷兰军队，赢得了民族独立。但战后的印尼，百业凋敝，经济极度困难。不过，这正是有抱负者施展经营才干的好时机。林绍良不满足于贩卖丁香，他把活动中心从古突士迁到首都雅加达。1954 年，林绍良开设肥皂厂，接着是开纺织厂、铁钉厂、自行车零件厂。1957 年，他创办了今日已是印尼最大私营银行的中亚银行。20 世纪 60 年代中期，林绍良创办了根扎那企业集团，拥有 30 多家银行、建筑、水泥、钢铁等行业的企业公司，现该集团已成为印尼华人实力最雄厚的五大财团之一。

1968年，他经营的美术有限公司和默朱布阿有限公司获得了政府给的丁香进口专利权。此后资金滚滚而来，事业得以迅猛发展。也是1968年，林绍良为了帮助印尼解决粮食长期不足的问题，提出加工面粉的建议，不久印尼政府把全国生产面粉的2/3专利权交给了他，他很快就建起了两家规模庞大的现代面粉加工厂。1975年林绍良投资1亿美元建设狄斯丁水泥厂，这是印尼数一数二的大企业，据说其资产值已达25亿美元。同时，他还买了大面积的地皮，向地产业发展。林氏集团还和世界各地的企业集团联系合作：与澳大利亚的印达哥有限公司合作经营锡矿，与台湾联合水泥厂合办水泥公司，与日本凡江公司联营建筑业务，与新加坡、香港合营大米贸易。林绍良经营的各行各业，都能配合印尼的社会发展计划，改善人民衣食住行，因此他的公司生命力格外强。

诚然，林绍良的发迹与他结识并和苏哈托总统有深交有密切的关系。而林绍良经营制胜的根本原因在于他把个人发展与所在国的民族前途相融贯。他结识苏哈托就是在他支援印尼独立战争的过程中。战后林绍良的发展也是配合印尼的社会发展计划，为了帮助印尼解决经济和社会发展中的困难而进行的。

△ 胡氏贴身性格之现代释用（二）

学会感情投资

胡雪岩在经商过程中，善于观察人与人之间的微妙关系，时常把感情投入其中，这样他首先赢得了先手。的确，做生意离不开良好的人际关系，良好的人际关系是经营者的生存空间，处理好各方面关系的关键在于善于做感情投资，用句俗话说，就是“提着猪头找庙门”。一般而言，感情投资要遵循以下原则：

当你手里有4张名片时，你必须主动出击，把它充实为40张、400张。它将是你人际交往的生命线，是随时可启动和挖掘的“存货”。这一点的难点是从心理上完全突破主动以任何方式与人交流的障碍。要点则是不可太急于将对方变成你的客户，生意之道是慢工出细活，不可操之过急。老板与老板交朋友也是如此，要用耐心、事实、时间来争取别人的信任和理解。

“以财交者，财尽而交绝；以色交者，色落而爱移；以诚交者，诚至而谊固。”人情商人不是靠虚伪而存活，而恰恰是以真诚为力量，以细节的真诚而动人，而细节的真诚又源于内心的真诚。商界中人，无论怎样的朋友与合作伙伴，他们之所以与你相交、合作，都是或多或少有利益要取得，切不可因此而看不惯，其实自己又何尝不是。大家都是为了一个共同的目标——利益——走到一起来。理解后才能以诚相待，才能平平淡淡地把人情做到点子上，让对方真正感觉到你的友善，而那种热情夸张、殷勤过分的行为，反而显得勉强。

要树立起个人口碑，进而树立起公司、企业的形象，通过品德的修炼，对惯例及规范的秉持，慢慢积累起你的影响力，直到众望所归，口碑很好，处理问题极其到位。混到这步时，你的社会关系、社会资源就会非常之多，就会有数不清的人有意无意地捧你，支持你，你的才能也就得到了极大发挥。

要有树立对人际关系长期投资的观念，有些短期内看似不重要的人和事，长期看则可能很重要，所以精明的老板总是“放长线钓大鱼”，有时“弹指一挥间”，回报必定远远超过你的投入。

在现代都市“钢筋水泥”森林中，在生意场上坑蒙拐骗的风气里，老板们有众多的理由为自己穿上厚重坚硬的盔甲。但同时你又必须拥有一颗柔软的与人为善、与人相处的心。因为会有越来越多的老板渐渐悟到：商场就是各种商业关系的总和。

生意场上的老板亦是如此。因为大多数时候，仁义不在，买卖就做不成；人情不够，许多事就难免搁浅人情滩。

在商场中，老板树立起“情商”形象，是你与其他老板共事的基础！

同样作为老板，你越表现得谦虚有礼，就越会赢得别人的好感。相反，又有谁愿意对一个目中无人的家伙讲更多的话呢？要明白这一点，你这样做不是什么低三下四，人格上大家永远是平等的，你只不过是在通过一种谦虚的方式来认识对手的价值。

换句话说，为了自己受点委屈又算得了什么呢？

特朗普下面的这番话从实质上道明了他这个靠借贷8000美元起家、喜欢挑战的少年的成功之途。

“不低估对手的价值”，这是一种态度。

“认识对手的价值”，这是一种眼光。

“运用对手的价值”，这是一种能力。

提着猪头找庙门，将使你时刻找到赢家的王牌。

[四]

胡氏果断性格 掌握猎豹扑食的技巧

对于商人来说，每一次机遇都是一笔财富。怎样获取商机呢?一般讲,具有果断性格的人,才能像猎豹一样抓住机遇。这种本领不是一朝一夕训练出来的,而是长期在商海中浸泡出来的。凡是那些把机遇从手指缝中漏掉的人,只能羡慕别人心灵手巧,反应迅速。这是一种在生意场上百战不胜的最大性格弱点。一句话,凡是成功的商人都必须具有猎豹的性格,见到商机,犹如扑食般冲上去。

胡雪岩经商,以性格果敢而著称,他最忌讳优柔寡断,本来一下可以拿准事情,却摆弄来摆弄去,一直拖延下去,结果把好机遇都拱手让给了别人。这是经商最致命的弱点。与此相反,聪明的商人都知道机不可失,时不再来,总会从各种信息中打捞商机,然后立竿见影。这种果敢的性格是胡雪岩经商取胜的法宝。

（一）智闯性格：用行动打开一条出路

胆大与心细合而为一

那些惯于冒险的人，性格过于张狂，这不是成熟的生意人所为。但是并不是所有的冒险，都不是可取的，这就需要把胆大与心细合而为一。生意场上，充满了搏杀，也充满了凶险，往往一着不慎，满盘皆输。而且生意越大越难以照应，也就越容易出现疏忽。因此，胡雪岩认为，驰骋于生意场上，不能恃强斗狠，也不能大意粗心。一事当前要谋定后动，未雨绸缪，是生意人一定要记取的。

杭州被太平军团团包围，王有龄遵地方官“守土有责”的惯例，率杭州军民坚守孤城，终至粮草尽罄，断粮达一月之久，连药材南货，比如熟地、黄精、枣栗、海参之类，都拿来做了充饥之物，再后来就是吃糖、吃皮箱、吃草根树皮，最后已经到了割尸肉充饥的地步。胡雪岩冒死出城，到上海买得10000石救命粮，运至杭州城外的钱塘江面，无奈进城通道已经完全断绝，城内城外相望而无法相通。在经历了3天度日如年、寝食俱废的等待之后，胡雪岩终于同意让陪他一起到杭州送粮的萧家骥冒险进城，向城中通个消息，并商量一下，看看能不能找到将粮食抢进城中的办法。萧家骥出发之前，胡雪岩问他如何到对岸，如何进得杭州城去，遇到敌、我双方的人又如何应对。对于这些至关重要的问题，萧家骥其实想都没想，以他的意思，这种情况下，原本只能见机行事碰运气。胡雪岩不同意只是去见机行事碰运气，他对萧家骥说了上面引在题下的那段话，并且为他筹划了细致的应对方案，才放他出发。

胡雪岩说："这时候做事，不能说碰运气，要想停当了再动手。"他这里说的"这时候"，自然不是指商事运作的时候。不过，他所说的危机时刻"不能说碰运气，要想停当了再动手"，其中包含的道理，用于商事运作却也是极为恰当的。其实，做生意许多时候遇到的情况与萧家骥此时冒险进城也非常相似：救命大米费尽辛苦已经运到城外，决没有无果而返的道理。而要事情有一个结果，就必须冒这一次险。当时的情形是，城外的人对城内的情况一无所知，城外有重重围兵，抓住想要与城中守军互通消息的人，一定会予以重罚，弄不好还会杀头。而被围的人此时实际上也已成惊弓之鸟，萧家骥在城中没有一个认识的人，加以这个时候又不能写一个能够证明他身份的文书信函之类的东西带在身边，进得城去也有可能被当成奸细。也就是说，无论是落入围兵之手，还是进得城去，应对稍有差池，都会性命不保，更不用说完成此行的任务了。萧家骥此行，实在吉凶难卜，最后结果只能等到最后才能见分晓。

生意场上何尝不是如此！做生意许多时候也必须冒险，要赚大钱常常还要冒大风险。比如大着胆子投资一桩生意，这笔钱投下去，究竟是带来大笔的进账，还是血本无归，总是很难预先清清楚楚地知道，常常也必须是等到最后才能见分晓。有时即使你做了周密的论证，似乎不会出太大的问题，但实际运作起来，结果却完全不是想象的那么回事。人们常常用战场比喻商场，把冒险投资比喻为"押一宝"，就在于它们之间确实是十分相似。战场、赌场、商场，它们都瞬息万变、险象环生且吉凶难卜，往往就因一着不慎而满盘皆输。一桩生意的疏忽常常还不仅仅是一桩生意的失败，而是牵一发而动全身，导致全面崩溃。比如胡雪岩对自己钱庄和典当生意的失察疏忽，导致的后果就是一动而全动，一倒而全倒，终至无救。

所以，一个在商战中纵横搏杀的人，必须时刻注意既要胆大还要心细，必须时刻注意提醒自己，要谋而后动，“想妥当了再动手”。

胡雪岩第一桩生丝生意的运作成功，就可以说是事缓则圆、在等待中寻找战机得以成功的范例。胡雪岩在湖州收到新丝运到上海，并没有急于脱手。就他当时的状况而言，他是应该尽快脱货求现的，因为他的钱庄刚刚开张不久，并没有多少可以周转的资金。但他仍然将这批生丝囤积起来。他没有将这批生丝马上脱手的原因，除了洋商开价不够理想之外，更重要的是他要联合同业控制洋庄市场的条件还没有成熟，他运到上海的生丝数量很少，实力还不足以与洋商讨价还价，他必须联合同业才能与洋商抗衡。因此，即使自己暂时压下一笔资金，他也不愿意让自己的筹划落空。他要等待，用他的话说，就是“事缓则圆，不必急在一时”。生丝运到上海之后，他一方面请新结识的古应春加紧和洋商谈判，一方面由刘不才出面拉拢庞二，做联络同行的工作，他自己还利用这“闲暇”的机会，管了为漕帮调解纠纷和撮合古应春与七姑奶奶婚事这两件闲事。同时，还抓住时机，贩运了一趟军火。

到这一年年底至第二年年初，上海丝商大户庞二已经联合，散户控制也已见成效，洋商开价也开始松动，但胡雪岩还是没有将自己已经收购的生丝急于脱手。这一次的主要原因是，在胡雪岩看来，洋商开价还不够理想。先前，为集结散户、说服大家一致行动，胡雪岩说过，只要团结一致，迫使洋人就范，大家必可大获其利。如果此时按洋人开出的价格脱手，这就成了一句空话，受到大家的责难事小，影响以后控制市场的计划事大。就这样，胡雪岩的第一批生丝，直到第二年新丝快要上市，洋人因朝廷决定将要设立内地海关，增加茧捐，为情势所迫不得不低头，开出了双方都可以接受的价格之后，才最后脱手，一批生丝净赚了18万。

商事运作中，经营者的主动性自然是很重要的。优秀的商人要懂得从不同的角度来利用已有的条件，甚至要善于在各种因素不利于自己的时候，设法改变不利因素，使之对自己有利。这就是我们常说的所谓创造条件。

不过，商事运作中所需要的各种条件，有些是可以创造的，比如胡雪岩要控制洋庄市场必须有的联络同行的条件，就可以通过自己的努力来创造，但有些却往往是人力无法创造的，比如在大多数情况下，政局的变化、市场的整体格局，就并不是一个或几个生意人所能决定的。这时候所能做的，往往也只能是等待。

敢做别人之不敢做

有果敢性格的商人，相信这样一条原则：冒风险才能获大利，因此他们敢做别人之不敢做。所谓“敢”与“不敢”其实质乃是以胆识与谋略为后盾的。“敢”是因为有勇有谋有胆识，“不敢”是因为无勇无谋无胆识。敢于冒险，也正是在这“敢”与“不敢”之间的差别，产生出的结局会截然相反：一个是胜，一个是败。胡雪岩能在商场上势力张扬迅速，常常立于不败地，就是因为他“敢”字当头，有勇有谋有胆识，敢于冒风险。这是他果敢性格的有力体现。

有一次，胡雪岩探知青帮要替太平军护送从上海购来的一批军火。由于当时战火纷起，军火买卖利润十分巨大，回扣也不菲。胡雪岩早就垂涎军火生意，苦于无处着手，如今凭空知道了这条消息，正可捷足先登，虎口夺食，把这笔生意夺回来自己做。若是一般人来说，绝对不敢去冒这种大风险。但胡雪岩却当机立断，决定大干一场。想罢，事不宜迟，他立刻打轿赶往王有龄府宅。王有龄听他述说，高兴道：“真是踏破铁鞋无觅处，得来全不费功夫。刚才抚台黄大人召见我，商议要海运局拨一笔款子购置五百条毛瑟枪，加强浙江绿营兵的装备，我正愁差谁去经办，你若有兴趣，可应承下来。”

胡雪岩心算一下，毛瑟枪每支约 50 两银子，500 支需 25000 两银子，回扣一分以上，起码可获利 3000 两银子，是一笔好买卖。当下他立刻应允，请王有龄开了一张 30000 两银子的官票，预备到上海花费。然后收拾行装，雇了一只小火轮，急急连夜奔赴上海。你道胡雪岩为什么这样匆忙？他深知商场如战场，稍有懈怠便坐失良机。胡雪岩算定太平军购军火不会很快，洋商必定讨价还价，延宕时日，把太平军逼到最后关头，好敲一笔高价。胡雪岩得知太平军欲购 500 支枪，这批军火数量巨大，洋商不可能有现货，待从外国运来时，时间又过去一个月了。故而胡雪岩满怀信心要把这批军火半道易手，为己所用。最后，胡雪岩轻松地获利 5000 多两银子。

从中我们可以看出，正是因为胡雪岩有胆识，敢冒常人不敢冒的风险去做生意，也正是因为胡雪岩常常“敢”字当头，才使他生意一直红火。

（二）乘机性格：让馅饼落到你的口袋中

从机缘中挖出“财”字

真正的商人都是捕捉机遇的高手，这与他们敏锐的性格相关。毫无疑问，机缘=财源，这个公式看起来简单，做起来可谓难上加难。胡雪岩曾说：“做生意跟带兵打仗的道理差不多……随机应变之外，还要在变化中找出机缘来，那才是一等的本事。一个生意人缺乏敏锐之性，将难有大作为。”

商场与战战一样，其环境与态势都瞬息万变。它时而天高云淡，风和日丽，秋月映湖；时而山雨欲来风满楼，黑云压城城欲摧；时而电闪雷鸣，疾风骤雨，天昏地暗。久经沙场的军人或历经起落的商人对此往往习以为常，他们深信变化是绝对的，不变是相对的，只有无穷的变化，才会有无穷的机缘、无穷的魅力，才会引得无数英雄竞折腰。

然而变化之中有机缘，只说明了机会的存在，更重要的是在变化之中发现机缘、把握机缘。古人云：“识时务者为俊杰。”何谓时务？不难解释，时务就是指世事的发展变化态势。识时务，就是指根据这种发展变化态势去寻找、把握机缘，决定自己何去何从。

任何世事的构成或运动变化都是由系统内外条件和多种因素决定的。当某些条件和因素达到一定的排列组合和结构状态时，只要从系统外部再加入一定的能量、信息或物质，整个世事就会发生结构上的重大变化，而身处局内之人可能就会因此而被卷入这一变化之中。即将发生变化的这一转折点可以称为“事机”。世事的事机对应着的时间数轴上的某一点，被称为“时机”。事机和时机统归于“时务”的涵盖之下。时务在事机和时机之上更具有待选择、决策和行动的意味。抓住时机和事机，选择、决策的行动，能出现更高的工作效率，不仅时效高，效能大，运动的势能强，而且实现预期目标的可能性也最大。任何世事在其发展过程中都存在时机和事机，尤其对人生选择、经营决策、计划实施等至关重要。能够较准确地识别时机和事机的到来，并据此做出人生抉择，即为识时务的俊杰。

胡雪岩正是善于在商场变幻中明察秋毫，找出机缘的人中英杰。

当年胡雪岩的生意正在蒸蒸日上之时，太平军攻占杭州，就使他经历了一次大的变故，而且这次的变故几乎将他逼入绝境。

这次变故有三个方面：

第一，胡雪岩的生意基础如最大的钱庄、当铺、胡庆余堂药店以及家眷都在杭州，杭州被太平军占领，等于他的所有生意都将被迫中断。不仅如此，他还必须想办法从杭州救出老母妻儿。

第二，由于胡雪岩平日里遭忌，如今战乱之中，顿时谣言四起，说他以为遭太平军围困的杭州购米为名骗走公款滞留上海；说他手中有大笔王有龄生前给他营运的私财，如今死无对证，已遭吞没；甚至有人谋划向朝廷告他骗走浙江购米公款，误军需国食，导致杭州失守。这意味着胡雪岩不仅会被朝廷治罪，而且即使杭州被朝廷收复之后，他也无法再回杭州。

第三，即使不被朝廷治罪，他也不能顺利返回杭州，因为失去了王有龄这个官场靠山，他的生意也将面临极大的困难。他的钱庄本来就是由于王有龄这一官场靠山得以代理官库发迹，而他的蚕丝销“洋庄”，做军火，都离不开官场大树的荫庇。胡雪岩那个时代做生意，特别是做大生意，本来就不能没有官场靠山。

不过，面对这一变故，胡雪岩并没有惊慌失措。之所以如此，是他从表面对他不利的因素中，准确预见出了可利用的因素。

其一，如今陷在杭州城里的那些人，其实已经在帮太平军做事，他们之所以造谣生事，是因为太平军也在想方设法诱胡雪岩回杭州帮助善后，而那些人不愿意让他回杭州。他们造谣虽为不利，但并不是不可以利用。胡雪岩根据这一分析，确定了两条计策：首先，他不回杭州，避免与这些人正面交锋，他知道他的这一态度一旦明确，这些人就不会进一步纠缠；其次，胡雪岩不仅满足他们不让自己回杭州的愿望，而且他还决定自己出面，特别向闽浙总督衙门上报，说是这些陷在杭州城里的人实际上是留作内应，以便日后相机策应官军。这更是将不利转化为有利的极高妙的一着——表面上是给了这些人一个交情，暗地里却是把这些人推上一堆随时可以引爆的火药。因为如果这些人不肯就范，加害胡雪岩，他可以随时将这一纸公文交给此时占据杭州的太平军，说他们勾结官军，这些人无疑会受到太平军的责罚。

其二，胡雪岩此时手上还有杭州被太平军攻陷之前为杭州军需购得的大米10000石。当初这10000石大米运往杭州时无法进城，只得转道宁波，赈济宁波灾民，并约好杭州收复后以等量大米归还。这也是一个可以利用的有利因素。胡雪岩决定，一旦杭州收复，马上就将这10000石大米运往杭州，这样既可解杭州赈济之急，又显胡雪岩做事的信义，诬陷他骗取公款的谣言也可以不攻自破。实际上，胡雪岩不仅在杭州一被官军收复，便将10000石大米运至杭州，而且直接向带兵收复杭州的将领办理交割。这样不单是收到了预期的效果，更一下子得到了左宗棠的信任，将他引为座上客，并委他鼎力承办杭州善后事宜。由此，胡雪岩又得到了一位比王有龄还要有权势的靠山。胡雪岩的红顶子，也就是这一举措的直接收益。原来看似不利的因素，实际上成了胡雪岩日后重新崛起的机会，真可谓把不利之中的有利因素充分利用到了极致。

能像胡雪岩这样从变化中找到机缘，正是一条人中之龙必备的素质。

把自己变成利用机会的专家

利用机会是成功学中非常重视的一条原则。有些商人性格保守，不善于利用机会，所以总是像小本生意人那样，无大作为。胡雪岩说，会做生意要特别善于发现机会，要能够很好地把握住机会，同时，还要特别善于利用机会。说到底，机会只有对于那些善于发现机会并且能够很好地去抓住机会、利用机会的人，才成其为机会。

从把握机会方面来说，靠眼光，就是能够发现机会，靠手腕，就是能够牢牢抓住机会，靠精神力气，就是舍得投入心力，把那一个一个被自己发现的或遇到的机会，经营成一个一个实实在在的财源。做生意要有机会，更要靠本事。

比如胡雪岩开始做生丝生意的时候，正是西方资本主义工业生产特别是纺织工业大发展的时期，丝绸纺织正需要原料，洋人也需要从中国大量进口蚕丝，因而无论是做内贸，还是销洋庄，都能赚大钱。胡雪岩要做生丝生意确实有些偶然的机会在起作用。比如王有龄得到海运局坐办的官缺，上任伊始便遇到解运漕米的麻烦，请胡雪岩帮助自己渡过难关，使他有了一个奔走于杭州与上海之间的机会。他们奔走于杭州上海之间，雇请的是阿珠家的船，阿珠娘恰好懂一些蚕丝生意，使胡雪岩有了一个非常方便的请教机会。在解决漕米解运问题的过程中，胡雪岩又有机会与漕帮发生联系，且结识了十分熟悉洋场生意经的古应春。而且，不久王有龄又得到升迁署理湖州。这一切恰好都一环扣一环地发生了，胡雪岩这个全不懂蚕丝生意的门外汉也就顺利地做起了蚕丝生意，进而又销起洋庄，从事蚕丝外贸。这实在是“运气”找上了他。

但如果胡雪岩没有本事呢？比如，如果胡雪岩没有一眼就看出了蚕丝生意大有可为的眼光，或者看到了却不懂得如何利用眼前的有利条件呢？再比如，如果他没有那种当机立断说干就干的气魄，或者虽然知道要干但没有合理调配人力、资金的能力，不知道怎么去干呢？

一个简单的事实是，信和钱庄的二老板张胖子，与胡雪岩同行于杭州、上海，甚至比胡雪岩更熟悉江浙一带的丝、茶经营。而且当时的信和还是杭州城里最大的钱庄之一，资本比胡雪岩要雄厚很多，但他就是没有想到去做这一桩能发财的生意。另一方面，胡雪岩经营蚕丝生意，无论是历史的长短、经验的丰富，还是实力的雄厚，都不如作为丝商巨头的庞二。但胡雪岩一上手就想到联合同业控制市场，操纵价格，在销洋庄的生意中迫使洋人就范，而庞二做了那么长时间的生丝销洋庄却没有想到如此去做。

张胖子、庞二都没有想到去做的事情，胡雪岩却想到了，并且一想到就毫不犹豫地去做了。他利用阿珠家就在湖州且熟悉生丝生意的便利，立马出资由阿珠的父亲在湖州开设丝行；他利用王有龄外放湖州知州可以代理湖州官库的便利，采取“借鸡生蛋”的方法，立即着手生丝收购；然后联系洋商，结交庞二，大张旗鼓地做起了生丝销洋庄的生意，如此一来，也只好让他大发其财了。

机会实际上对所有的人都是均等的。说到底，任何一个机会都在于人有本事去把握住它，否则，这机会对于人来说也就不成其为机会。胡雪岩能牢牢把握住一个又一个的机会，花样百出也是仙招百出，这就是他的本事。这种本事，不仅需要牢牢抓住生意场上的机会，还要敢于承担风险。胡雪岩办钱庄，在太平天国失败以后，通过接受太平天国兵将存款来融资的举措，就担了极大的风险。

胡雪岩作出吸收太平军兵将存款的决定，自然有他自己的细致考虑。首先是这一举措确实有它的可行性。太平军占据江南富庶之地已历数年，他们中的许多人一定从各种来路积蓄了不少的私财。如今太平军已成苟延残喘之势，他们中的好些人已经开始暗地里盘算如何躲过这场劫难。对于太平军兵将来说，这个时候是保命容易保财难，而他们只要保住财产，逃过这场劫难之后，风头一过，局势一定，后半辈子也就可以衣食无虞。这些人的财产当然是变成现银存到钱庄里最保险。

不用说，接受逃亡太平军兵将为隐匿私产存到钱庄的钱款，风险也是存在的。其风险有二：

第一，按朝廷律例，如太平天国兵将者，自然是“逆贼”。既是“逆贼”，其家财私产便是“逆财”、“逆产”，照理不得隐匿。接受逆产，私为隐匿，一旦查出，很有可能被安上通“逆”助“贼”的罪名，与那些太平军逃亡兵将一同治罪。

第二，太平军逃亡兵将的财产既是“逆财”、“逆产”，抄没入公则是必然的，被抄的人倘若有私产寄存他处，照例也要追查。接受这些人的存款，如果官府来追，则不敢不报。虽然官军中不乏贪财枉法之辈，自已搜刮太平军私财不报，因而客观上使一些太平军兵将可以逃过官府抄没家产的追查，但尽管如此，也决不能完全排除有些人要一查到底的可能。这样，一旦查出，即使不被安上接受“逆产”的罪名一同治罪，存款也必被官府没收。按钱庄的规矩，风平浪静之后有人来取这笔存款，钱庄也必得照付，如此一来，钱庄不仅血本无归，还要“吃倒账”。有这两层风险，接受太平军逃亡兵将的存款，也就确实有点类似刀头上去舔血了。但是这笔“买卖”风险大获利也大，因为这样的存款不必计付利息,. 等于是人家白白送钱给你去赚钱。因此胡雪岩仍然决定要如此去做，这就是他说的：“商人图利，只要划得来，刀头上的血也要舔。”

敢于刀头上舔血，这确实是一个希望获得大成功的商人的必备素质。这里的原因其实很简单，没有风险的生意人人会做，利益均沾，要在同行同业中出类拔萃实在是难之又难，弄得再好，大体上也不过比保本微利，混个饲口强上一点点，用胡雪岩的话说，也就是“不冒风险的生意人人会做，如何能够出头”？从某种意义上说，事实上所有能够带来滚滚财源的机会，都会包含有风险的成分。如胡雪岩要学山西票号借款给那些调补升迁的官员，表面看来似乎没什么风险，而实际上仍然担着风险，那些新官上任，也有可能在官途中或到官不久就出了事，比如病死，比如丢官，兵荒马乱之中，什么事都可能出现，要是这样，借出去的钱也可能血本无归。

说到底，没有不担任何风险的生意。而且，商场上一笔生意能得利润的多少，往往与经营者应承担的风险大小成正比。所担风险越大，所得利润越多，所谓“撑死胆大的，饿死胆小的”，这似乎是商界一条古今一理、中外相通的法则。

要做一个能赚大钱的成功的商人，必须有过人的胆识和气魄，简单说来，也就是要敢做别人想不到去做，或者想到了但不敢去做的事情，特别是，能察人之所未察，在人所共见的风险中见出人所未见的“划得来”，并且只要看准了就敢于去承担别人不敢承担的风险。

所以，要做一个胡雪岩一样成功的商人，就必须抓住机会，敢想敢干，不要前怕狼后怕虎，裹足不前。

尽量将得失心丢开

一个斤斤计较的人，性格偏狭，遇事往往钻牛角尖，要知道，生意场上风云突变，什么事情都可能发生，既然已经失去了，就要向前看，不能因一时的挫折灰心丧气。“尽量将得失心丢开。”这是胡雪岩在他的生意面临全面倒闭的紧要关头，告诫自己的话，反映了胡雪岩通达的性格。

光绪八年，也就是1882年，胡雪岩的生意由于洋行与官场的两面夹击，已经到了最危急的关头。他面临几个方面难以应付的麻烦：

第一，由于越南主权问题，中、法关系趋于紧张，影响到上海市面萧条，银根极紧，整个上海谣言满天，人心惶惶，由于人们挤兑存款，钱庄因周转不灵而倒闭的，已经好几家了。第二，胡雪岩准备控制洋庄市场而囤积起来的生丝，到此时由于洋人联合拒购，早成困局，虽力求摆脱，但削价出售也找不到买主。第三，应还洋行借款的第二期本金期限将至，但由于上海道邵友濂接受盛宣怀的授意加以拖延，该拨还洋债的各省"协饷"，至今还没到位。第四，为左宗棠协赈和购买军火，一共需要拨出45万两银子，虽是代理官款，但如今已经没有可以调动的头寸。第五，在银根如此紧张的时候，阜康无异于雪上加霜。第六，胡雪岩的女儿出嫁，佳期在即，以胡雪岩定下的排场，至少需要20万两银子。

凡此种种，用胡雪岩的话说，真正是"不巧是巧，有苦难言"。

就在这个时候，阜康发生了挤兑风潮。挤兑先由上海开始。由于宓本常措置不当，一下子酿成不可收拾的燎原之势，不到3天，就蔓延到杭州，而这个时候，胡雪岩正在由上海回杭州的船上。杭州虽有螺蛳太太、钱庄档手的勉力支撑，甚至还有浙江藩台德馨的帮忙回护，但也支持不住，到胡雪岩回到杭州时，已经关上排门，暂停营业了。

胡雪岩一到杭州，就同时知道了上海和杭州的情况。钱庄是他所有生意的"龙头"，钱庄一倒，他的整个生意王国就会随之土崩瓦解。难怪他一听到消息，就心里一沉，心中的愤怒、担忧和失望，使他甚至差一点失去控制，急急忙忙就往自己家里赶。好在他很快意识到出了这么大的事情，不能先回家，否则这会让那些把自己的血汗钱信托给阜康的客户觉得阜康老板只顾自己，不顾别人，会一下子就失去人们最后的信任。

到了阜康钱庄，胡雪岩才真正使自己冷静下来。他告诫自己，此时要尽力将得失心丢开，最好忘掉自己是阜康的老板，就当自己是胡雪岩的“总管”，胡雪岩已经不能问事，委托他全权处理这一场灾难。

胡雪岩这个时候告诫自己要将得失心丢开，也就是因为在这样的紧要关头，只有将得失先放到一边，心思才会集中。

从心理学上讲，胡雪岩这里确实找到了使自己能够冷静下来，集中全部心力应对眼前的可怕灾难的关键所在。事实上，这个时候，如果一心只想到自己的得失，势必为灾难发生之后的可怕后果所纠缠，而无法冷静而清醒地思考面临的麻烦，从而会让自己在恐惧和慌乱中手足无措，这样也就使还有一些可以挽回的机会，也要丧失了。

其实，一个生意人不仅在面临危机时应该提醒自己注意将得失心丢开，即使在正常情况下，许多时候也要能够提醒自己注意将得失心丢开。一个得失心太重的人，不可能超脱地以长远的眼光看问题，比如一个只顾自己得失的人，就不可能在自己得利的情况下主动想到别人的难处，就不可能想到不可为赚钱而结怨，更不会想到有些钱能赚，有些钱却不能赚。而在这些“想不到”真正发生的时候，失去的往往已经比得到的多得多了。

△ 胡氏果断性格之现代释用（一）

敢于在关键时刻果敢出击

胡雪岩经商敢于果敢出击，特别是只要他认准的事，就一定要水落石出。的确，经商需要冒险，特别是在关键时刻，要敢于出手，否则就会失去竞争的最佳机会。其实现代经商，也是这样，也需要果敢出击，下面就是一个典型的例子：

犹太巨富罗斯柴尔德的三儿子尼桑，年轻时在意大利从事棉、毛、烟草、砂糖等商品的买卖，很快便成了大亨。这位传奇式人物的表现很让人称道，但最使人称奇的是，仅仅在几小时之内，他就在股票交易中赚了几百万英镑。

1815年6月20日，伦敦证券交易所一早便充满了紧张气氛。由于尼桑在交易所里是举足轻重的人物，而交易时他又习惯地靠着厅里的一根柱子，所以大家都把这根柱子叫做“罗斯柴尔德之柱”。现在，人们都在观望着“罗斯柴尔德之柱”的一举一动。

就在昨天，即6月19日，英国和法国之间进行了关系两国命运的滑铁卢战役。如果英国获胜，毫无疑问英国政府的公债将会暴涨；反之如果拿破仑获胜的话，必将一落千丈。

因此，交易所里的每一位投资者都在焦急地等候着战场的消息，只要能比别人早知道一步，哪怕半小时、10分钟，也可趁机大捞一把。

战事发生在比利时首都布鲁塞尔南方，与伦敦相距非常遥远。因为当时既没有无线电，也没有铁路，除了某些地方使用蒸汽船外，主要靠快马传递信息。而在滑铁卢战役之前的几场战斗中，英国均吃了败仗，所以大家对英国获胜抱的希望不大。

这时，尼桑面无表情地靠在“罗斯柴尔德之柱”上开始卖出英国公债了。“尼桑卖了”的消息马上传遍了交易所。于是，所有的人毫不犹豫地跟进，瞬间英国公债暴跌，尼桑继续面无表情地抛出。

正当公债的价格跌得不能再跌时，尼桑却突然开始大量买进。

交易所里的人给弄糊涂了，这是怎么回事？尼桑玩的什么花样？追随者们方寸大乱，纷纷交头接耳，正在此时，官方宣布了英军大胜的捷报。

交易所内又是一阵大乱，公债价格持续暴涨。而此时的尼桑却悠然自得地靠在柱子上欣赏这乱哄哄的一幕。无论此时尼桑是激动不已也好，或者是陶醉在胜利的喜悦中也好，总之他发了一笔大财！

表面上看，尼桑似乎在进行一场赌资巨大的赌博。如果英军战败，他岂不是损失一大笔钱？实际上这是一场精密设计好的赚钱游戏。

滑铁卢战役的胜负决定英国公债的行情，这是每一个投资者都十分明白的，所以每一个人都渴望比别人抢先一步得到官方情报。唯独尼桑却例外，他根本没有想依靠官方消息，他有自己的情报网，可以比英国政府更早了解到实际情况。

罗斯柴尔德的五个儿子遍布西欧各国，他们视信息和情报为家族繁荣的命脉，所以很早就建立了横跨全欧洲的专用情报网，并不惜花大钱购置当时最快最新的设备，从有关商务信息到社会热门话题无一不互通有无，而且情报的准确性和传递速度都超过英国政府的驿站和情报网。正是因为有了这一高效率的情报通讯网，才使尼桑比英国政府抢先一步获得滑铁卢的战况。

另外，尼桑的高明之处还在于他懂得欲擒故纵的战术。若是换了别人，得到情报后便会迫不及待地买进，无疑也可赚一笔。而尼桑却想到了利用自己的影响先设一个陷阱，造成一种假象，引起公债暴跌，然后再以最低价购进，只有这样才能大发一笔。这个抢先一步发大财的故事足以说明情报和信息对于生意人的重要性。

在强手如云、人才济济的商战中，当机会到来时，很可能有许多人同时发现机会，几个竞争对手一同向一个目标进击。这是力量的角逐、智慧的竞争，更是速度的较量。犹太人坚持这样一个观念：经商时，究竟鹿死谁手，很大程度上取决于速度。因此，在方向、条件不变的前提下，速度与力量成正比。流水之所以能漂石，在速度；飞鸟之所以能捕杀鼠兔，在速度：有速度才有优势。不明白这一点，难以经商。

△ 胡氏果断性格之现代释用（二）

带着希望在激流中挺进

胡雪岩经商有百折不挠的精神，他常用逆流而上来比喻自己做生意的决心。的确，凡是大商人都必须要像一只大船在激流中挺进，这是因为——人生就像一条河，时有漩涡，时而平缓，时而湍急。你在河流当中，可以选择较安全的方式，沿着岸边慢慢移动；也可以停止不动，或者在漩涡中不停打转。如果你有足够的行动勇气的话，你还可以接受挑战，用挑战来检测你的自信心。

你做生意也许失败了，陷入了一个漩涡，你需要出来，为了检测你是否比以前更自信，你可以游向危险的河中央，突破重重艰难险阻，奔向理想的彼岸。你可以对自己提出来一个更大的飞跃，超越以前的你。

摩洛·路易士的非凡成就来自两次成功的拼搏，一次在 20 岁，另一次在 32 岁。

摩洛在 19 岁时随家人一起搬到纽约。在此之前，他的生活已是多彩多姿，比一般人丰富许多。由于家人皆爱好音乐、喜剧，所以在这种环境的熏陶之下，几乎所有乐器摩洛都能演奏。他是一般人眼里的天才儿童——不到 10 岁，他便指挥过交响乐团；12 岁时，他从事鸡蛋专卖，做得有声有色，雇有 16 名少年为他工作；到了 14 岁，他独立组织了一个舞蹈团；高中毕业之后，他又投身新闻界担任一名采访记者，与许多新闻界的老前辈像班·希特、查尔斯、马卡沙等人一起工作；19 岁时，他曾获音乐奖学金，但由于举家搬至纽约，所以只好放弃此次进修的机会。

在纽约，他在 Veiw 广告公司找到一份一周 14 美元的差事。对当时的情景，摩洛是这样回忆："那时候我经常跑外勤，工作非常忙碌，成天像发疯似的，时间也过得特别快。6 点下班以后，我还到哥伦比亚大学上夜校部，主修广告。有时候，由于工作尚未做完，所以下课后，我还会从学校赶回办公室继续未完成的工作，从11点一直工作到第二天凌晨两点。”

摩洛非常喜欢需要创意的设计工作，而他也的确做得有声有色。

20岁时，摩洛放弃在广告公司内很有发展的工作和旁人梦寐以求的职位而决心自己创业。这便是他人生中的第一次拼搏。他放弃收入稳定、前途似锦的工作，完全投身于未知的世界，从事创意的开发。结果，成绩令人满意。

他的创意主要是说服各大百货公司，通过CBS电视公司成为纽约交响乐节目的共同赞助人。摩洛本人认为此法十分可行：一方面，当时的百货公司业绩都不好，都希望能借助广告媒体提高形象与销售成绩；另一方面，在纽约，交响乐节目的听众多达100万人，十分值得投资。于是，摩洛便立于其间帮两边牵线。

在当时，这种性质的工作对人们来说相当陌生，所以做起来困难重重；而且，同时说服许多家独立的百货公司，分别采纳各公司的意见加以整合，这种事过去从未有人完成过，更别说要他们拿出几百万美元的经费来。所以，一般人预测他不可能成功。

尽管如此，摩洛仍然十分卖力地在各地进行说服工作，结果可以这么说，在说服工作上他做得相当成功。一方面，他的创意大受欢迎，与许多家百货公司签成合约；另外，他向CBS电视台提出的策划方案也顺利被接受。此后的10个星期，他干劲十足地与电视台经理一同展开一连串的系列广告活动。更值得一提的是，这段期间内他没有任何收入。

计划眼看着就要步入最后的成功阶段，但由于合约内某些细节未能达成而最终流产，他的梦想也随之破灭。但“塞翁失马，焉知非福”。此事结束之后，CBS公司马上来挖墙角，聘请他为纽约办事处新设销售业务部门的负责人，并支付给他3倍于以往的薪水。于是，摩洛又再度活跃，他的潜力得以继续发挥。此时他年方20。

在CBS服务几年之后，摩洛再度回到广告业界工作，但这次不是从基层做起，而是直跃龙门——他担任了承包华纳影片公司业务的汤普生智囊公司的副总经理。

那个时代，电视尚未普及，与今日相比，仍处于摇篮期。但摩洛非常看好它的远景，认为电视必将快速发展，且大有可为，便专心致力于这种传播媒体的推广。由智囊公司所提供的多样化综艺节目，为CBS公司带来了空前的大成功。

这便是摩洛人生中的第二次拼搏。为了它，他再次放弃原来可以平步青云的机会，走入另一个未知的世界。但这次冒险并不完全是孤注一掷，他是看准后才堆上自己的“赌注”。最初两年，他仅是纯义务性地在“街上干杯”的节目中帮忙，没想到竟使该节目大受欢迎，直至今日仍是最受欢迎的综艺节目之一。从1948年开始到今天整整50余年的时间，它的播映从未间断，这在竞争激烈的电视界内是非常难能可贵的现象。除了节目成功之外，他被CBS公司任命为所有喜剧、戏剧、综艺节目的制作主任。

就这样，摩洛的两次挺进行动，两次游向激流中央，最后都获得了成功，他的下一步又将游向如何的激流当中，不得而知，但我们在祝福他成功之余，也同时向你提出希望，以他为榜样，勇敢地投入到激流中去，积极把握成事之道。

△ 胡氏果断性格之现代释用(三)

勇猛扑向机会

胡雪岩经商之道离不开机遇的“功劳”——一次机遇，往往是一个人成功的开始。因此，大商人总是时刻准备好与机会较劲。我们知道，没有人会主动给你送来机遇，机遇也不会主动来到你的身边，只有你自己去主动争取。成大事者善于这样做：有机会，抓机会；没有机会，创造机会。

常有人发出如此感慨："如果给我一个机会，我也能……"他们把自己的命运系在一个等来的机会上，他们当然总也不会成功，他们可能至今仍在抱怨自己的命运。

生活并不缺少机遇，而是缺少发现机遇、抓住机遇的素质。如果有了很高的素质，即使生活没有机遇，也能创造机遇。

一家英国鞋厂和一家美国鞋厂，各派了一名推销员到太平洋的一个岛屿去做推销工作。上岛后，他们各自给鞋厂打回一封电报。英国推销员那封电报是："这座岛上的人不穿鞋，明天我就搭头班飞机回来。"另一封电报是："棒极了，这个岛上的人都还没穿上鞋子，潜力很大，我将常驻此岛。"面对同样的状况，一个看到的是"失望"，一个看到的是"机遇"。可见，素质不高的人就是机遇摆在面前也不知道，而素质高的人就连别人看不到的机遇也能发现。生活中许多人总是埋怨没有机遇，实际上该怪自己素质不高。许许多多的机遇就在你的眼前，就看你是否有发现它们的素质。

素质高的人生就一双敏锐的眼睛，时时刻刻洞察着机遇，素质不高的人则恰恰相反。美国曾经掀起淘金热潮。淘金生活异常艰苦，最痛苦的是没有水喝。人们一面寻找金矿，一面不停地抱怨。

甲嘀咕："谁让我喝一壶凉水，我情愿给他一块金币。"

乙宣布："谁让我痛饮一顿，龟孙子才不给他两块金币！"

丙发誓："老子出三块金币！！"

在这种抱怨声中，亚默尔发现了机遇：如果将水卖给这些人喝，比挖金矿更能赚到钱。于是他毅然放弃淘金，用挖金矿的铁揿去挖水渠，将水运到山谷，一壶一壶卖给找金矿的人。一起淘金的伙伴们都纷纷嘲笑他“不挖金子发大财，却干这种蝇头小利的买卖”。后来，那些淘金的人大多空手而回，很多人甚至忍饥挨饿、流落异乡，而亚默尔却在很短的时间内靠卖水发了大财。亚默尔发财的机遇并不是上帝赐给他一个人的：淘金者都深感没水喝的痛苦，人人都听到了那一片抱怨声，可是他们根本没有意识到这是机遇，甚至还嘲笑亚默尔的做法。生活中类似的事情还有很多很多。人们往往从表面上探寻成大事的原因，归之于条件，归之于机遇，而实际上起决定作用的是人的素质。亚默尔正是具有其他淘金者所没有的敏锐的洞察机遇的素质，决定了他能够发现、得到别人得不到的机遇。

大家都看过关于泰森打擂咬耳丑闻的报道。许多人看过去就算了，最多把它作为茶余饭后的谈资而已，谁能意识到这就是个发财的良机呢？想不到美国的一个巧克力商人在咬耳丑闻发生之后，赶紧推出了一种形状像耳朵的巧克力，上面缺了一个小角，象征着被泰森狠咬的那只著名的霍利菲尔德的耳朵，巧克力包装上还有霍利菲尔德的大照片。此举立刻使这个牌子的巧克力备受世人关注，在诸多品牌的巧克力中脱颖而出。这个巧克力商人就这样一举发了大财！泰森咬耳丑闻，全世界十几亿甚至几十亿人都知道，但是发现这个发财良机的只有这个美国商人。

抓住机遇，首先必须发现机遇。生活中处处充满机遇。社会上的每一项活动，报刊上的每一篇文章，人际中的每一次交往，生活中的每一次转折，工作上的每一次得失等等，都可能给你带来新的感受、新的信息、新的朋友，全都可能是一次选择，一次机遇，是一次引导你走向成大事的契机，问题在于你自身的素质，在于你是否能发现每一次机遇。不要以为机遇难寻，其实机遇就在我们的身边，甚至就在我们的手上。

也许你不信，你会问机会究竟是什么呢？实质上机会是一种有利的环境因素，让有限的资源，发挥无穷的作用，借此更有效地创造利益。

具体地说，在特定的时空下，各方面因素配合恰当，产生有利的条件；谁最先利用这些有利条件，运用手上的人力、物力，从事投资，谁就能更快、更容易获得更大的成就，赚取更多的财富。这些有利条件便是机会。

现在，先停止抱怨你没有机会，仔细看看你周围到底有没有机遇。假如你希望成大事，就要为它创造条件：美国克苏尔公司总裁查理在被问及是什么能使普通人有机会成大事时，他这样回答："我能确切地告诉说，这似乎就发生在昨天。在大学读书期间，我与一个从衣阿华州来的同学同住一间寝室。一天晚上，当我们一伙人团团围坐谈论生活时，他走了进来。我敢说他很兴奋，但是在大家离开前他没说什么。人们刚走，他就禁不住脱口而出："我家发财了！我的母亲今晚打电话给我，说今天早晨，她去信箱取邮件时，发现一张票额 89000 美元的支票。"

"最初的惊奇之后，我的反应是难以掩饰的嫉妒。我向他了解事情的全部经过。

"他说：'我了解的也不够确切，但是我猜测是这么一回事：我父亲在 30 年代经济萧条时买了一些股票，后来全忘了。最近这公司正好拍卖了，这钱就是他的份子。'"

这位成大事人士继续说："那个晚上我躺在床上，很久睡不着，在想：'为什么这事发生在他家里，而不是我家里？为什么是他得到了钱而不是我得到了钱？'最后，我试图系统地分析这件事。

"我想：在我的生活中有什么机会可能给我带来这样一笔横财呢？我悲哀地意识到什么机遇也没有。我没有能涨值的股票，而且，据我所知，我家也没有。我既没有一块或许会突然发现储藏石油的土地，也没有可能被证明是名作的藏画；我也没有什么才能能让人在一个夜晚奇迹般地发现了，从而一举成名——我没有任何能使我马上发迹的东西。躺在床上，我默默告诫自己：'查理，假如你希望在你的生活中也获得那样的机遇，你必须播种，而且最好多播种，因为你尚不清楚哪一粒种子会发芽。’从那以后，我一直在播种。有几粒种子已发芽了，因此我才有今天这样的境况。”

这就是与机遇较劲的计划者。他们通过播种，在自己的生活中取得成大事、发大财的机会。俗话说“种瓜得瓜，种豆得豆”、“一份耕耘，一份收获”，如果你想体味收获的惊喜，那么不要徒羡别人的运气，以后你想得到什么，现在就开始为将来的收获播种吧。常言说：“与其临渊羡渔，不如退而结网。”播种机会就像蜘蛛布下八卦阵般的蛛网一样，捕捉飞来的猎物将是指日可待的事实。

[五] 胡氏诡变性格 不会盘钱，只能玩些小钱

一个“诡”字，传达出多少秘不可言、神乎其神的经商要诀。商人不能一味地按照“真路”来，必须掂量投资、产品、销路、商局等各方面的问题，才能比同行做得更好，更招引人。因此商人多少都需要诡变的性格，避开死角，盘活自己。没有诡变的性格，一个商人一定会成为商场上的牺牲品。

胡雪岩的金点子非常多，商路受阻的时候，他并不甘心吃败仗，而是以灵巧的手腕、善变的脑筋，把自己的商路打通，乃至于可以左右开弓、灵活自如到一种出神入化的地步。这就是他靠诡变性格赢得商势的绝妙之处。在胡雪岩看来，诡变是做生意的一种基本功，离开这种功夫十之八九都会被撞得头破血流。

（一）变通性格：头脑越灵，难题就会躲开你

只要有眼光，到处都是财源

经商绝学往往体现于理财，理财又是一件心细如针的事。在胡雪岩的身上，一方面他做事细致，另一方面还很有眼光。他认为，在善于察看市场的商人看来，随处都是财富，都可加以充分发挥，从中挖掘资源。胡雪岩的眼中到处是财富，因为他把出人头地的过程看作是积累财富。此为胡雪岩的经商性格绝学之一。

胡雪岩为生丝生意逗留上海，他在上海的基地是裕记丝栈。这天他到裕记丝栈处理生意上的事务，顺便在丝栈客房小歇。他躺在客房藤椅上，本想考虑一下自己生意上的事情，无意中却听到了隔壁房中两个人的一段关于上海地产的谈话。

这两个人对于洋场情况及上海地产开发方式都相当熟悉，他们谈到洋人的城市开发方式与中国人极不相同，中国人常常是先开发市面再行修路，市面起来了，走的人多了，便有了路。但以这种方式进行市面开发，有一个很大的弱点，往往等到要修筑道路、扩充市面的时候，自然形成的道路两旁已经被市房摊贩挤占，无法扩展。而洋人的办法是先开路，有了路便有人到，市面自然就起来了。如今上海的市面开发就是这种办法。在谈到上面情况之后，其中一人说道："照上海滩的情形看，大马路，二马路，这样开下去，南北方面的热闹是看得到的，其实，向西一带，更有可为。眼光远的，趁这时候，不管它苇荡、水田，尽量买

下来，等洋人的路一开到那里，乖乖，坐在家里发财吧。”

这里谈到的确是实情。比如今天仍然是上海最繁华的、也是老上海标志的外滩，就是修路修出来的。自1843年到1850年上海被迫开埠初期，外滩只有一条从黄浦江边泥滩到外国人聚居区西边界的土路，这条总长约500米的土路主要是为外国人跑马溜缰修筑的，也就简单地称之为“马路”。这也就是今天南京东路外滩到河南中路一段。1850年到1853年，这条土路开始向西延伸至现在的浙江中路，路面亦由黄土路面、黄沙石子路面铺筑为煤渣石路面，并加宽至7.5米，时称“派克弄”或“大马路”。1862年，“派克弄”继续西筑至现在的西藏中路外，由此大体完成了我们现在可以看到的南京路的修建规模。更重要的是，随着这条路的不断扩延，以“派克弄”为轴心，出现了东西向、南北向干道各13条，终于形成了直到今天也仍然让老上海人骄傲的外滩。1864年初的《北华捷报》就宣称：“新马路或已开辟成功，或正在修建之中，外滩已经出现一种看来非常繁荣的外貌。”

两个不相干的人这一番谈话，使胡雪岩一下就躺不住了。等到他从湖州带到上海跟自己学生意的陈世龙回到裕记丝栈，他马上雇了一辆马车，拉上陈世龙和自己一起，由泥城墙往西，不择路而行去实地查勘，而且在查勘的路上，就拟出了两个可供选择的方案：第一，在资金允许的情况下，乘地价便宜，先买下一片，等地价上涨之后转手赚钱；第二，通过古应春的关系，先摸清洋人开发市面的计划，抢先买下洋人准备修路的地界附近的地皮，转眼之间，就可发财。

不用说，胡雪岩眼睛盯到上海的地产生意上，又为自己发现了一个绝对可以大发其财的财源。胡雪岩“进军”上海之时，正是上海开埠、开始大发展的时候，虽然当时太平军正顺江东下，试图一举占领江浙一带富庶之地，但英、法等国为了自己的在华利益，清廷为了借助洋人对付太平军，他们之间心照不宣地定下“东南互保”的策略，联合起来坚守上海，当时的上海成为没有受到多少太平军炮火影响的“孤岛”。而由于太平军的进攻，从东南各地逃难至上海租界中的人却越来越多，上海市面也随之更加兴旺。事实上，这个时候正是南京路不断扩张的时期，也是上海历史上第一次房地产生意高潮到来的前夕。19世纪末期，上海每亩地价已由几十两涨至2700两，其后不数年间，上海外滩地界的地价甚至一度高达每亩36万两白银之巨。这一档子买卖，可不就是一个一本万利的大财源？

胡雪岩说：“凡事总要动脑筋。说到理财，到处都是财源。”这应该是他的经验之谈。不用说，做生意离不开理财。生意人的理财，大体应该包含两个方面的内容：一方面是指资金的合理使用和管理，以求达到增加企业盈利，提高经营效率的理财。比如定期进行必要的财物审计和财物分析、研究库存结构和资金周转情况、精打细算减少开支、压缩非经营性资金的占用等等，都属于这一方面的理财，这是一个生意人平常必做的实际工作。另一个方面的理财，则是指不断为自己开拓财源，用现代经济学术语说，就是准确发现投资热点，扩大投资范围。

只有财源茂盛，才会生意兴隆，这是不言而喻的。这也应该成为一个商人日常关注和思考的主要问题，应该成为时刻想着去做的工作。

用钱“生”钱，形成连环套

怎样才能以钱生钱呢？胡雪岩的经商手段是在“钱眼里翻跟头”。在商业经营中钱能生钱，也就是说，有了一定数量的钱，再加上合理有效地运用和调配，就能获取更多的钱。如何合理地运用、调配已有的金钱，这是对一个经营者才干和智慧的考验。然而，中国有句俗话，叫作“巧妇难为无米之炊”，作为一名经营者，无论你有多么强的经营能力，如果没有钱供你运用、支配，那么，所有一切都是空中楼阁。

中国传统商人有以“一文钱创天下”的志向和能力，但也知道，完全靠自己一文钱一文钱地积累，这个发家过程无疑会十分漫长。因此，跳过最初资金积累阶段，直接由借贷——负债经营入手，便成为传统商人的经营捷径。

胡雪岩是一个“钱眼里翻跟斗”的高手。他在自己事业的草创阶段，其实是身无分文，就是因为他知道如何在“钱眼里翻跟斗”，他的一项项事业，也就一项接着一项地“翻”出来了。

胡雪岩要开办药店，在和刘不才商量药店事宜的时候，他一开口就是“初步我想凑10万银子的本钱”。这个“牛皮”可是吹得有点大了，因为当时他根本就不知道这10万银子在什么地方。虽然郁四说过愿意入股，但他已经帮了自己很多，再让他拿钱出来，他也就只好卖田卖地了。兵荒马乱之中，不动产根本就变不出现钱，按胡雪岩的原则：“江湖上走走，决不干害好朋友的勾当。”他自然不会取此下策。胡雪岩第一次感到了不踏实。

不过，这也没有难倒胡雪岩，他脑子一转，便找到了为药店筹集资本的两个主意：

第一步，他可以向杭州城里那些为官不廉、中饱私囊已经被“喂”得脑满肠肥的官儿们来筹集资金。他准备回到杭州，首先攻下杭州抚台黄宗汉。在这兵荒马乱之际，开药店本来就是极稳妥的生意，又有济世活人的好名目，说不定黄宗汉肯从他极饱的宦囊中拿出一笔钱来投作股东。如果攻下黄宗汉，另外再找有钱的官儿们来凑数，也就容易多了。

第一步如果成功，第二步也就好办了。胡雪岩接下来要让官府出钱来为自己开药店。

刘不才有专治军队行军打仗容易发生时疫的“诸葛行军散”祖传秘方，该方配料与众不同，其效如神。胡雪岩准备与专管军队后勤保障的粮台打交道。他先采取只收成本的方式给军营送“诸葛行军散”，或者有捐饷的，也可以让他们以“诸葛行军散”代捐，指明数量多少，折合银子多少。只要军营的兵将们相信这药好，就可以和粮台打交道，争取承接为粮台供药的业务。粮台虽不上前线打仗，但事实上却什么事都管，最麻烦的就是一仗下来料理伤亡，所以粮台上用药极多。药店可以把药卖给他们，药效要实在，价钱比市面便宜，还可以欠账，让粮台本人公事上好交代。而既然可以欠账，也就可以预支。除“诸葛行军散”之外，药店可以弄到几张能够一服见效与众不同的好方子，譬如刀伤药、辟瘟散之类，然后禀告各路粮台，让他们来定购，领下定购药品的款子，正好可以用来发展药店生意，这一步一走通，药店不就可以滚雪球般的发展起来了么，还用愁什么药店的本钱？

商务经营，开办实业，都需要本钱。没有资金，必将寸步难行，天大的本事，再好的机会，都将是一句空话。立志在商场争雄的人，不能不会为自己筹措资金。当然，为自己筹措资金的方式可以是多种多样的，最稳妥的方式，大约也就是有多少资金，做多大的计划，凭着自己的惨淡经营，从少到多地慢慢积累。不过，即便愿意自己慢慢积累资金而不同意胡雪岩所采用的方式的人，大约也不能不佩服胡雪岩招术的高明。我们不能不同意，无论如何，像胡雪岩这样能够凭借他人资金，开创自己事业的筹措资金的方式，确实是棋高一着。

所以，要想成为一名成功的经营者，应该学会走好第一步——筹措资金。只有踏踏实实地走好了这一步，才能为将来的事业打下良好的基础，这也正应验了中国的另一句老话：“良好的开端是成功的一半。”

胡雪岩创业之初所动用的资金，其实都是借来的，而不是他自己的。

第一笔生丝生意交割之后，胡雪岩立即着手要开药店、典当，这时他其实仍然没有足够的资金。虽然这笔生丝生意做下来，表面上赚了

18 万两银子，但算下账来，该付的付出去之后，不仅分文不剩，其实还拉下了万把银子的亏空。在没有资金的情况下，他却又要上两个大"项目"，不能不让人惊讶，就连十分佩服他的尤五、古应春也提出疑问，认为他现有的钱庄、生丝就是两桩最大本钱的生意，哪里还有余力去开药店、典当？

胡雪岩有自己的打算。胡雪岩的打算，是凭他的信誉、本领，因人成事。阜康的进一步发展，有已经结成牢固的生意伙伴关系的庞二支持；做生丝生意，仍然由大家集股；药店可以打官府的主意；而典当业，他则看中了苏州潘叔雅那班富家公子。

胡雪岩看中苏州那班富家公子，也是抓住了一次借助别人的资金、开办自己的事业的机会。胡雪岩销洋庄，为求当时派任苏州学台的何桂清的帮助，去了一趟苏州，在苏州为解决阿巧姐的事情，又结识了苏州富家公子潘叔雅、吴季重、陆芝香等人。当时正是太平军大举进攻苏、浙之时，苏州地面极不平静，一方面官军打仗，保民不足却骚扰有余，另一方面太平军步步逼近，因此这帮富家公子都有心避难到上海。这些富家公子在苏州的房屋、田产自然是不能带到上海去的，但他们却有大量的现银。他们知道胡雪岩是钱庄老板，因而想借胡雪岩的钱庄，把这些现银带到上海用出去。

这笔现银一共有 20 多万。胡雪岩当场就为这些阔少筹划了这 20 多万现银的使用方案。他建议将这些现银存入钱庄，一半做长期存款，以求生息，一半做活期存款，用来经商，存款的钱庄以及生意的筹划，都由胡雪岩一力承当，总的原则是动息不动本，以达到细水长流的目的。胡雪岩等于给自己又吸纳了一笔可以长期动用的资金。

胡雪岩所以要为这帮富家公子如此筹划，是因为他发觉自己又遇到了一个绝好的机会。本来依胡雪岩的观察，这帮全不知稼穑艰难的阔少，往往既不切实际又不辨好歹，和他们打交道，常常会吃力不讨好，实在是犯不着。不过，转念一想，如果这些阔少不是急功近利，能够听自己的建议放远了看，对自己的生意实在也是一大帮助，有了这20多万可以长期动用的资金，自己什么事情不可以干！

于是就有了胡雪岩为这帮富家公子所做的精心筹划，也有了胡雪岩要利用这帮富家公子交给自己“用”的20多万开办典当的计划。按当时的情况，有50000做本，就可以开出一家不大不小的当铺，有这20多万，能开几家当铺？于是，胡雪岩的典当业，也就这样开办起来了。

胡雪岩曾说他自己就知道“铜钱眼里翻跟斗”，这种“因人成事”的方法，大约也应该算作是这“跟斗”的一种“翻”法。所谓因人成事，说到底，也就是根据自己面对的实际情况，灵活选择自己的对策，不失时机地开创自己的事业。从筹措、积累资金的角度看，这“因人成事”，其实也与有多大力量办多大事情相类似，但它不是那种从少到多慢慢积累的被动等待方式，而是一种充满积极主动的精神。因此，它也是体现一个经商者才干、眼光、智慧的一个重要方面。

以虚招代替实招

“天下之大，什么人都有，什么事都有。所以必要时，还必须有些虚招，以便达到自己的目的。”这是胡雪岩的经商性格之一，总起来看，“遮遮掩掩，虚虚实实”是胡雪岩最常用的一个手法，这也是他善变的经商性格所致。

一次，胡雪岩在没有发家之前，家中颇为困难，但是家中可典当之物已没有多少，于是他就想把自己家中的一只猫卖掉。但是一只猫肯定卖不了多少钱。他老婆也说他尽出荒唐点子。突然胡雪岩灵机一动，同夫人耳语一阵，老婆听后顿时拍手称妙。

第二天，胡雪岩外出，他在门口大声地告诫他老婆：“好好照看我的猫，这种猫全城找不出第二只。千万不能让外人知道。要是被人偷走了，那就要我的命了。这猫就如同我的儿子。”

胡雪岩天天都要这么说上一通，邻居们耳朵里听多了，心里止不住地好奇，很想看看这猫究竟长得啥模样。可是，胡雪岩老婆管得紧，谁也见不到那只猫。

有一天，那只猫猛然挣断了绳子跑到了门口，胡雪岩老婆赶紧把猫抱了进去。正巧在场而又眼快的人，看到那只猫是纯红色的，且全身上下连尾巴和脚上的毛都是一片纯红色。见到的人没有一个不惊奇不眼红的。当时，消息就纷纷扬扬传开了。

胡雪岩回家后，一听有人见到了他的猫，就痛骂他老婆，把她打得呼天喊地。

不久，这消息传到当地的一个富绅的耳朵里，于是这个富绅就派人用高价来买这猫，胡雪岩坚决不肯卖。越是如此，富绅越不肯罢休，一定要买，价格越出越高，胡雪岩还是不肯卖。后来好说歹说，允许富绅看一次猫。看了之后，富绅更觉稀罕，无论如何要得到这只猫。最后，终于以 30 万文钱把猫买走。

富绅把猫带走的那天，胡雪岩哭得一把眼泪一把鼻涕的，还狠狠地揍了他老婆一顿，整整一天长吁短叹，惆怅不已。

富绅得到猫后高兴极了，想将它调教好献给皇上。可是，不久便发现猫的颜色渐渐淡了下去，才半个月就成了一只普通的白猫了。富绅马上带着猫去找胡雪岩，哪知胡雪岩早就搬走了，不知去向。

原来，胡雪岩是用染马缨的办法把猫的颜色给染了，染的次数多了就成纯红色，而他以前所有告诫老婆的话和打骂老婆的行为，不过是借以引起人们注意的手段而已。

胡雪岩的卖猫交易当然属于诈骗，不足为道，但在招徕顾客、促成生意的方法上有可借鉴之处。

胡雪岩计谋的关键就在于：既要让潜在的顾客知道，又要让他不知道，或者说，为了让他知道，就是故意让他不知道。邻居可以听见这只猫叫，但却看不见这只猫。先是“千呼万唤”不肯出来，再加上一次“犹抱琵琶半遮面”，可以说把早期的准备都已充分完成了。到富绅获悉胡雪岩的纯红色猫时，扬名广告的任务已经完成，余下的则是谈判技巧，此处就不谈了。

人类的天性是共通的、永恒的。一切与人类天性相吻合的计谋也是永恒的，胡雪岩的手段因为调动或曰利用了人类这种共通而永恒的天性，同样也成了广告术中的传世佳作。广告史上多次出现过匿名广告，连着几天出现的都是引人注意但又让人不知就里的广告，等把读者的好奇心吊足了，才轰然一下推出产品及其牌号。

一次，胡雪岩在南京积压了几千轴丝绢，而当时，丝绢行情不好，即使出手，也卖不了几个钱。

胡雪岩灵机一动，和金陵城几位当大官的朋友和有名望的富绅说好，每人做一件丝绢单衣穿在身上。其他官员和读书人一见，争相仿效，丝绢单衣很快成为时髦，丝绢价格随之上扬，一时间大有洛阳纸贵的势头。

胡雪岩一看时机已到，便让人把仓库里的丝绢全拿去卖了，每轴竟卖到了一两黄金的高价。

（二）变活性格：只要琢磨，脚下就会一路顺风

活络是做好生意的妙法

一个不善于改变自己经商性格的人，往往是走进了死胡同，才如梦初醒。胡雪岩经商持别推崇“活络”两字。所谓活络就是善变。胡雪岩有一句至理名言：“天变了，人应变。”“天”即指时势时局之意。“天变了，人应变”，其意是指时势时局变化了，人也应该作出与之相应的改变与调整以顺应时势与时局。

为自己开拓财源，要有精明的生意人的眼光，要能看得准，看得远，同时还要眼界开阔，头脑灵活。所谓眼界开阔，头脑灵活，简单地说，就是不要死守住一个自己熟悉的行当，而要善于在其他行当中发现可以开发的财源，说到底，也就是要时刻想着去不断地寻找新的投资方向，不断地扩大自己的投资经营范围。一个生意人如果只能看到自己正在经营的熟悉的行当，最终只会是抱残守缺，连正在经营的行当都不一定经营得好，更不用说为自己广开财源了。

因此，做生意一定要做得活络。做生意要活络，应该有两层意思：一是不要死守一方天地，要能根据具体情况作出灵活反应，二是反应要迅速，想到了就立即着手去做，不放过任何一个机会。

胡雪岩的生意就做得活络。在他驰骋商场一步步走向鼎盛的过程中，他灵活机动，四下出击，真可谓一步一个点子，一路一趟拳脚，一动一套招式，而招招式式都能为自己点化出一条财路。

胡雪岩为自己的蚕丝生意和帮王有龄办湖州官府的公事，几下湖州，结识了湖州颇有势力的民间把头、正做着湖州户房书办的郁四。胡雪岩凭着他的仗义和识见，也因为他帮助郁四妥善处理了家事，深得郁四敬服。为了报答胡雪岩，郁四做主，为胡雪岩娶了寡居的芙蓉姑娘做外室。

芙蓉姑娘的娘家本来也是生意人，祖上开了一家很大的药店，牌号“刘敬德堂”。刘敬德堂传至芙蓉姑娘父亲一辈时也还有些规模，不想她父亲10年前到四川采办药材，舟下三峡，在新滩遇险船毁人亡。她的叔叔外号“刘不才”，本来就是一介纨绔，极尽挥霍还特别好赌，接下家业不到一年就无法维持，药店连房子带存货都典给了别人，自己落得以告贷为生。不过这刘不才也有一个特别之处，就是俗话说的“瘦驴不倒架”，还有那么一点顾及脸面的硬气。比如自己潦倒到了极点，却还死活不同意侄女芙蓉给人做偏房，说是我们刘家穷是穷，但也没有把女儿给人做偏房的道理。芙蓉再嫁，他死活都不想认胡家这门亲戚。再比如潦倒归潦倒，但即使到了告贷无门的地步，他都不肯押出自己手上的几张祖传秘方，以为只要秘方还在，家底就还在，心里还想着有一天要重振家业。

胡雪岩娶了芙蓉姑娘，这位不想认他这门亲戚的刘不才自然也是一个麻烦：不能不管，在一般人看来又确实是没法管。这时胡雪岩可以有两个选择，一是按郁四的想法，送刘不才一笔银子打发了，不再与他发生任何关系，一是按芙蓉的想法，由芙蓉劝动刘不才拿出那几张祖传秘方，胡雪岩帮忙卖它万把银子，让他自己去过活。

胡雪岩却不这样想。他一定要认了这门亲，他要借刘不才开一家自己的药店。他凭着自己的眼光，一下子就看出药生意在此时也将是一个相当不错的财源。这乱世当口，其一，军队行军打仗，转战奔波，一定需要防疫药；其二，大兵过后定有大疫，逃难的人生病之后要救命药。

因此只要货真价实，创下牌子，药店生意就不会有错。而且，开药店还有活人济世行善积德的好名声，容易得到官府支持，在为自己赚钱的同时，还能为自己挣得好名声，何乐不为？自己不懂这行生意不要紧，刘不才懂，只要能够将他收服，迫他改掉身上的毛病，他就可以当起大用，而且他手上的那几张祖传秘方也正好可以充分利用。想妥这些之后，胡雪岩请郁四帮忙，摆了一桌“认亲”宴，就在这认亲宴上便谈妥了药店开办的地点、规模、资金等事项。

胡雪岩的胡庆余堂也就这样立起来了。在其后的几十年中，胡庆余堂成为名闻天下的老字号药店，不仅成为胡雪岩的一个稳定财源，也为他挣来了“胡大善人”的好名声，对他的其他生意也带来了极好的影响。

一个钱庄老板，在本业之上还要去做蚕丝生意销洋庄，在做着蚕丝生意的时候又想起开药店，胡雪岩这四面出击，不断为自己广开财源的灵活，确实不能不让人叹服。事实上，做生意最没出息的，大概就是死守着一方天地。一笔生意再大，也只能有一次的赚头，一个行当再赚钱，也只是一条财路。显然，要广开财源，死守着一方天地是绝对不行的。胡雪岩说，做生意要做得活络，这里的活络，自然包括很多方面，但不死守一方，灵活出击，而且想到就做，决不犹豫拖延，应该是这“活络”二字的精义所在。

掌握“八个坛子七个盖”的技巧

做事要力求完美，不能破罐子破摔。尤其是遇到倒不开手的事情，更要如此。胡雪岩有力戒漏洞、力戒疏忽的性格，他所说的“八个坛子七个盖，盖来盖去不穿帮”的手法，就是力求做事完美的一种技巧。

胡雪岩在湖州收到的生丝运到上海时，正值小刀会要在上海起事。小刀会占领了上海县城，不仅隔开了租界和上海县城之间的联系，也封锁了苏、松、太地区进出上海的通道，断绝了上海除海路之外与内地的一切联系。上海与外部交通断绝，上海市场生丝的来路也随之中断，仅存上年囤积的陈丝，而此时也传来信息，驻在上海的洋商由于战事在即，生意前途未卜，更加急于购进生丝以备急需。这在胡雪岩看来，无疑又是一个绝好的机会，因为如此一来，生丝销洋庄的价钱必然看好，完全可以乘此机会赚上一把。这一情况更坚定了胡雪岩要销洋庄的打算。

要做销洋庄的生意，第一步是要控制洋庄市场，垄断价格。要做好这一步，有两个办法：第一个办法是说服上海丝行同业联合起来，让预备销洋庄的丝客人公议价格，彼此合作，共同对付洋人，迫使洋人就范。第二则是拿出一笔资金，在上海就地收丝，囤积起来，使洋人要买丝就必须找我，以达到垄断市场的目的。不过，就胡雪岩当时在上海生丝市场的地位来说，由于他的生意只是刚刚起步，在同行中的威信还有待建立，因此第一个办法不一定能够实施到理想的效果。而从生意运作的角度看，即使第一个办法能够凭着胡雪岩的影响力得以实现，他也应该采取通过在上海就地买丝的办法，尽可能多的为自己囤积一部分生丝。这既是控制市场、垄断价格的基础，也是使自己在实现了控制市场的设想、迫使洋人就范之后能够获得更大利润的条件。同时，生丝囤积量的增加也可以提高他在上海丝商中的地位，为联络上海同业的运作增加影响力。

不过，在上海就地买丝需要大量本钱。胡雪岩此时只有价值 10 万两的生丝存在上海裕记丝栈，而他的伙伴尤五为做漕帮粮食生意，向一个巨富借贷了 10 万两银子，这笔贷款在续转过一次之后又已到期，按常规已经不能再行续转，为还上这笔贷款，尤五最多只能筹集到 70000

两银子。如此算来，胡雪岩要在上海就地买丝可以说是没有一分钱的本钱。

胡雪岩用手头裕记丝栈开出的那张10万两银子的生丝的栈单“变”了一次戏法。首先将这一张栈单拿给这个巨富看，说是这位巨富的贷款已经可以归还，不过要等这批生丝脱手之后才能料理清楚，让他们将那笔10万两银子的贷款再转一期。有栈单为证，货又明明摆在货栈里，他们必然相信而且放心，这样也就生出了10万头寸可供调用，先解决松江漕帮借款到期的问题。然后，可以将这张栈单再使用一次，用它来与洋行交涉，议定以裕记丝行的生丝做抵押，向洋行借款，这样也就把栈单变成了现银。洋行有栈单留存，不会不给贷款，而栈单也不会流入钱庄，这位巨富也不会知道栈单已经抵押出去了，戏法也就不会被揭穿。这样，10万两银子也就做成了百万的生意。

这是一次典型的“八个坛子七个盖”。一张栈单，托了中外两家，一“转”一“亮”，就盖住了两个“坛子”，手法极其精到熟练。

不可固守成法

不破不立，这是成功的硬道理。胡雪岩经商就有不破不立的性格，所以他相信：做生意必须手腕活络，不可固守成法。

胡雪岩帮助王有龄解决运送漕米时采用的就地买米的办法，就是打破常规、推陈出新的典型例子。王有龄坐上浙江海运局坐办的位置，一上任就遇到运送漕米的公事。

漕米的漕，本义即以舟运谷，特指将在江南稻米之乡征收的稻米由运河运往京城，以供应宫廷用度及京官的俸禄。因为这些稻米都由运河北运，故而称为漕米，漕米解运亦称漕运。漕运水路南起杭州，北抵京师，在通州交仓，两千多里路程。依照定例，漕船必须至迟于每年2月底开行。启运太迟，漕船不能按时“回空”，就会影响下一年的漕运。漕米征收是各地州县的公事，征多征少也有定例。但漕运积弊已久，主管漕米征收、解运的人都可以从中得到好处，漕粮一事实际上已经成为各层官吏盘剥小民百姓的“黑”路。按当时的做法，朝廷征收的数量按户口摊派，一般情况下不得蠲减，而朝廷也不负担运输费用。这样，漕运的耗费，各路人员的好处，自然也都出在小民头上。征收漕米时，各地州县往往将运输费用、想得的好处加征在老百姓应交的数量之上，这也就是所谓的“浮收”。“浮收”额度至少在规定额度的一半，能上能下，也就是本来只需交纳一石的，却要交纳至少一石五斗。这“浮收”的数额，也即各层官吏用来利益均沾的分成数额。因此主管漕运本来也是一项有利可图的肥差。

只是浙江的情况却有自己的特殊性。浙江上年闹旱灾，钱粮征收不起来，且运河淤积严重，河道水浅，旱季甚至断流，没有办法行船，因此浙江漕米直至9月还没有启运。同时，浙江负责运送漕米的前任藩司椿寿，由于没有理会抚台黄宗汉40000两银子的勒索，与抚台黄宗汉结下怨怼，被黄宗汉抓住漕米没能按时解运的问题狠狠地整了一把，以致自杀身亡。到王有龄做海运局坐办时，漕米由河运改海运，也就是由浙江运到上海，再由上海用沙船运往京城。现任藩司因有前车之鉴，不想管漕运的事，便以改海运为由，将这档子事全部推给了王有龄。漕米是上交朝廷的“公粮”，每年都必须按时足额运到京城，哪里阻梗哪里的官员便要倒霉，所以，能不能完成这桩公事，不仅关系到王有龄在官场的前途，甚至关系到他的身家性命。

更加麻烦的是，如果按常规办，王有龄的这桩公事几乎没有完成的希望。一是浙江漕米欠账太多，达30多万石之巨，二是运力不足。本来漕米可以交由浙江漕帮运到上海。可是由于河运改了海运，等于是夺了漕帮的饭碗，他们巴不得漕米运不出去，哪里肯下力？到时你急他不急，慢慢给你拖过期限，这些官儿们自己也该丢饭碗了。

这桩在王有龄几乎是无法解决的麻烦事，被胡雪岩一个就地买米之计一下子就给化解了。以胡雪岩之见，反正是米，不管哪里的都一样。朝廷要米，看的是结果，并不管你的米是从哪里来的。只要能按时在上海将漕米交兑足额，也就算完成了任务。既然如此，浙江可以就在上海买米交兑，差多少就买多少，这样省去了漕运的麻烦，问题也就解决了。关键是，第一要能得到抚台黄宗汉的认可，因为买米抵漕粮是违反朝廷规制的。不过，这一点问题不大，浙江漕米不能按时足额解运京城，他抚台大人也脱不了干系；第二，要说动浙江藩司肯垫出一笔现银，做买米之用，这是拆东补西，藩司要负责任，不过只要抚台同意，做下属的藩司也不能怎么样；第三，要能在上海找到一家大粮商，肯垫出一批糙米补出买米不足的差数，等浙江新漕运到后再归垫。这样也就等于这家粮商先卖出，后买进。一般商家是不愿意做这样的生意的，因为这等于是纯粹的帮忙，不一定有多少赚头。而且漕米历来成色极坏，一般的粮商从来都不愿意过手。不过，生意人想的就是生意经，只要能给他补贴差价，不让他吃亏，米商也就不会不应承。只是补贴米商的差价，再加上盘运的损耗，很要破费一些银子，运送漕米的“肥差”也就变成了亏本买卖。但按照胡雪岩的看法，能够按时足额交兑漕米，为浙江抚台、藩司分了忧，为王有龄在权场铺了路，花上几万两银子也值。

就地买米，解决漕运麻烦，严格说来并不是通常意义上的做生意，但从这里我们却看出来胡雪岩遇事思路开阔、头脑灵活，不墨守成法而能随机应变的本事。比如黄宗汉、王有龄以及浙江藩司等人，想到的只是漕米欠账太大，一时难以筹足；想到的只是漕米由河运改海运之后漕帮会作梗，即使筹足米数，要按时运送上海也难，就是想不到漕米改海运之后，实际上为同时解决上面两个问题提供了契机，因而只能在那里一筹莫展干着急。究其原因，也就在于他们拘于漕米必须是由征收地直接上运的成法，而没有想到情势不同还可以有新的运作方式。

胡雪岩思路灵活，不拘形式，不仅使难题得到巧妙的解决，而且各方面都满意，皆大欢喜。

△ 胡氏诡变性格之现代释用（一）

巧打算盘巧获利

胡雪岩经商善于变化赚钱的技巧，尽可能以最巧妙的手段获得最佳的生意效果。这与他主张“活络”的经营观念是一致的。现代商人赚钱力求活络，变中有变，巧打算盘，与胡雪岩的经营理念是一致的。且看：

巴奈·巴纳特是一个旧服装商的儿子，小时候就读于一所主要由罗思柴尔德家族捐助、专为穷孩子建立的犹太免费学校。他最初打算当一个演员，但有关南非容易致富的传闻，使他改变了主意。他设法弄到了40箱雪茄，作为经商资本，就离开了伦敦来到南非。

巴纳特的雪茄原打算卖给探矿者，但到那里之后，他却以此为抵押，获得少量的钻机，从这开始，短短几年的时间里，巴纳特就成了一个富有的钻石商人和从事矿藏资源买卖的经纪人。他不是坐在城里等着找矿者送上门来，而是步行或骑马到矿上到处转悠，寻找便宜货，并即时买下一些别人出售的矿区。当这种生意进行得不顺利时，他就转做其他生意。1876年，他以自己的全部财产共3000英镑买下了毗邻他原有矿区的一些小矿区，这些矿区经疯狂开采，一周可获得20克拉钻石和2000英镑利润。他发财了。

巴奈·巴纳特原先只喜欢钻石、金子和纸币这类看得见摸得着的财富，而不赏识股票之类的玩意儿。但最终，随着他的投机买卖的扩大，巴纳特也不得不走进证券交易所。

1880 年，巴纳特为创办资金达 115000 英镑的“巴纳特钻石公司”发行了大量股票，这些股票在几小时内即被抢购一空，所集的资金超过原先要求的 3 倍。第二年，公司股票随同南非证券交易市场上的股票一起大跌，但他保有足够的股份以维持自己的企业，并乘机折价买下了大量充斥市场的其他股东抛出的股票。这一出一进之间，其他股东最初投放的资金有相当大一部分无偿归属了他。到以后证券市场复苏之后，公司的股票跟着上涨，巴纳特越发富有了。

1888 年，巴纳特的“巴纳特钻石公司”和由另一个犹太商人罗得斯控制的“德·贝尔矿业公司”合并，组成“德·贝尔统一矿业公司”，公司的股份共计 20000 股，每股为 5 英镑，其中巴纳特占了 6000 股，为最大股东。这一新的集团取得了世界钻石出产的垄断权，并且至今仍是世界最大的钻石生产企业，约占全球产量的 90%。

巴纳特从在伦敦时一文不名的穷小子，到 38 岁时已经成了资产以百万计的大富翁。他四面出击，投资开采兰德金矿和购买新兴城市约翰内斯堡的地产。有一段时间，南非经济萧条，但巴纳特却充满信心，低价收购了大量的地产和股票，还投资酒类贸易、建筑材料、运输、印刷出版等行业。随着萧条结束，市场重新趋于繁荣，巴纳特也成了投机家的代表，他走到哪里，证券交易市场就跟到哪里。

以后，巴纳特又建立了主要经营地产和黄金开采的“约翰内斯堡统一投资公司”，该公司名义资本为 1000 万英镑，但由于行情一路上涨，股票的市场价很快超过了 6000 万英镑，其中约 2000 万英镑为巴纳特个人所有。

更绝的是巴纳特建立了一家专门为他抛售股票的银行。1895 年，他创办了一家以 1 英镑为 1 股、共拥有名义资产 350 万英镑的股份银行。股票异常受欢迎，人们纷纷争购，一夜之间价格就翻了一番，随后又增加到面值的3倍。但这家银行同正统观念中的银行没有任何相同之处，它只是一家专门抛售巴纳特所拥有的南非各企业的股票的信托公司。好在利润较高，股东们也无异议。

巴纳特最后遭受多重打击，包括他公司的股票莫名其妙地行情大跌，一直值4英镑的银行股票也下跌到仅值30先令；英布战争带来的南非困难局面长期持续，他的银行摇摇欲坠；他受到新闻媒介的攻击，甚至生命也受到威胁，终因精神崩溃而自杀。

巴纳特的整个事业生涯非常典型地反映了许多犹太企业家的共同特点。他从一开始对矿业，无论钻石矿还是金矿都一无所知，最后也知之不多，对于他自己组织的公司和银行如何经营、如何管理，他也从来没有把握住，完全交给了他的两个侄子。但他在"摆弄数字"和决定投资方向方面，却有一种公认的天赋，一种类似于本能的直觉。这也许足以证明，犹太商人确实对钱自身的运行与机制有着一种天然的亲和力。这或许得之于他们悠久的放债传统，使他们能"赤手空拳"地闯进实业界，并在最短的时间里发迹起来。而这种模式的普遍存在和广泛适用，只能证明，犹太商人的经营方式同现代金融资本主义有着高度的契合。

△ 胡氏诡变性格之现代释用（二）

多练几招抓钱术

胡雪岩经商头脑灵活，总是把挣钱术练得多种多样，以确保自己能够在市场中获利。现代人经商必须多练几招抓钱术，才能够把生意做大做好。

一般来说，自动贩卖机这一行业可分成三类：一种是制造贩卖机的业者，一种是兼业贩卖者，一种是专业贩卖者。

兼业者是像销售可乐之类饮料的公司，自己用贩卖机卖自家的商品。专业者就是业者向贩卖机厂商买进自动贩卖机，机内的商品也是从商品制造商那里购入，然后跟设置场所订约，装设自动贩卖机来推销营运。简单地说，就是使用自动贩卖机来推销商品的零售业。

日本有一家三管齐下的公司，就是大阪的德斯特自动贩卖机公司。

董事长古川久好才34岁，12年前他还在一家公司当小职员时，有天看到报纸上刊登着："现在美国各地都改用自动贩卖机来销售货品。这种不需雇人推销、一天24小时不停地供应商品、而且在任何地方都可以营业的新销售方法，随着时代的进步，越来越鼎盛，前途一片光明。"当时，自动贩卖机在日本也如雨后春笋般地出现。

这位年轻人就开始动脑筋，他想："将来日本也必然会迈入一个自动贩卖机的时代，这项生意对于没有什么本钱的人来说最合适。这个新行业里还有一片新天地等待我们去开拓。至于贩卖机里面的商品，如果装入一些日用品等平庸无奇的东西，也许成功的胜算不大，应该搜集一些新奇的东西。"于是他就以一台15000日元的价格买下20台贩卖机，设置在酒吧和其他公共场所。至于机内的商品，他就装上搜集而来的珍贵物品或是向工厂订做的新奇玩意儿，譬如成人的小玩具、美女塑像、保险套、新奇装饰品、仿古制品等。

其他的自动贩卖机根本不卖这些东西，因此古川的生意好得不得了，他高兴得连嘴巴也合不拢了，第一个月他赚进100多万日元，他把每个月赚的钱，再投资于自动贩卖机。

他仅以少数的资金投入这项行业，却做得非常成功，两年之后，他的自动贩卖机就增加到100多台。后来，他又设立了德斯特自动贩卖机公司。而贩卖机内的商品，如冷热兼备的速食品以及装饰物、化妆品等，也因为有足够的资本可以开始自制了。

5年前，他的业务又向前迈了一大步，他自己成立了工厂，开始制造"迷你型自动贩卖机"。这项新制品的外观特别小巧可爱，能美化设置场所，使该处凭添无限光彩。

推出之前，古川大做广告说："亲爱的顾客们！我们新推出的迷你贩卖机迷人可爱，可美化环境，使单调的四周显得情调优美。不但能增加美观又可以替您赚钱，增加您的财富。我们还提供您最新奇、最有吸引力的商品，这些商品不愁卖不出去。这种迷你贩卖机售价每台4万日元，比普通的贩卖机便宜一半以上。保证5个月就可以收回本钱。"

古川的自动贩卖机上市后反映极佳，立即就以惊人的声势开始畅销。机器售价4万日元，机内商品大约需要2万日元，有6万日元就可靠它生财。据统计，迷你型自动贩卖机生意最好的一年，一个月销售额高达10万日元。有一个人单独向古川购买了120台，大做租赁自动贩卖机的生意。

能源危机后，古川的生意不但丝毫未受影响，反而急速地成长。现在他的员工共有220人，一年的销售额为16亿日元。

虽然租赁自动贩卖机的行业是一项前途看好的新兴事业，做这项生意的人多如过江之鲫，但是也有很多租赁自动贩卖机公司才一出现就消失得无影无踪，也有不少公司血本无归。为什么古川的公司能够独占鳌头，如此腾达呢？

古川久好解释说："应付千变万化的市场，最重要的还是要能预先洞察未来环境的变化，只能应付一时的市场需要是不够的。由于整个世界的环境改变得很快，产品的市场生命愈来愈短促。因此，我时常创新，时常改变做法，更换商品以唤起别人的好奇心和购买欲。这样我才能不遭受同业淘汰，反而一天一天壮大起来。"

据估计，目前日本全国有179万部自动贩卖机，销售额达8600多亿日元。美国更多，自动贩卖机总台数超过600万台，一年商品销售额大约是81亿美元。

[六]

胡氏取大性格
一步一步踩着大目标

所谓取大性格是指:咬着牙忍受挫折,不惜一切代价,一步步朝着自己的大目标迈进。经商总会遇到沟沟坎坎,不小心就会摔一个大跟头,甚至有些人摔得体无完肤。尽管生意场上没有常胜将军,但是少失败几次是每一个商人的梦想。这就需要商人必须有爬坡性格——在顺境中不下滑,在逆境中敢迎上,始终把自己摆在一个较量的位置上。这种爬坡性格是那些成就一生财富的大商人突出的特点。

胡雪岩是一个惯于爬坡的人,他不惧怕任何困境,敢于应战一切难题。他能像一个不停旋转的机器,不断地榨出智慧,去超越自己,把自己逐步推上一个个成功的台阶。胡雪岩的这种爬坡性格,是成就他成为"红顶商人"的保证。在胡雪岩看来,在经商之路上,会时常碰到这种决一死战的时候,不进则退,退到无路可走。因此,你如果把爬坡视为一种自我挑战,就会度过难关。

（一）取强性格：你不自信，没有人能让你自信

靠实力证明自己的才能

没有自信的性格，要想打开成功的局面，将难于上青天。成功的大商人在掌控商道的过程中，都是有自信的人，都刻意塑造自己的形象，都是靠实力证明自己的才能。一个人活在世上，就是要在主要场合显得自信，才能让人佩服。这是胡雪岩要做一流大商贾的性格特点。的确，人有大自信才会有大志向，才可能有大成功。与此相联系的，除立志自信之外，还要有认准方向就不避艰难、锲而不舍地干下去的决心和毅力。换句话说，也就是做事要有恒心，要有韧性。任何事要么不做，看准了，决定做而且开始做了，就一定要坚持不懈地做下去，一定要做出个样子来。这也是一个渴望有大成功的人必备的素质之一。胡雪岩就特别看重这一点，因为他的性格中有这样一个特点：靠实力证明自己的才能。

太平军攻占杭州后，城里什么都改变了，唯有更夫没变。无论杭州被太平军攻占之前，还是被太平军占领期间，抑或是最后被朝廷收复，更夫老周都是每夜按时打更，从没有间断过一天。更夫让胡雪岩在战乱刚过重返故里的第一夜，就听到了“笃，笃，镗！笃，笃，镗”的梆锣之声。久历战乱，刚刚平复，一切还都是兵荒马乱的样子，这“笃，笃，镗！笃，笃，镗”的太平时世的声音，带给人的无疑是一种安定、恬适、振奋，使胡雪岩也为之肃然动容。当他了解了更夫的情况之后，

不禁连声赞叹："难得！真难得！"当即决定把老周收到自己的门下，并委以重任，用他的话说，是要"借重"更夫，请他来帮自己的忙。在胡雪岩看来，如更夫这样，不论在什么情况下都能一本正经做自己的事情的人，就是一个不同于一般的"了不起"的人。他认为："世界上很多事，本来人人能做，只看你是不是肯做，是不是一本正经地去做。能够这样，就是个了不起的人。"

胡雪岩这里所说的只要肯一本正经去做事的人就是了不起的人，与他经常对自己的雇员说的"凡事要么不做，要做就要像个样子"意思是一样的，也就是强调不仅要能立志、有自信，还要能真正去踏踏实实地做事。从某种意义上说，他这里实际上概括了一个成功者之所以能够取得成功的最重要的秘诀。当然，做生意的确是要有才干的，但是比较而言，脚踏实地实实在在锲而不舍地去做，实际上更加重要。道理很简单，事在人为，在于自己能一步一步努力去做。成天在那里做黄金梦、做老板梦，成天只是躺在床上谋划如何去赚大钱，却不愿意去品尝创业的艰难和辛酸，或者浅尝辄止，遇难即退，尽做些半途而废的事情，要想赚钱也只能是白日做梦。哪有天上掉馅饼的好事！证之古今，没有一个成功的商人不是在艰难困苦中凭着一股锲而不舍的韧性，从一点一滴的小事一步一步干出来的。例如很多人都知道香港爱国商人李嘉诚就曾经做过很长时间的穿行于大街小巷推销商品的推销员，金利来的老板曾宪梓创业之初也曾不辞辛劳地出入于大小商店，为推销自己生产的领带向人赔尽笑脸，也尝尽了别人的冷眼。

该干的事情在任何情况下都能坚持干下去，确实是了不起的人；看准了的事情，只要不论何种情况都能坚持干下去，就有可能取得了不起的成功。

胡雪岩本非池中之物，虽出身寒微，但他却有一颗早晚要自立门户的事业心。因此，他才敢于孤注一掷，以贫贱之躯、火热之心，于乱世逆境之中，在王有龄身上下注。

胡雪岩拿饭碗换银票资助王有龄，这件事开始做时，就不是茫无目的的，他相信王有龄将来定会发达，这是一笔投资，需要勇气，更要有长远目光。一般人求利在现在，而胡雪岩求利在将来，正所谓“长线放远鹞”，王有龄一旦走红，胡雪岩自会沾光，那时，他的钱就不会白花。

纵观古往今来的巨商大贾，在他们当中，有相当一部分人出身寒微，在少年时出门做过学徒，后来凭着一颗自立门户的事业心，最终成长为富甲一方的大商人。正所谓“不受磨难不成佛”，一代“红顶商人”胡雪岩的成长史与发家史，堪为后人自立创业的一面镜子。

大自信，换来大作为

一个商人的成功性格是什么呢？这就要从立志说起。胡雪岩认为，一个商人为什么立志？因为你要去争面子，求成功，这是人的本性。一个生意人应该有志成为大商贾，才能成大事。

胡雪岩有句名言：“立志在我，成事在人。”这与带有宿命论色彩的“谋事在人，成事在天”有本质的差别，一个成功的商人必然有“立志在我，成事在人”的大自信。胡雪岩正是具备了这种非凡的自信。

胡雪岩创办阜康钱庄，从外部环境来说，当时由于太平天国起义，国家正处于战乱之中，而且太平天国活动的主要区域，也正是长江中下游地区的东南一带。而当时国内的金融业主要还是山西票号的天下，在东南地区后起的宁绍帮、镇江帮经营的钱庄业，无论业务经营范围，还是在商界的影响，都远逊于山西票号。

从自身条件看，胡雪岩此时除了在钱庄学徒的经验外，实际上是一无所有。但他踏入商界之初第一件为自己考虑的事情就是创办自己的钱庄——即使此时还是两手空空，也要热热闹闹先把招牌打出去。此时的胡雪岩所凭借的也就是他的那份大自信。他相信就凭自己钱庄学徒的经验，凭自己对于世事人情的了解，凭自己精到的眼光和过人的手腕，当然也凭借已入官场可做靠山的王有龄的帮助，他足以支撑起一个第一流的、可以与山西票号分庭抗礼的钱庄。就凭着这股子自信，他的阜康钱庄说办就办起来了。

再比如在他的生意面临全面倒闭的最危急的时刻，他也决不肯做坑害客户隐匿私产“拆烂污”的事情。他相信自己虽败不倒。胡雪岩曾经豪迈地说过：“我是一双空手起来的，到头来仍旧一双空手，不输啥！不仅不输，吃过、用过、阔过，都是赚头。只要我不死，我照样一双空手再翻过来。”这更是一种能成大事者的大自信！

一个有大成就者必须具有这样的大自信。当然，我们并不能以为只要有了自信就一定能够成功，有大自信就必定有大成功。能不能真正获得成功，确实还需要许多方面的条件，比如主体是否真正具备能成就大功的能力，比如是否具备某种必不可少的成就一番事业的客观情势，也就是人们通常所说的地利、天时或时势、机遇。但是，不可否认，有没有相信自己能够成就一番事业的自信，无论如何也是一个人能否成就一番事业的必不可少的前提条件。

在胡雪岩看来，古往今来，凡是想成大事、能成大事者，都有大自信，所谓“当今之世，舍我其谁”，所谓“天生我材必有用”，所谓“人所具有的我都具有”，所谓“会当水击三千里，自信人生二百年”……这些名言展示的都是有大成就者的豪迈胸怀。

胡雪岩相信这样一句话：自信方能自强。能自信，才能有知难而进的斗士勇气，才能有临渊不惊、临危不惧的英雄本色。说到底，一个人的自信心，实际上是他能为某个高远的人生目标发愤忘食、奋力拼搏的内在支撑。我们可以做一个假设，如果胡雪岩当初没有我们已经看到的那份自信，他也许根本就不会想到自己也能开钱庄，那他哪里还会有后来的巨大的成功呢？怎么能成为名震天下的“红顶商人”呢？

打开一片天地，
就是有了自己的人生位置

人生的位置，不是虚设的，而是要靠自己的实力去占有。胡雪岩掌控商道，一心想打开自己的人生局面。他认为一个人能够凭实力打开一片天地，就是有了自己的人生位置；但这是一个非常艰辛的过程。有些人之所以处处失败，是因为没有找到适合自己的位置。因此，胡雪岩要做的第一件事就是自立门户。

“宁为鸡首，不为牛后”，就是要有属于自己的一片天地，就是自立门户自做老板的意识，其实这也是一种不甘受制于人的强烈的自主意识。这种自主意识，体现着一种不肯甘居人后的强烈的进取精神，也是一个人敢于冒险开拓的超人魄力的具体体现。这种自主意识，也正是一个可能取得大成就的商人必不可少的素质。

红顶商人胡雪岩幼年即入钱庄，从倒便壶提马桶干起，仗着脑袋灵光，没几年就爬到“档手”位置，相当于现在的银行办事员。少年得志、风流倜傥，日子过起来也好不逍遥自在。

然而，青年胡雪岩对于钱财看得开、看得准，逻辑异于常人，胸襟开阔，手笔恢弘，胆识过人，后来始能发光发热，成就清代第一富商。要是胡某也和其他钱庄档手一般小家子气，恐怕他下半辈子也不过是继续在钱庄里，每日在孔方兄间打转，一辈子没啥起色。

要求有一片属于自己的天地，正是胡雪岩立足商界，不断地打开市场，最终成为一流大商贾的内在动力。

其实，起初胡雪岩只是信和钱庄的一个学徒。胡雪岩父死家贫，自

小就到钱庄当学徒，从扫地倒便壶开始做起。由于他勤快聪明，熬到满师，便成了信和的一名伙计，专理跑街收账。当时不过20来岁的胡雪岩实在是有些胆大妄为，竟然自作主张，挪用钱庄银子资助潦倒落魄的王有龄进京捐官，不仅自己在信和的饭碗丢掉了，且因此一举，还使自己在同行中“坏”了名声，再没有钱庄敢雇佣他，终至落魄到靠打零工餬口的地步。

好在天无绝人之路，王有龄得胡雪岩资助进京捐官，一切顺利，回到杭州，很快便得了浙江海运局坐办的肥缺。王有龄知恩图报，一回到杭州就四下里寻访胡雪岩的下落，即便自己力量有限，也要尽力帮他。

重逢王有龄，因资助王有龄留下的恶名自然消除，这时的胡雪岩起码有两个在一般人看来相当不错的选择：一是留在王有龄身边帮王有龄的忙，而且，此时的王有龄确实需要帮手，也特别希望胡雪岩能够留在衙门里帮帮自己。依王有龄的想法，适当的时候，胡雪岩自己也可以捐个功名，以他的能力，肯定会有腾达的时候。胡雪岩的另一个选择是回他做过伙计的信和钱庄，以他此时的条件，回信和必将被重用，实际上，信和“大伙”张胖子收到王有龄听从胡雪岩的安排还回500两银子之后，已经做好了拉回胡雪岩、让出自己的位子的打算。他找到胡雪岩的家里，恳请胡雪岩重回信和，甚至将胡雪岩离开信和期间的薪水都给他带去了。

这两条路胡雪岩都没有走。混迹官场本来就不是胡雪岩的兴趣所在，他当然不会走这一条路，帮王有龄他自然不会推辞，但最终还是要干出一番属于自己的事业。而回到信和，也就是胡雪岩说的“回汤豆腐”，他自然更不会去做。这里其实也不仅仅是“好马不吃回头草”的问题，关键在于，这“回汤豆腐”做得再好也不过做到“大伙”为止，终归不过是一个“二老板”，并不能事事由自己做主。

“自己做不得自己的主，算得了什么好汉？”胡雪岩要的就是自己做主。所以他一上手就要开办自己的钱庄——事实是，这时的胡雪岩连一两银子的本钱都还没有，他不过是料定王有龄还会外放州县，以他自己的打算，现在有个几千两银子把钱庄的架子撑起来，到时可以代理官库银钱往来，凭他的本事，定能发达。

这就是气魄，一种强烈地要在商场上自立门户、纵横捭阖、开疆拓土、驰骋一方的气魄。

这种强烈的自主意识，还是胡雪岩能够不断开拓自己事业的基础。如果一个人根本没有想过自立门户，这个人只能永远原地踏步，或者说，跟着别人做一点小生意。

（二）取局性格：心有多大，就能做多大的事

做事之前胸中必须装有大局

一个人不能没有宏大性格，没有大局观念，更不能在不起眼的地方拔出来，而应看准大局，做出一番大事。常言道："时势造英雄"。胡雪岩也说："做生意，把握时事大局是头等大事。"没有相应的社会环境气候，就没有英雄成长的土壤和其他条件，真正的英雄人物必须能够驾驭时局，胡雪岩正是驾驭时局的典范。胡雪岩所处的时代为其成功奠定了一个前提环境。

胡雪岩生于1823年（道光三年），卒于1885年（光绪十一年），历经清代道光、咸丰、同治、光绪四朝，适逢一个新旧嬗变、纷纭复杂的大变动时代。

首先，内忧外患交相煎迫，国库极度虚乏，时势需要商人扶危纾难。

近代以前，华夏民族虽与周边异族几经逐鹿，但整个国家的生存、发展并不因此受到威胁，相反，在与异族的冲突中不断维护和扩大了大一统的局面。这使封建统治者滋长了文化优越感，固步自封。近世前期二三百年间，明清专制政权实行闭关和抑商政策，中国错过了从封建社会向资本主义社会过渡的有利时机。到18世纪末、19世纪初，进入"悲风骤至，日之将夕"（龚自珍语）的封建末世，与经过资产阶级革命和工业革命而国力大增的欧美资本主义国家相比，整整落伍了一个

时代。

胡雪岩18岁那年，即1840年（道光二十年），鸦片战争爆发。大不列颠军队挟坚船利炮打败了中国装备落后的八旗、绿营，于1842年8月29日（道光二十二年七月二十四日）逼迫清政府签订中国近代第一个不平等条约——中英《南京条约》。第二年，又订立中英《五口通商章程》和《五口通商附粘善后条款》（又称《虎门条约》）。通过这些条约、章程和条款，英国侵略者强占香港；勒索2100万元赔款（不包括600万元广州“赎城费”）；逼迫中国开放广州、福州、厦门、宁波、上海五口为商埠；规定“值百抽五”的低税率；还攫取了领事裁判权（又称治外法权，即外国人在华犯罪由本国处理，不受中国法律制裁）和片面最惠国待遇。继英国之后，美、法两国分别胁迫清政府签订中美《望厦条约》和中法《黄埔条约》，扩大领事裁判权的范围，并获得在通商口岸自由传教的特权。“墙倒众人推”，中国遭遇国难时，西方其他一些国家如葡萄牙、比利时、瑞典、挪威、荷兰、西班牙、普鲁士、丹麦等，也乘虚而入，与英、法、美“共同分享”侵略特权。

此后的10年间，本来就深受封建统治之苦的百姓又加上了帝国主义压迫这一重负，生活境况更加恶化，纷纷铤而走险。仅《清实录》道光、咸丰两朝所载，1842~1852年，全国武装起义就有92起。1851年1月11日，广东花县人洪秀全，在广西桂平县发动中国历史上最大的一次农民起义——太平天国革命运动。在不到3年的时间内，太平军势如破竹，先在永安建国，继而迅速挺进两湖，奠都南京，接着又溯江西征，挥师北伐，在相当长时间内，占有大片地盘，与清廷分庭抗礼。在此期间，上海与福建的小刀会、两广天地会、红巾军、北方捻军、贵州苗民、云南彝民和回民、陕甘回民、山东白莲教、浙江天地会也纷纷举起反清大旗。

中国内战使列强有隙可乘，他们趁火打劫，先后迫使清政府签订

《天津条约》和《北京条约》。经此变故，外来势力从沿海扩大到长江流域，从华南伸展到东北，中国的领海和内河主权、海关和贸易主权、司法主权受到侵害，特别是公使驻京一条，意味着官派入京的洋人再不是康乾盛世时行面君之礼的“贡使”，而是以条约为护符、恃武力为后盾的公使，这对以“万邦来朝”的“天朝大国”自居的清王朝不能不说是个致命的打击。

道光以后内战外祸的结果使社会生产遭受严重破坏。

与此同时，全国各地的旱、涝、蝗、饥、疫等自然灾害也相当频繁；鸦片走私、战争赔款、内战军费加之各地官员贪污成风，使得清政府财政状况极端恶化。

国库罄悬必使百业受困。19 世纪中下叶正是举办洋务、筹边固防之时，常有请款之奏，而清政府财政捉襟见肘。任何一个政权都需要物质基础做统治基础，晚清财政的窘态为拥有殷实资本的商人介入国事提供了客观前提。

其次，商品经济发展和欧潮澎湃东来冲击着传统的农本商末观念，为商人施展抱负创造了较前宽松的氛围。

中国封建社会大一统的专制政权是建立在小农经济基础之上的，这一本质决定了封建政府对极易引起人口流动、破坏小农经济稳定性的商品经济采取苛刻的态度，奉行以农稼为本、以工商为末的政策。

自汉朝以来，都有轻商的传统，以后各朝均奉行不变。传统的崇农抑商的政策和儒家“不患寡而患不均”的教化，导致了“商为末业”、“商人为四民之末”的观念深入人心，无论政府立国施政还是民间世俗生活一直被“末修则民淫，本修则民悫”的原则所左右。

但是，商品作为一种特定的社会经济载体，起着沟通人与人之间、地区与地区之间联系的纽带作用。社会发展需要商品经济，谁也无法回避这个客观事实。加上封建政权租赋仰给农田，往往竭泽而渔，导致种田勤苦而利薄，经商安逸而利厚，受实际功利的驱使，总有那么一批人会不顾政府的贬黜去闯荡商海，所以商品经济在封建高压下依然有缓慢的发展。到明朝中、后期，已在磨难中出现资本主义萌芽，中国封建社会母体内的变革因素已悄悄萌动。进入晚清，偏离传统轨道的进程因着鸦片战争的爆发而呈现跳跃式的轨迹。战后，由于门户洞开，各国大量输销工业品、掠夺农副产品和工业原料，中国被迫卷入世界市场，男耕女织的自然经济结构首先在东南沿海和长江流域受到冲击。第二次鸦片战争以后，列强通过控制海关、航运、财政、金融等经济枢纽，把经济活动拓展到中国广大腹地，并深入穷乡僻壤，从而进一步加速了中国封建经济的解体。19 世纪 60 年代以后，中国举办洋务新政，开办一批近代军事、民用工业，这就促使传统的以手工劳动为基础的自然经济向以大机器生产为基础的社会化商品经济过渡，社会出现力田稀、服贾繁的局面。

此外，晚清以来，西方物质文明、生活习俗、自然科学和社会科学知识通过洋货输入、传教布道、租界展示、出洋考察和大众传播等各种渠道传入中国，这至少从以下两个方面对中国产生了潜移默化的影响：

一方面，欧潮东渐与商品经济联合冲击传统社会安贫乐道、黜奢尚俭的固有观念，致使去朴从艳、斗富竞奢成为愈演愈烈的社会时尚。因而导致了从商获利成为了一种趋向。

另一方面，西学，即西方资产阶级民主主义文化，包括那时的社会科学和自然科学，广泛传入中国，伴随着民族危机日益加深，人们通过考察中西政教、探究强弱之本，越来越感到学习西方的必要，其中有一条即借鉴西方国家以商立国的经验。

人创造了环境，环境也造就了人。晚清的局面是胡雪岩游走商界的一个社会平台。但仅有这一条是不够的。重要的是，胡雪岩能在这个时代中把握变幻莫测的时事大局，这一点是胡雪岩成为商界巨子的重要因素。

胡雪岩驾驭时局，首先体现在与洋人打交道这件事情上。

随着交往的增多，他逐渐领悟到洋人也不过利之所趋，所以只可使由之，不可放纵之，最后发展到互惠互利，其间的过程都是一步一步变化的。

但胡雪岩的确有一种天然的优势，就是对整个时代的走向有先人一步的了解和把握，所以能先于别人筹划出应对措施。有了这一先机，胡雪岩就能开风气，占地利，享天时，逐一己之利。

当我们说胡雪岩对时事有一特殊驾驭时，我们的意思是，胡雪岩因为占了先机，故能够先人一着，从容应对。一旦和在纷乱时事中茫然无措的人们相比照，胡雪岩的优势便显现出来。

清朝发展到道、咸年间，旧的格局突然受到冲击。洋人的坚船利炮，让一个至尊无上的帝国突然大吃苦头，随之引起长达十几年的内乱。

这一突然变故，在封建官僚阶层引起分化。面对西方的冲击，官僚阶层起初均采取强硬措施，一致要维护帝国之尊严。随后，由于与西方接触层次的不同，引起了看法上的分歧，有一部分人看到了西方在势力上的强大，主张对外一律以安抚为主，务使处处谨慎讨好，让洋人找不到生事的借口。这一想法固然可爱，但又可怜可悲。因为欲加之罪，何患无辞，以为一味地安抚就可笼住洋人，无非是隔了一层的主观愿望。

另一部分人则坚持以理持家，对洋人采取强势态度。认为一个国家断不可有退缩怯让之心，免得洋人得寸进尺。这一派人以气节胜。但在实际事情上仍然难以行得通，因为中西实力差别太大，凡逢交战，吃亏的尽是老百姓。

这两路人都是站在帝国的立场上看洋人，所以可以说都是“隔”了一层的做法。

另外一部分人，因为和洋人打交道多，逐渐与洋人合为一家，一方面借了洋人讨一己私利，一方面借了洋人为中国做上一点好事。这一部分人就是早期的通事、买办商人以及与洋人交涉较多的沿海地区官僚。

对于洋人的不同理解，必然产生政治见解上的不同。与胡雪岩有关的，在早期，薛焕、何桂清、王有龄见解接近，持利用洋人的态度，这与曾国藩等的反感态度相对，形成两派在许多问题上的摩擦。利用洋人，这是薛、何、王的态度，表示担忧和反对，这是曾国藩的态度。胡雪岩因为投身王有龄门下，自己也深知洋人之船坚炮利，所以一直是薛、何、王立场的策划者、参与者，也是受惠者。

到了中期，曾国藩、左宗棠观点开始变化。左宗棠由开始的不理解到理解和欣赏，进而积极地要开风气之先，胡雪岩之洋人观得以有了依托。

基于这种考虑，胡雪岩从来都紧紧依靠官府。从王有龄始，运漕粮、办团练、收厘金、购军火，到薛焕、何桂清，筹划中外联合剿杀太平军，最后，还说动左宗棠，设置上海转运局，帮助他西北平叛成功。由于帮助官府有功，胡雪岩得以使自己的生意从南方做到北方，从钱庄做到药品，从杭州做到外国。官府承认了胡雪岩的选择和功绩，也为胡雪岩提供了他从事商业所必须具有的自由选择权。假如没有官府的层层放任和保护，在这样的一个封建帝国，胡雪岩处处受滞阻，他的商业投入也必然过大。而且由于投入太大和消耗太多，他的经营也不可能形成如此大的气候。

可以看出，胡雪岩对那个时代的时事时局有独到的把握和应对，这也直接决定着胡雪岩事业的巨大成功。

把整个局势全部藏在心中

一项投资能否最终经营成自己的一道财源，要作出准确的判断，并非是一件轻而易举的事。这其中的关键是要有全局判断的能力，要有能在整个局势的盘算中看出必不可易的大方向的眼光。能够“盘算整个局势”，能够看出整个局势发展的大方向，并知道如何“照这个方向去做”，才能使自己立于不败之地。这才叫看得准。

胡雪岩在他的鼎盛时期能纵横商场保持不败，很大程度上就在于他有于复杂局势中见出必不可易的大方向的过人的眼光。比如在蚕丝销洋庄的生意中，就显示了他这种过人的眼光。

为了结交丝商巨头，联合同行同业，以达到能够顺利控制市场、操纵价格的目的，胡雪岩在湖州收购的蚕丝运到上海后，一直囤到第二年新丝上市之前都还没有脱手，而这时出现了几个情况：一是由于上海小刀会的活动，朝廷明令禁止将丝、茶等物资运往上海与洋人交易；二是外国使馆会衔，各自布告本国侨民，不得接济、帮助小刀会；三是朝廷不顾英、法、美三国的联合抗议，已经决定在上海设立内地海关。

这些情况对于胡雪岩正在进行的生丝销洋庄的生意来说，应该是有利的。一方面新丝虽然快要上市，但由于朝廷禁止运往上海，胡雪岩的现有囤积也就奇货可居；另一方面，朝廷在上海设立内地海关，洋人在上海做生意必然受到一些限制，而从洋人布告本国侨民不得帮助小刀会，和他们极力反对设立内地海关的情况看，他们是迫切希望与中国保持一种商贸关系的。此时胡雪岩联合同行同业操纵行情的工作已经大见成效，继续坚持下去，迫使洋人就范，将现有存货卖出一个好价钱，一定不是太难。

但正是在这个节骨眼上，胡雪岩毅然决定将自己的存丝按洋人开出的并不十分理想的价格卖给洋人。

作出这一决定，就在于胡雪岩由当时出现的各种情况，看出了整个局势发展必然会出现的前景。当时太平天国已成强弩之末，洋人也敏感地看到这一点，从他们的态度看，他们事实上已经决定与朝廷接续“洋务”了。同时，虽然朝廷现在禁止本国商人与洋人做生意，但战乱平定之后，为了恢复市场，复苏经济，“洋务”必得继续下去，因而禁令也必会解除。按历来的规矩，朝廷是不与洋人直接打交道从事贸易活动的，与洋人做生意还是商人自己的事情。正是从这里，胡雪岩看出了一个必不可易的大方向，那就是，他迟早要与洋人长期合作做生意。在胡雪岩看来，中国的官僚们从来不会体恤为商的艰难，不能指望他们会为商人的利益与洋人去论斤争两，因此，与洋人的生意能不能顺利，最终只能靠商人自己的运作。既然如此，也就不如先“放点交情给洋人”，为将来留个见面的余地，因此，即使现在自己暂时无法实现控制洋庄市场的目标，也在所不惜了。

这就是胡雪岩眼光精明之所在。这一票生意做下来，他确实没有赚到钱，但由于有这票生意“垫底”，胡雪岩也确实为自己铺就了一条与洋人做更大生意的道路。事实上，胡雪岩在这一笔生意“卖”给洋人的交情，马上就为他赚来了与洋人生丝购销的3年合约，为他以后发展更大规模的洋庄生意，为他借洋债发展国际金融业，总之为他驰骋十里洋场，留下了一个很好的开端。

（三）取争性格：在关键时刻显威力

沉住气，才能成大器

经商总要承受压力，遇到这种情况，胡雪岩该怎么办？一句话要沉住气！“气，乃神也；气定，则心定，心定则事圆。”这句古训道出了一个人沉住气在事业中的重要作用。胡雪岩因此而受到启发，把“沉住气”作为自己生意场上的一个手段。他常说：“千万要沉住气。今日之果，昨日之因，莫想过去，只看将来。今日之下如何，不要去管它，你只想着我今天做了些什么，该做些什么就是了。”

但现实生活中，人有时候很容易沉不住气，危机出现的时候容易沉不住气，事情太顺了也容易沉不住气。比如王有龄，进京捐官成功，由于有何桂清的保荐，回到杭州很快就得到了海运局坐办的实缺，而在胡雪岩的全力帮助下，涉及王有龄自己以及整个杭州官场人物前途的漕米解运的麻烦，也一举圆满解决。这个时候又恰逢湖州知府出缺。湖州为有名的生丝产地，丰饶富庶，是一个令许多人垂涎的地方。王有龄由于漕米解运的事，已经在杭州得了能员之称，这使他一下子又得了湖州知府的肥差。不仅如此，他还同时得到了兼领浙江海运局坐办的许可。一切如意，他实在是太顺利了。

如此顺利，使王有龄自己都不能相信自己的运气会如此之好，他对胡雪岩说：“一年工夫不到，实在想不到有今日之下的局面。福者祸所倚，我心里反倒有些嘀咕了。”还是胡雪岩大气得多。他对王有龄说：

千万要沉住气。今日之果，昨日之因，莫想过去，只看将来。今日之下如何，不要去管它，你只想着我今天做了些什么，该做些什么就是了。”

胡雪岩的这番话，不外乎是说人要不为荣辱得失所动、不要过多地去想自己面对的得失，而应该把眼光往远处看，更注意该做必做的事情。这番话虽然是具体针对王有龄的沉不住气说的，但却也实在说出了一番应对人事的大道理。人确实要有一点这种不为荣辱所动，不被得失所拘的大气。一时的得失荣辱虽并不能都轻轻松松全看作过眼云烟，但比较而言，一时的荣辱得失无论如何比不上该做必做的事情重要。人总是要往前走的。只有做好当下该做必做的事情，才是往前走。再说，一时的荣辱得失，其所得所有，必有它该得该有的缘由。俗话说，没有无由的福祉，也没有无由的灾祸，所谓“今日之果，昨日之因”，即如王有龄的“运气”，其实也是他与胡雪岩的一系列努力“做”出来的。从这一角度看，也就没有必要去为这得或那失犯“嘀咕”了。

在生意场上，要“沉住气”，还表现在能够遇事不惊。遇事不惊，必凌于事情之上；达观权变，当安守于糊涂之中泰然处之。不泰然处之不能息弭事端，只能生事、滋事、扰事、闹事；不泰然处之不能力挽狂澜，只能被卷入漩涡之中，抛于险浪之巅。

遇事不惊，要做到独自一人时，能超然物外；与人相处时，能和蔼可掬；无所事事时，能语默澄静；处理事务时，能雷厉风行；得意时，能淡然坦荡，失意时，能安之若素。

胡雪岩就是一个很能沉得住气的人。阜康挤兑风潮波及杭州，在杭州主事的螺蛳太太本来是一个很有主见也很能干的人，但她也被突如其来的灾难“震”得不知所措了。就在这时，胡雪岩回到杭州。他来到钱庄的时候，正遇店里开饭，他居然还有一份“闲情逸致”去看伙计们的饭桌。见伙计们的饭桌上只有几个平常的菜，他居然还有心思嘱咐钱庄“大伙”谢云清，说是天气冷了，该用火锅了。他要谢云清把冬至以后才用火锅的规矩改一改，照外国人的办法，以气温的变化做标准，冬天寒暑表多少度吃火锅，夏天寒暑表多少度吃西瓜。虽然这种关心店员生活的情形以前也有，但在面临破产倒闭的关头还能如此沉得住气，连那些伙计们都感到十分惊异。

胡雪岩能够如此沉得住气，就在于他能够将得失心丢开的大气。他知道事业不是他一人创下的，出现现在的局面，当然也不是他一个人的过失，今日之果得自昨日之因，这个时候陷于得失之中不能自拔，不仅于事无补，甚至更加坏事。他告诉自己，不必怨任何人，甚至连自己都不必怨，只想现在该做什么，怎么做，这才是至关重要的。事实上，他由自己沉得住气而来的冷静，使他在危机来到的时候选择的措置手段大体都还是有效的，比如他那使伙计们惊异的“看饭桌”，对于稳定军心就起到了很好的作用。只是客观情势已经不允许也不能够起死回生，再好的手段也只能维持一时，而无法从根本上解决问题罢了。

在商言商，生意人当然不能不计得失。但许多时候，特别是危机出现的时候，生意人又确实比任何人都需要将得失抛开，因为只有这样，才能真正沉得住气。如果为眼前得失所拘，甚至斤斤于得失不能自拔，就很可能被眼前得失所惑而陷于一种迷乱之中，对于眼前该做必做的事情都看不清了。

善于在各种情况下看出戏来

一个心细的生意人，其性格是办事要谨慎，要出手不凡。胡雪岩的经商之智不是从天上掉下来的，而是自己磨炼出来的。他之所以心细过人，气吞山河，是因为他有一股争天下的激情，善于在各种情况下看出戏来。

胡雪岩的钱庄办起来之后不久，王有龄也得以顺利地外放州县。

王有龄外放湖州知州，胡雪岩送他到湖州上任。三吴之地，水网四通八达，由杭州到湖州，自然船行水路比陆路车马方便，因此，这一行，胡雪岩又雇请了阿珠家的客船。胡雪岩在阿珠家的客船上与阿珠娘一夕交谈，也促成了他涉足生丝生意的决心。

江浙一带，本就是著名的生丝产地，清政府在苏、杭专门设置“织造衙门”，杭州下城一带，更是机坊林立。苏杭一带的女子，十一二岁便学会养蚕缫丝，养蚕人家一年的吃喝用度，乃至婚丧嫁娶的大事开销，都大体得自每年三四月间一个“蚕忙”季节的辛苦。缫丝织绸自然也有很大讲究。丝分三种，上等茧子缫成细丝，中等的茧子缫成肥丝，剩下的则仅成等外的粗丝。织绸则一定要以肥丝为纬，细丝为经，粗丝是不能上织机的。王有龄外放州县的湖州就是江浙一代有名的蚕丝产地，产出的细丝号称“天下第一”，湖州南浔七里所产“七里（缉里）丝”，据称可与黄金等价，连洋人也十分看好。

说起来，胡雪岩在此之前其实已经动了做生丝生意的念头。他本来就是杭州人，自然不会不知道湖州生丝的好处，也不会不知道生丝生意有钱好赚，只是此前他既没有资本和条件来涉足这一行生意，同时，也确实是不太懂这门生意。这次送王有龄赴任至湖州，而湖州正是阿珠的家乡，阿珠娘虽已随阿珠爹经营一条客船十几年，但自小耳濡目染，也颇懂得一些关于养蚕、缫丝甚至茧、丝生意的事情。

旅行途中与阿珠娘船上一夕交谈，胡雪岩实在大开眼界。他仔细地了解了一些有关养蚕缫丝的常识，比如土法缫丝是怎么回事；比如丝分三种等等，也知道了专做生丝生意的茧行、丝行的一些门道，比如带了现银到产地去买丝的叫“丝客人”，在产地开丝行收购新丝从中取利的叫“丝主人”；比如丝行之中当地买当地用的小户叫“用户”，专做中间转手批发生意的叫“划庄”，这一行中还有专和洋鬼子做丝生意的“广行”、“洋庄”。

除此之外，他还知道了做丝生意其实也没什么了不起的诀窍，不过就是一要懂得丝的好坏，二要了解丝的行情。虽然丝价每年有起落，但收新丝总是便宜而有赚头的。而且，丝价的行情，其实多半是做出来的，往往掌握在几个大户手里，取决于大户的操纵。比如主要做蚕茧生意的茧行，同行有“茧业公所”，新茧上市，哪一天开秤收茧，哪一天封秤停收，以至于蚕茧价格，都是同行公议，不得私自变更。蚕农出卖蚕茧，无论在哪里都是一个价，而且就是这个价，愿意就愿意，不愿意拉倒。而事实上在这一方面，胡雪岩相信自己无疑是个行家。

在了解这些情况之后，胡雪岩立马就和阿珠娘商量，自己出资请阿珠父亲出面做“丝主人”，在湖州开一家丝行，自己做“丝客人”，并要求他们此次一回湖州就着手一切事宜。他这样安排，一是因为王有龄已经被派湖州知州，自己要避嫌，二来也是他准备将来就以代理的湖州公库的资金买丝，然后在杭州脱手解藩库，这样等于是无本生意。

胡雪岩有句话：“顶要紧的是心细。”这话道理很深。胡雪岩所说的眼光，从常理上看，不外乎一是要看得“准”，能在别人看不到“戏”的地方看出“戏”来，比如胡雪岩由战事影响银价起落看到钱庄的前景，就可谓看得准；二是要看得“开”，不能只把眼睛盯在自己熟悉的那一行当。比如胡雪岩做钱庄，却在生丝一行看到了自己可以一为的天地，就得之于他的眼界开阔。从经营范围的选择和拓展的角度说，这后一点似乎还特别重要。不过，这里还能给我们启发的，也有胡雪岩过人的气魄和胆识。一个没有在商场上开疆拓土的气魄的商人，绝不可能在本业之外看到自己还有可以一为的天地，因为他的气魄本身就会限制了他的见识，他也就既不会有眼光的“准”，更不可能有眼光的“开”。比如同是开钱庄，信和的张胖子和胡雪岩同乘过阿珠家的客船，也同样熟悉湖州，但他就是想不到要去做丝生意。生意人与生意人的不同，从这里就可以清楚地看到了。

巧妙摆脱危机显睿智

做生意时时存在危机，因为做生意，成功的把握总是相对的，失败的可能才是绝对的。没有人愿意自己正在进行的生意出现危机，但从来没有一个不出现危机的生意人。那么，当问题来的时候，应该如何应对呢？胡雪岩认为，越怕越误事，索性大胆去闯，反倒没事。因此，胡雪岩摆脱危机的策略，与人不同，这取决于他敢拼敢闯的性格。

杭州被太平军团团包围，此时已经做到浙江巡抚的王有龄，率杭州军民据城坚守，已达一个多月。王有龄派胡雪岩冒死出城筹办粮食，自己守在城中，决不弃城图存。之所以如此，一是因为全城军民的眼睛都注视在他的身上，容不得他逃；二是即使有机会能够逃出，不仅已经吃过的苦头都算白吃了，而且还会像在常州做了逃将的何桂清，为朝廷议罪严办，落个菜市口斩首示众——王有龄其实也是逃无可逃。除上面两点外，还有一点，那就是被围城中，与外界不通消息，因而也不知情况严重，在王有龄心中，事实上还存有一丝侥幸，以为朝廷不会坐视杭州危局不理，一定会派援军解杭州之围。援军一到，自然可以得救。

其实，杭州的情形，从外面看，才知道实际上已经没救了。当时太平军由忠王李秀成带领，是以主力大军进攻浙江，以巩固江浙根据地，同时解南京被围的压力，因而是志在必得。而杭州被围之后，官军虽有李元度率衢州新军驰援，但实际上在太平军的全力堵截之下进兵艰难，绝不是指日可待。同时，即使他们能够打到杭州，也并不一定能够击退重重围住杭州的太平军。

从杭州历尽艰辛到上海办粮的胡雪岩，综合各种情况，心里已经明白杭州破城只是迟早的事，也知道王有龄与杭州玉碎“殉节”已成定局。但他不顾古应春、七姑奶奶夫妇的劝阻，仍然要将在上海采办的10000石大米，冒死运去杭州。

古应春夫妇劝阻胡雪岩的原因，自然是此行凶多吉少。此时江苏、浙江大部分地区已为太平军占领，自上海至杭州，一路上太平军关卡重重，而胡雪岩在江浙一带本就负有盛名，几乎无人不知，甚至在太平军兵将中，都有许多人知道他。而认识他的人也不在少数，因而几乎没有办法隐匿自己的身份。如果被太平军认出，而且被他们知道是为杭州城里的军民送粮，则将必死无疑。另外，杭州被围，与外界联系已经完全断绝，即使粮食运到杭州城下，也没有办法送进城去。

但胡雪岩认为，一来是信用所在，二来要尽到心力，无论如何，此行断无取消之理，因而必有一“闯”。至于危险，胡雪岩说了一段既是安慰古应春夫妇、同时也是很有道理的话，他说：“我当然不会闯到死路上去。我说的闯，是遇到难关，壮起胆子来闯……这一路来，我遇到太平军，实在有点怕，现在我不怕了。越怕越误事，索性大胆去闯，反倒没事。”

胡雪岩的这番话，当然不是指商事运作过程中发生不利的情况甚至危机时应该怎样做。但他从自己的亲身经历中得到的经验，所谓“遇到难关，壮起胆子来闯”，所谓“越怕越误事，索性大胆去闯，反倒没事”，用于商事运作中危机到来之时，也是十分合适的。

这里实际上说到了一个人在面临危机遇到难关时必备的心理素质的问题。在危机到来的时候，确实需要有能够“壮起胆子”而处变不惊的强健的心理素质。能够“壮起胆子”，才能镇静，从容应对，才有可能真正冷静而准确地判断局势，为自己找到一条“闯”过危机的路来。假若不能处变不惊，由惊慌必至失措，导致措置不当而在危机之中陷入更深，以至于不能自拔无可救药。许多生意人在关键时刻棋输一着，多数时候其实就输在心理素质上。

当危机出现时，索性闯它一闯，也许会有一线生机。勇往直前永远是强者的武器。

△ 胡氏取大性格之现代释用（一）

兴衰不惊，必有大成

胡雪岩经商处变不惊，而且越是风险大，他越是敢于挑战。这就是说，兴衰不惊是做大商人的资本。但是有些商人做不到这一点，所以常常失败。在竞争日益激烈的现代社会，商人更需要有兴衰不惊的心态，这样才有可能做大自己的生意。且看：

迪斯尼的创始人华特·迪斯尼于1901年12月5日出生于美国芝加哥市。他的少年时代是在本顿学校度过的，他最喜欢的是画画。1917年，华特充分展示了他的艺术天分，从而成为中学校刊《金声》杂志的一名漫画家，他的漫画经常被采用，他还同时担任《金声》杂志的摄影。后来华特参了军，到了法国。当第一次世界大战结束时，他回到美国踏出了事业的第一步。

他和他的伙伴乌比决定开创自己的事业，于是在1919年成立了依维克·迪斯尼广告公司。乌比负责办理绘制普通画和美术字等业务，而华特则负责漫画创作和扩展业务。但不幸的是，依维克·迪斯尼公司只维持了一个月。

华特得为生计考虑，于是加盟了堪萨斯市电影广告公司。在这家公司里，华特第一次接触卡通电影。华特的创新精神使他在电影广告公司脱颖而出，他制作的《欢笑卡通》片使他在堪萨斯市小有名气，电影公司的老板以他为荣。

在取得初步的成功之后，华特和乌比再次走到一起，组建了欢笑卡通公司，先后制作了五部影片《不来梅的四位音乐家》、《杰克和豆茎》、《金发小女孩和三只熊》、《靴中的猫》和《灰姑娘》。但这家公司还是很快地破产了。

华特决定到好莱坞创业，他得到他哥哥洛衣·迪斯尼的支持，兄弟俩成立厂迪斯尼兄弟制片厂。他还动员乌比离开堪萨斯市来到好莱坞。1924年5月下旬，华特完成了爱丽丝喜剧第一套六部的制作，受到了观众和影评家的一致赞赏。华特此时信心更足了，他决心要在好莱坞干出一番事业来，于是推出了以兔子为明星的影片系列《幸运兔子奥斯华》，同样受到了很高的评价。

在《幸运兔子奥斯华》后，制片厂没有承接到别的业务，又面临生存危机。华特不得不再次苦思冥想。在一次回加州的火车上，华特突然有了某种艺术上的灵感，那就是著名的米老鼠。

很快地，他就推出了两部米老鼠片——《疯狂飞机》和《骑快马的高卓人》。尽管发行人的反映不错，遗憾的是没有得到订单。但华特决不气馁，决定摄制有声卡通《汽船威利》和《谷仓之舞》。然而尽管华特深信这些米老鼠有声卡通片会引起轰动，却依然得不到订单，华特百思不得其解。

演艺界老手哈瑞·莱琴伯一语道破天机："没有观众的反映，那些家伙根本不知道什么算是好片子。"

华特决定在戏院推出自己的米老鼠系列。1928年11月18日，《汽船威利》在莱琴伯的戏院上演，引起前所未有的轰动，各界一致为这第一部有声卡通叫好。

华特乘胜追击，把《疯狂飞机》和《骑快马的高卓人》也配上了音，这些片子推出时也大获成功。

米老鼠开始受到越来越多人们的欢迎，华特成立了米老鼠俱乐部。到1931年，米老鼠会员已达到100万。米老鼠的狂热，给华特带来极高的知名度和滚滚财源。

米老鼠图形还受到各行各业的重视，旅馆要求准许把米老鼠的像印在写字桌上，一家工厂要求制造米老鼠的手帕……许许多多的制造商和推销商要求将米老鼠像印在商品上。米老鼠似乎还有起死回生的功能。原来制造玩具电动火车的莱恩公司，已经向法院申请准备破产，后来制造带有轨道的米奇和米尼发条火车，在4个月之内销售253万部，奇迹般扭转了形势。

米老鼠为什么如此受人欢迎呢？华特认为："米奇是个好人，从不使坏心术。他常身陷困境，但最后总能化险为夷，而且面带笑容。"华特认为米老鼠有鲜明的个性："米老鼠虽然小，却有着和卓别林一样的想法——虽然是小人物却要尽力而为。"

华特知道必须更多地创造出知名角色。到1932年，除了米尼和米奇外，唐老鸭、笨狗布鲁图、贺瑞斯马和母牛克娜贝也都成为知名角色。1933年出品的影片《三只小猪》，使卡通片事业又向前跨了一大步，小猪的角色受到热烈欢迎。

1932年，华特因为推出了第一部彩色卡通片《花与树》而获得了电影艺术科学院第一次为卡通片颁发的金像奖。同时，米老鼠获得了特别奖，华特的成就得到了政府的肯定。

1934年，华特意识到摄制卡通长片的时机到了。他很早就预料到终有一天要拍摄卡通长片，他相信自己制片厂的能力不仅仅是摄制8分钟长的全是玩闹打趣的卡通影片。

1936年，华特集中了制片厂的所有杰出人才摄制《白雪公主》。他亲自监督和指导每一阶段的工作，征求大家的意见。

《白雪公主》于1937年12月21日在美国洛杉矶哥特圆环戏院首映，获得了巨大成功。以200万张画片组合起来的《白雪公主》，在80分钟里充分显示了它的娱乐价值。观众反响非常热烈。

《白雪公主》在短短的三个星期内打破了洛杉矶城音乐厅票房的所有记录。其中的7个小矮人，尤其是“笨瓜”，立刻就成为观众喜爱的对象。电影中的歌曲，像《嘿嗬，我们上班去》和《工作中吹口哨》，每天都在各家电台广播。

《白雪公主》第一次发行就赚了800万元，这是非常了不起的成就。要知道那时候的电影票价是2.3元，而绝大部分观众是小孩，只收1角钱。后来此片还获得了一个特别的金像奖——一个带有7个小金像的金像人。

《白雪公主》的成功表明，要在继续拍摄短片的基础上，以长片作为创作的中心。于是，华特又创作了三部内容和风格都完全不同的卡通片。

第一部影片是《木偶奇遇记》，第二部是《幻想曲》，第三部是《小鹿班比》。但不幸的是，这些影片制作成本非常高昂，尽管卖座率还不错，但华特还是赔了一大笔钱。

这时第二次世界大战爆发了，战争给娱乐业带来极大的冲击。战争结束时，华特欠债430万元。他努力寻求新的发展方向。

经过苦苦思索，华特找到了新的出路：“只有使影片项目多元化才能解决危机。不能只坚持拍卡通电影，而必须同时转向真人电影的拍摄。”

华特和工作人员们一起克服了技术上的重重困难，摄制了一部有70%真人戏、30%卡通的《南方之歌》，其成本为212.5万元，利润却只有22.6万元，不过在亚特兰大首映时，引起的轰动不亚于《乱世佳人》。主角获得了特别奖，其中的主题曲还获得了1964年的金像奖。

后来华特拍摄了第一部真人影片《金银岛》以及另一部卡通长片《绿野仙踪》，反响非常不错。

许多自然科学家看到了华特在制片方面的成功，愿意和华特合作。

一位加州大学名叫内华斯的学生与华特合作，制作了一部10分钟的短片《沙漠奇观》，结果大获成功。该片投入30万，收入400万，是迪斯尼制片厂最赚钱的一部影片。

1954年，华特又有了新的想法，他认识到了电视的威力，“以前我们兴旺发达，正是因为我们敢于冒险、勇于创新，我们的事业不能停滞，我要把我的精力和才华投到电视节目中去。”他宣布要制作电视节目，这引起很大的骚动。

当时，电视作为一种新的大众传播工具很不受重视，许多大制片商认为与电视合作，会毁了电影院的生意。

但华特与众不同，他看到了电视在推销影片中的重大作用。华特通过制作电视节目，使迪斯尼制片厂曾有的知名角色重新大放光芒，迪斯尼角色获得永恒的魅力。

△ 胡氏取大性格之现代释用（二）

出手迅猛，大目标就在眼前

胡雪岩经商重在实现自己的大目标，并且把大目标始终落在具体行动上，所以常能出手迅猛，以实现每一个具体的环节为重点，结果度过了重重困难。实际上任何一个商人的成功之路都是很艰难的。在艰难的奋斗中，机会也是很多的。只要把握住机会，就能达到目标。

亚蒙·哈默是美国西方石油公司的董事长，是一位颇具传奇色彩的人物。在西方，他是点石成金的万能富豪，又是第一个与十月革命后的苏维埃俄国合作的西方企业家。

哈默于1898年5月21日生于美国纽约市。他的曾祖父弗拉基米尔是俄国犹太人，曾在沙皇尼古拉一世时以造船而成为巨富。到哈默的祖父雅各布娶妻生子时，一场台风引起的海啸把家财冲刷得荡然无存。1875年，雅各布带着妻子和儿子朱利叶斯移居美国。20年后，在一次郊游中，朱利叶斯与一个年轻的寡妇罗丝一见钟情。他们婚后生下的第一个孩子就是亚蒙·哈默。1917 年，哈默入读哥伦比亚医学院。

一天，父亲找到哈默，告诉儿子一个坏消息：他倾其积蓄投资的制药公司濒临破产。而且他本人因身体不好，特别是还想继续行医，没有精力去顾及公司的管理，因此，他要求儿子去当公司的总经理，但不许他退学。哈默勇敢地迎接了挑战。为不误学业，哈默邀请一个家境贫困而学习优异的同学住在一起，免费供给对方食宿，条件是这位同学每天去上课，晚上把白天的笔记带回给他，供他应付考试和写论文。他重新制定了公司的经营方针和推销方法，组织了一支强有力的推销员队伍，并把公司名字也改为响亮的“联合化学制药公司”。原本岌岌可危的公司终于被哈默从破产边缘拯救过来，产品畅销全国，公司开始跻身于制药工业的大企业行列。

这时，哈默做了一件令人震惊的事情，即去苏俄访问。十月革命后，哈默的父亲作为俄罗斯后裔，且又是美国共产党的创始人之一，对苏俄十分关注，并向被封锁的苏联红色政权提供过生活必需品。但由于一次医疗事故，1920 年 6 月，哈默的父亲受审入狱。年轻气盛的哈默决心完成父亲未遂的愿望，到父亲出生的国家，去帮助苏联战胜正在那里蔓延的饥荒和伤寒。

哈默于 1921 年初夏到达苏联。看到苏联乌拉尔地区大量的白金、宝石、毛皮卖不出去，而粮食又严重短缺，一个大胆的计划在哈默头脑中形成。他联想到当时美国粮食大丰收，粮价下跌，便提议：以 100 万美元的资金，在美国紧急收购小麦。海运到彼得格勒，卸下粮食后，再将价值 100 万美元的毛皮和其他货物运回美国。哈默的建议很快被苏联高层采纳，列宁亲自回电表示认可这笔交易，并请哈默速抵莫斯科。

到达莫斯科的第二天，哈默就受到了列宁的接见。为使年轻的苏维埃得到休养生息，列宁格外重视哈默的提议。从此，他们之间结下了真挚而深厚的友谊。列宁鼓励哈默投资办厂，允许他开采西伯利亚地区的石棉矿，从而使他成为苏俄第一个取得矿山开采权的外国人。

美苏的易货贸易由此开始。哈默组织了美国联合公司，沟通了30多家美国公司，他俨然成了苏俄对美贸易的代理人。哈默在苏俄度过了将近10年。苏俄成了这位美国青年从百万富翁变为亿万富翁的发迹地。

但是，哈默一生中最活跃的时期却是1931年从苏联回美国后开始的。哈默返美时，正值30年代美国经济大萧条，但他却认为是赚钱的机会到了。他捕捉到一个清晰的信息：罗斯福正在走向白宫总统的宝座。如果他当选，那么，1919年颁布的禁酒令将被废除。这将意味着全国对啤酒和威士忌的需求激增，酒桶的市场将会呈现出空前的需求，而当时市场上却没有酒桶出售。哈默当机立断，立即从苏联订购了几船优质木材，在纽约码头设立了一座临时的桶板加工厂，并在新泽西州建立了一座现代化的酒桶厂。禁酒令废除之日，也正是哈默制桶公司的酒桶从生产线上源源滚下之时，他的酒桶被各制酒厂用高价抢购一空。哈默乘胜而进，进军制酒业，开始经营威士忌酒生意。他接连购买了多家酿酒厂，采取大幅度削价和大做广告等手段，很快战胜了所有的竞争对手。他的丹特牌威士忌酒一跃而成为全美第一流名酒，年销售量高达100万箱。

哈默有爱好吃牛排的习惯，正是这一习惯，把他引入了另一个领域，即养牛业，并大获成功。

哈默闯入养牛业颇为偶然。有一次他埋怨市场上买不到优质牛排，他的一名雇工就建议去买头牛杀了吃。牛买回来了，却是一头怀上小牛的母牛。哈默认为自己还不至于馋到杀怀孕母牛的地步，于是就交待下人把牛放养在庄园里。正巧哈默的邻居是一位养牛专家，专门培育安格斯良种牛。他不仅替哈默买回的那头母牛顺利接产，而且时隔不久又让这头母牛与他的公牛交配，生下了具有安格斯种牛优良品质的小牛。哈默经这一事件的触发，头脑中闪现出新的商业脑电波：以酿酒的副产品饲养种牛，岂不是化残渣为黄金之举么？

于是，哈默迅速筹建了一家繁殖种牛的大牧场，并花上10万美元买下了本世纪最好的一头公牛——“埃里克王子”。在随后的3年中，仅靠埃里克王子就繁殖了上千头牛犊，其中包括6头世界冠军，为他赚了200万美元。哈默也从此由养牛的门外汉变为种牛业公认的领袖人物。

1956年，哈默58岁。他在商战中积累的财富，多得连他自己也数不清。他确实打算从商界隐退，安享晚年。然而，一次偶然的机会，充满诱惑力的石油业把他吸引了，他又一跃成为扬名世界的石油巨子。

当时在加利福尼亚州有一家濒临破产的西方石油公司，其实际资产只有3．4万美元、3个雇员和几口快要报废的油井，公司的股票每股只卖18美分。有人向哈默建议，投资这家石油公司。因为根据美国政府对石油业的倾斜政策，用于尚未出油的油井的资金无需报税。对于想退休的哈默来说，他无意收购这家公司，还借给了西方石油公司5万美元，让他们再打两口井。如能出油，利润双方对半分成；如果不出油，哈默投入的这笔资金就作为亏损从应缴税款中扣除。意想不到的是，两口井都出油了。西方石油公司的股票一下子涨到每股1美元，哈默也尝到了甜头，开始涉足石油业。不久，哈默成了这家公司的最大股东。1957年7月当选为西方石油公司的董事长和总经理。

哈默凭着自己多年的经验，冒着巨大的风险，开始建立一个石油王国。他招兵买马，聘请到最优秀的钻井工程师和最出色的地质学家，1961年终于在加利福尼亚钻探到两个巨大的天然气油田。西方石油公司的股票价格一路上涨到每股15美元，公司的实力也足以与那些世界上较大的石油公司抗衡了。

1974 年，他的西方石油公司年收入为 60 亿美元。到 1982 年，西方石油公司已成为全美第 12 个大工业企业。

1972 年，74 岁高龄的哈默与苏联做成了一项长达 20 年的 200 亿美元的化肥生意，把美苏贸易推向了高峰。哈默捕捉到了信息，捕捉到了机会。他适时出手，迅速暴富。

[七]

胡氏守信性格
只看到眼前的人，永远是鼠辈

经商是有等级的，大商人不看重眼前利益，而是从长远出发，舍小取大；小商人则常为蝇头小利弄得兴奋不已，挣一点小钱就笑得前仰后合，浑身抖动，结果还是个小摊贩。有些人能明白这两点，但做到前者困难，做到后者容易，这与他们的性格顽症有关。有些人天生就爱往小钱眼里钻，不知道大商人的大计划、大步骤，这种贪小的性格，是成就不了大事的一道屏障。大商人则明白：贪小会失大，只有把“大”字装在心中，才能让自己的生意经越念越大。

胡雪岩杜绝被小利打动，虽然他知道大利润是从小利润而来的，但掉进小利润的圈中拔不出来，一定会丢了西瓜捡了芝麻，这就叫小家子气。在他看来，一个人固有的贪小性格，是被眼前的利益蒙住了双眼，而失去大的作为。因此，求大的性格是许多商人必须要学习的，尽可能通过几次实战个案，扭转自己的小性子，而让自己看得开、想得远。

（一）守诚性格：做好人才能经好商

时时以诚信为经商之道

商人就要讲商业道德，其诚信乃商业道德中的大问题。商业伦理道德是商业调整内部和外部关系的行为规范的总和。它有善与恶、公与私、正义和非正义、诚实与虚伪几种道德范畴为标准。

胡雪岩创办的杭州胡庆余堂之所以声名卓著，与北京的同仁堂并驾齐驱，也在于遵循“诚信为本”的商业宗旨，取信于民。

胡庆余堂创立于1874年，为讲求制药质量，专设金锅银铲炼药器具。在药堂的营业厅内挂有两块巨匾，一块朝着顾客，上书“真不二价”四字，另有一块面对柜台，上刻胡雪岩亲笔手书“戒欺”二字，旁边有一段小字：“凡是贸易均着不得欺字，药业关系性命，尤为万不可欺。余存心济世，誓不以劣品巧取厚利。唯愿诸君心余之心，采办务真，修制务精，不致欺余以欺世人，是则造福冥冥，谓诸君之善为余谋也可，谓诸君之善自为谋亦可。”

这两块别出心裁的匾额既标榜了胡庆余堂的经营宗旨，又给顾客以诚实可信的印象。经过多年的发展，胡庆余堂“雪记”招牌成为货真价实的代号，深受广大顾客的信赖。

胡雪岩当初创办庆余堂，虽起于西征将士所需要成药及药材，数量极大，向外采购不但费用甚巨，而且亦不见得能够及时供应，他既负责后路粮台，当然要精打细算，自己办一家大药店，有省费、省事、方便三项好处，并没有打算赚钱，后来因为药材地道、成药灵，营业鼎盛，大为赚钱。但盈余除了转为资本扩大规模以外，平时对贫民施药施衣，历次水旱灾荒、时疫流行，捐出大批成药，亦全由盈余上开支，胡雪岩从来没有用过庆余堂的一文钱。

由于当初存心大公无私，物色档手的眼光，自然不同。第一要诚实。庆余堂一进门就高悬着一副黑漆金字的对联："修合虽无人见，存心自有天知。"因为不诚实的人卖药，尤其是卖成药，材料欠佳，分量不足，服用了会害人。其次要心慈。医家有割股之心，卖药亦是如此，时时为病家着想，才能刻刻顾及药的品质。最后当然要能干，否则诚实、心慈，反而成了易于受欺的弱点。

这样选中的档手，不必在意东家的利润，会全心全力去经营事业，东家没有私心，也就引不起他的私心，加以待遇优厚，亦不必起什么私心。

由于有这些管理上的前因摆在那里，所以胡雪岩失败之时，庆余堂不因胡雪岩的失败而影响营业，庆余堂的档手也没有借着胡雪岩的失利而趁火打劫。相反的，庆余堂的伙计们都有一致的议论：胡雪岩种下了善因，必会结得善果，他一时垮下去，但早晚会再爬起来。所以，所有店员都一如既往，正常去店里上班、维持店子的正常运行。

和胡雪岩的典当、钱庄里的档手、伙计比起来，胡雪岩在庆余堂树立了商业的良好规范，回报的是店员的一片诚心和热情。胡雪岩自身也醒悟到，商业上若没有恪守良训，必不能有长远坚实的发展。

做人无非是讲个信义

信用、信义是一个人立身行事之本。孟子说："人而无信，不知其可也。"一个不能仗义而行全无诚信可言的人，一定会为众人所不齿。

不过，在一般人的眼中，商人似乎是一个例外。在我们大多数人看来，商人似乎都偷奸耍滑，都是靠了偷奸耍滑、尔虞我诈赚取钱财的，因而商人无信义可言，譬如大多数人都会不假思索地接受“无商不奸”的说法。甚至许多生意人自己也抱定这样一种看法，以为没有一副心狠手辣的肚肠，缺少几分坑蒙拐骗的伎俩，不懂一点取巧投机的技巧，就赚不来钱，至少赚不来大钱。因此，许多生意人自己也能接受从商必奸的说法。

在胡雪岩的经商生涯中，他经常说：“做人无非是讲个信义。”其实，做生意与做人，本质上应该是一致的，一个真正成功的商人，往往也应该是一个信义之人。比如胡雪岩，就可以称得上是一个一等一的仗义守信的成功的商人，也可以说他的仗义守信，正是他能够获得比一般人大得多的成功的重要条件。

胡雪岩的仗义守信从下面这件事情上我们可以略见一斑。

胡雪岩的钱庄开业不久，接待了一位存入阜康 12000 两银子却既不要利息也不要存折的特殊客户。这位客户名叫罗尚德，是驻杭州绿营的千总。罗尚德是四川人，在老家时，是一个赌徒，定下婚约不提婚期，却因为好赌，前后用去岳丈家 15000 两银子，最后岳丈家提出只要罗尚德同意退婚，宁可不要这 15000 两银子。这一下刺激了罗尚德，他不仅同意退婚，并发誓做牛做马也要还上这 15000 两银子。罗尚德后来投军，辛辛苦苦 13 年熬到六品武官的位置，自己省吃俭用，积蓄了这 12000 两银子，如今已经接到命令要到江苏与太平军打仗，没有亲眷相托，因而拿来存入阜康钱庄。他将银子存入胡雪岩的阜康钱庄，既不要利息，也不要存折，一是因为相信阜康钱庄的信誉，他的同乡刘二经常在他面前提起胡雪岩，而且只要一提起来就赞不绝口。二来也是因为自己要上战场，生死未卜，存折带在身上也是一个麻烦。

得知这一情况，胡雪岩当即决定，第一，虽然对方不要利息，自己也仍然以3年定期存款的利息照算，3年之后来取，本息付给15000两银子。第二，虽然对方不要存折，也仍然要立一个存折，交由刘庆生代管。因为做生意一定要照规矩来。

罗尚德后来果然在战场上阵亡了。阵亡之前，他委托两位同乡将自己在阜康的存款提出，转至老家的亲戚。罗尚德的两位同乡没有任何凭据就来到阜康钱庄，办理这笔存款的转移手续，原以为会遇到一些刁难或麻烦，甚至恐怕阜康会就此赖掉这笔账。不想阜康除为了证实他们确是罗尚德的同乡，让他们请刘二出面做个证明之外，没费一点周折，就为他们办了手续，这笔存款不仅全数照付，而且还照算了利息。

这就是重信用、重信义。其实，当时罗尚德手上没有任何凭据，后来到阜康帮助罗尚德来办理这笔存款取兑手续的人，也同阜康没有一点关系，倘若否认这笔存款，当然是别无人证。这种做法虽然确实非常下作不义，但事实上在商场上也并不是没有。阜康却不肯这样做。就是从这一点上，我们也能看到胡雪岩仗义而守信用的人品。

胡雪岩的注重信义，自然不是那种侠客义士的所谓散财行义。他的重信义，归根到底还是为了他的生意，说穿了，也就是为了更多地去赚，更好地去赚。这也正好见出胡雪岩精于经商之道的一面。我们知道，商务运作中买卖双方的关系，就是一种交换关系。这种交换，本质上应该是一种互利互惠的自愿交换，只有以自愿为原则，以互利为目的，这种交换关系才能长期保持，也才会有生意的兴隆。俗话说，“信义通商”、“诚招天下客”，能以自己的信用诚实招来天下客，生意也就没有不兴隆的道理。比如阜康付出了罗尚德的那笔存款，就引来了大批的存进。两个帮罗尚德办理取兑手续的同乡回到军营讲了自己在阜康的经历，使阜康的声誉一下子就在军营中传开了。许多绿营官兵把自己的积蓄甘愿“长期无息”地存入阜康钱庄。事实上，商务动作中是最要讲究信用的，没有信用，坑蒙拐骗，偷奸要滑，生意最终不会长久。

胡雪岩在生意场上信奉“赌奸赌诈不赌赖”。“赌奸赌诈不赌赖”是旧时流行于赌馆牌桌上的一句行话。它的意思是你可以运用你所能运用的任何手段去击败对手，只要你做得高明巧妙不被人发现，即使机巧奸诈也都可以被允许。但必须愿赌服输，下出的任何赌注都必须兑现，不得反悔。

不讲信用就是赖。

胡雪岩借用这句话，批评他在杭州钱庄的档手谢云清在挤兑风潮开始时不卸排门做生意。

上海发生挤兑风潮，阜康钱庄不得不关门停业，由此引发的后果第二天就波及杭州。杭州钱庄里所存现银仅有40万两，如果挤兑风潮席卷而来，明显无法支撑。此时胡雪岩还在回杭州的船上，回到杭州至少还得两天，杭州只有钱庄档手谢云清和螺蛳太太。此时他们也有些乱了阵脚，两人商量之后，认为除了暂时歇业等待胡雪岩归来，再没有更好的办法。于是由杭州府出面，贴出告示，告示坦言“由于时事不靖，银根难得宽裕，周转一时不灵”，故而停业3天，待胡雪岩回杭，即会照常开门，应付裕如。没有料到的是，告示一出，实际上马上激起了极大风波，在阜康有存款的客户纷纷涌到阜康钱庄，要求立即提现，幸亏有曾得胡雪岩资助的杭州府书办周少棠见义勇为挺身而出，才没有闹出太大的乱子。

其实，螺蛳太太与谢云清商量暂时关门停业，也都有他们各自可以理解的考虑。在螺蛳太太来说，是想能够就此先为胡雪岩保住阜康钱庄现存的几十万两现银，留作万一无可挽回时东山再起的资本。上海既已在挤兑开始之后不久就提前关门停业，说明事态已经非常严重，她不能不为胡雪岩做最坏的打算。在谢云清则是一方面将希望寄托在胡雪岩的身上，另一方面有一个可以回旋的时间对于存款大户做些安抚，同时调动可以调动的头寸，以应付危局，不致众怒一起，造成更大的损失。当然，这种想法，本质上与螺蛳太太的想法也是一样的。总之，他们都是为胡雪岩着想。

不过，在胡雪岩看来，无论如何，这都是对客户不守信用，是在做“拆烂污”的事情。钱庄对客户的信用，就是为客户着想，对客户的信托负责。不管在什么情况下，客户都有权向钱庄依约索回自己的存款，想通过关门停业拒绝客户提现，希望以此为自己留一条后路，就是最大的不讲信用。同时，以通行的规矩，钱庄要为客户提供一切可能提供的方便，随时满足客户的提款要求。因此，不卸排门做生意，本身也是不讲信用。

守信用，是做人之本

在已经开始出现危机的时候，胡雪岩还大包大揽，答应为左宗棠办两件事情：一件是为他筹饷，一件是为他买枪。

左宗棠回到朝廷入军机，以大学士管兵部，受醇亲王之托整顿旗营，特地保荐新疆总兵王德榜教练火器、健锐两营。此时左宗棠又受朝廷委派筹办南洋防务，为加强实力，已派王德榜出京到湖南招募兵勇。预计招募6000人马，至少需要4000支火枪。同时，招募来的新兵粮饷虽说有户部划拨，但首先就要有的一笔开拔费总是不能少的，略略一算就是25万两。左宗棠西征时，在上海设了一个粮草转运局，由胡雪岩代领转运局的事务。这一个转运局，直到左宗棠西征结束回到朝廷，也并没有撤销。这个时候，左宗棠自然又要想到胡雪岩。

胡雪岩虽然答应下这两件事情，但实际做起来却很有些棘手。棘手之处首先还是一个钱字。左宗棠此前为粤闽协赈已经要求胡雪岩拨给20万两现银，如今又加了25万两。同时，转运局存有的洋枪只有2500

支，所缺之数要现买。按当时价格，每支枪需纹银18两，加上水脚，1500支需银30000多两。几笔加起来，已近50万两之多。若在平时，这50万两银子对于胡雪岩也许并不是特别的为难，但现在情况已经大不相同了。其一，由于中法纠纷，上海市面已经极其萧条，加之胡雪岩为控制生丝市场投入2000万两用于囤积生丝，致使阜康钱庄也是银根极紧，难于有能够调动的头寸。其二，为了排挤左宗棠，不让他在东南插足，李鸿章已经定计在上海搞掉胡雪岩，授意上海道卡下各省解往上海的协饷。这一部分协饷，原是用来归还胡雪岩为左宗棠经手的最后一笔洋行贷款的。这一笔洋行贷款的第一期50万两还款期限已经到了。

境况如此不好，本来胡雪岩可以向左宗棠坦白陈述这些难处，求得他的谅解，即使推脱不了这两件事，至少也可以获准暂缓办理。但他却不愿意这样做。他知道左宗棠虽然入了军机，但事实上已经老迈年高，且衰病侵扰，在朝廷理事的时日不会太多，自己为他办事也许这是最后一次了。自结识左宗棠之后，他在左宗棠面前说话从来没有打过折扣，因而也深得左宗棠的信任。他不能让人觉得左宗棠已经没有什么可以仰仗了，自己也就可以不为他办事了。更重要的是，为人最要紧的是收缘结果，一生讲究信用，为自己创下牌子，最后为一件事就把牌子砸了，实在是不划算，自己也绝不甘心。

胡雪岩在对左宗棠的态度上，至少有两点很可以让我们感佩：

第一，绝不用完就扔，过河拆桥。胡雪岩结识左宗棠，从他作为一个生意人来说，他是将左宗棠作为可以利用、倚靠的官场靠山来“使用”的，他也确实从这座靠山得利多多。但是，他也绝不仅仅只是将左宗棠作为能靠就靠，靠不住了就弃之他投的单纯的靠山，因而即使自己已经处于极其艰难的境地，他也要完成左宗棠交办的事情。从个人品德上来说，这不能不让人感佩。

第二，维持信用，始终如一。他绝不愿意一生注重信用而到最后为一件事使这信用付之东流。因此，即使到了真正是勉力支撑，而且岌岌可危的时候，宁可支撑到最后一败涂地，也要保持自己的信誉、形象。

胡雪岩认为，无论是从做人的角度看，还是从做生意的角度看，这两点其实都非常重要。一个生意人的信用，既要看他在某一桩具体生意运作过程中的守信程度，更要看他一贯的信誉状况。生意人的信誉形象是由他一贯守信建立起来的。而且建立信誉形象难而破坏信誉形象易，一次的信用危机，足以使用一辈子的努力建立起来的信誉形象彻底坍塌。这是任何一个生意人都不能不时刻注意的。

（二）守真性格：千万别抱有欺人心理

“戒欺”——做大商人的基本要求

胡雪岩认为，做名气不是光去做花架子，仅靠花架子做出来的名气，是不可能长久的，反而会失去信任和尊重，会把自己逼入死胡同，以至于很难重新再来。要做名气，还是要像胡雪岩认真老实地做出自己的“金字招牌”。

胡庆余堂开办之初，胡雪岩做名气的方针，也就是要做出自己的“金字招牌”，换句话说，他要的是靠做出一块不倒的“金字招牌”，建立起真正的名气，而要做出真正的名气，其实也很简单，也就是两个字——“戒欺”。

在胡庆余堂药店的大厅里，挂有一块黄底绿字的牌匾。这块牌匾不像药店大堂上那些给上门顾客观赏的对联匾额，一律朝外悬挂，而是正对着药店坐堂经理的案桌，朝里悬挂。这块牌匾叫作“戒欺”匾，匾上的文字是胡雪岩亲自拟定的：

“凡是贸易均着不得欺字，药业关系性命，尤为万不可欺。余存心济世，誓不以劣品巧取厚利。唯愿诸君心余之心，采办务真，修制务精，不致欺余以欺世人，是则造福冥冥，谓诸君之善为余谋也可，谓诸君之善自为谋亦可。”

不用说，这块“戒欺”匾实际是给药店档手和伙计们看的。匾上所言，是胡雪岩对于自己药店档手、伙计的告诫、警醒，也是他确立的胡庆余堂的办店准则，那就是：第一，“采办务真，修制务精”，即方子一定要可靠，选料一定得实在，炮制一定得精细，卖出的药一定要有特别的功效。第二，药店上至“阿大”（药店总管）、档手，下到采办、店员，除勤谨能干之外，更要诚实、心慈。只有心慈诚实的人，能够时时为病家着想，才能时时注意药的品质。这样，药店才不会坏了名声，倒了牌子。

旧时药店供顾客等药休息的大堂上常挂一副对联：“修合虽无人见，存心自有天知。”说的是卖药人只能靠自我约束，药店是赚良心钱。这里的“修”，是指中药制作过程中对于未经加工的植物、矿物、动物等“生药材”的炮制。生药材中，不少都含有对人体有害的有毒成分，必须经过水火炮制之后方可入药。而这里的“合”，则是指配制中药过程中药材的取舍、搭配、组合等，它涉及药材的种类、产地、质量、数量等因素，直接影响药物的疗效。中国传统中成药“丸散膏丹”的修合，大都沿袭“单方秘制”的惯例，常常被弄得神神秘秘的，不容外人窥探。而且，由于这“单方秘制”的成品品质的良莠优劣，不是行家里手，一般人又难以分辨出来，如果店家存心不正，以次充好，以劣代优，或者偷减贵重药材的分量，是很容易得手的，因而自古以来就有所谓“药糊涂”一说。正是因为上面这些原因，所以也才有了“修合无人见，诚心自天知”。

不诚实的人卖药，尤其是卖成药，用料不实，分量不足，病家用过，不仅不能治病，相反还会坏事。这个道理，胡雪岩自然是心知肚明，这也才有了那方“戒欺”匾上“药业关系性命，尤为万不可欺”的警诫。不仅如此，在《胡庆余堂雪记丸散全集》的序言中，也写上了类似的戒语：“大凡药之真伪难辨，至丸散膏丹更不易辨！要之，药之真，视心之真伪而已。……莫谓人不见，须知天理昭彰，近报己身，远报儿孙，可不敬乎！可不慎乎！”从这里，我们真可以见出胡雪岩在

"戒欺"立业上的用心良苦。

按胡雪岩的说法:"'说真方,卖假药'最要不得。"他要求胡庆余堂卖出的药,必须是真方真料且精心修合。比如当归、黄芪、党参必须采自甘肃、陕西,麝香、贝母、川芎必须来自云、贵、四川,而虎骨、人参,则必须到关外去购买,即使陈皮、冰糖之类的材料,也决不含糊,必得是分别来自广东、福建的,才允许入药。而且胡雪岩还要求,要叫主顾看得清清楚楚,让他们相信,这家药店卖出的药的确货真价实。为此,他甚至提议每次炮制一种特殊的成药之前,比如修合"十全大补丸"之类,可以贴出告示,让人来参观。同时,为了让顾客知道本药店选料实在,决不瞒骗顾客,不妨在药店摆出取料的来源,比如卖鹿茸,就不妨在药店后院养上几头鹿,这样,顾客也就自然相信本药店的药了。

这才是真正做出了"金字招牌"。

胡雪岩的做法,归总一句话,也就是靠诚实无欺来建立起自己真正的名气。这里当然也有为了让自己的诚实无欺能被别人知道而热热闹闹玩出的花样,比如贴告示让人来参观,比如在后院养上一头鹿,这就是别人没有的花样,但说到底,这些花样也都是一种用诚实无欺来"擦"亮自己招牌的手段。一个有战略眼光的实业家,他的事业取得成功,决不是靠坑蒙拐骗,而是靠诚实不欺、靠信誉、靠切切实实满足客户需要。过去许多商家门脸上都会挂上"诚实招来天下客,无欺誉揽万人心"的对联。对联道出的确实是一个使自己的"金字招牌"永不倒的简单"诀窍"。

生意场上做名气,翻出新花样,做得热闹些,总是需要的。但热闹只是手段,诚实才是根本。

抓住“真不二价”的经商原则

做生意，同行之间的竞争总是免不了的，如何打好价格战呢？胡雪岩的办法是按“真不二价”办事。

胡庆余堂开办之初，就遇到了杭州城里许广和、叶种德两家药号明里暗里与他展开的竞争。

这许广和、叶种德本是杭州城里两家最大最老的药号，而且也分别都有自己的看家本领。只是胡庆余堂开办伊始胡雪岩采取的那些组织送药、修合公开、养鹿取茸等招式，很快就收到了极好的效果，以至于马上就显出了极旺的势头，每日里顾客盈门，且杭州附近州县的百姓也都慕名而专至胡庆余堂买药，大有雄霸杭州一方的气势。胡庆余堂的生意好了，许、叶两家的生意自然也就清淡了许多，于是他们也得想办法争取顾客。这两家药店自恃自己历史长，实力也不弱，决定与胡庆余堂打一场价格战，希望通过压价销售“拼”垮胡庆余堂。叶种德的老板率先降价，胡庆余堂的高丽参每两二钱银子，他们只卖一钱七，胡庆余堂的淮山药每两五厘纹银，他们只卖四厘……如此等等。顾客自然是捡便宜的买，于是叶种德药号确实又拉回了很大一批顾客。

按一般的做法，胡雪岩大约是应该以牙还牙，与许、叶两家打一场价格战，而且，此时的胡雪岩其实也有能力和他们拼价格。胡庆余堂药店真正开办起来的时候，胡雪岩已经有钱庄、典当做后盾，如果他要与许、叶两家打价格战，甚至有可能一举挤垮他们。但是胡雪岩没有采取这种普通的做法。在胡庆余堂的“阿大”向他报告了由于许、叶两家故意压价而使胡庆余堂营业额下降的情况的第二天，他不仅没有将自己的药材降价，反而在大堂上挂出了上书“真不二价”四个烫金大字的牌匾。

胡雪岩的做法显然是受了“韩康不二价”的故事的启发。相传韩康是古代一位深谙医道、遍识百草的采药人。这韩康以采药、卖药为生，每日里上山采药，然后把采得的药材挑到集市上出售。集市之上自然少不了讨价还价，而有些心术不正的卖药人常常以次充好，本就不是货真价实，因而也允许顾客讨价还价。唯独韩康不准还价。他对与他还价的顾客说：“我的药值这个价，我也只卖这个价。这就叫真不二价。”那些买药人吃那种讨价还价买来的药数帖不能见效，而吃了韩康的药，一两帖就能除病，自然也就相信了这“真不二价”的实在。“韩康不二价”的故事也便传扬开来，韩康的生意也越来越好。

胡雪岩挂出“真不二价”的牌匾，也就是要向顾客作出承诺：胡庆余堂卖出的药绝没有半点掺假。而他心里也十分清楚，压价销售，实际上只是权宜之计，绝不可能持久。因为药材的价格是明摆着的，做生意总不能为了挤垮对方而让自己一直亏本经营。这样下去，不等挤垮别人，自己先就垮掉了。而要想自己不因为压价而亏本，唯一的办法就是以次充好，以劣代优，也就必然导致卖出的药品质量同步下降。“顾客心里一杆秤。”药是治病的，卖出的药药效不好甚至根本不能治病，药号名声跟着也就垮掉了，最后吃亏的还是自己。“我就是要告诉顾客，我胡庆余堂卖的就是韩康的‘方子’，货真价实——这才是做生意的长远之计。”

胡雪岩确实深谙商业竞争之道。商业竞争过程中，价格竞争自然也是一种可用而且也的确可以收到一定效果的方式。同样品质的商品，如果价格上占有优势，在市场竞争中也必然会占有相应的优势。但是，这里关键还是在一个“真”字，价廉的同时必须物美，必须货真。如果在价廉的同时降低商品品质，甚至以假冒伪劣蒙骗顾客，可以收效一时，但绝不可能长久。而且，价廉还必须以不损害自己的商业利润为前提，即可以通过薄利多销去争取市场占有率，但不能以加大亏空的方式去占有市场，因为这样做去，本身就违背了商业目的，因而也是不能长久的。

建立在货真价实基础上的真不二价，对于巩固和提高消费者对于所经营的商品的信任度来说是可以起到很好的引导作用，真不二价是建立良好品牌形象的重要措施。诚如胡雪岩所说："说真方，卖假药，最要不得。"

（三）守情性格：人情是一个保温桶

不讲“情”、不讲“义”，注定没有真心朋友

胡雪岩面临的帮派势力，既包括漕帮这样的旧势力，也包括像小刀会这样的新势力。胡雪岩从来没有以改造天下为己任，所以他对漕帮，是以取得信任、共同活好的态度处之。对小刀会，则像对待太平军一样，是通过官府、帮助官府来镇压他们，以保证自己的商业利益不受损害。他在漕帮中层层渗透，放出交情，取得他们的信任和支持。后来有相当大的几笔生意，都多亏了漕帮势力出手相助，才得以顺利做成。有了漕帮的认可，胡雪岩也就在乱世有了“黑”社会力量的靠山，这也是胡雪岩保证其商业能顺畅发展的一个重要举措。

胡雪岩在江湖上办事，很注重情、义二字，他做生意的原则就是有情有义。在生意往来中，他经常替对方的难处窘境着想；对方见胡雪岩如此义气，也把他当作朋友，视为知己，对他的口碑甚好，乐意和他在生意中往来。正因为他广结江湖朋友，所以在生意场中屡屡成功。而他在江湖中做生意的成功，则是从他赴上海买商米代垫漕米开始，那时他才初涉江湖。

自从王有龄上任海运局坐办后，抚台交托王有龄去上海买商米来代垫漕米，以期早日完成浙粮京运的任务。漕米运达的速度，与江南诸省地方官的官命关系甚大。至于买商米的银款，由胡雪岩出面，到他原来

的钱庄去争取垫拨。

在松江，胡雪岩听到他们的一位朋友说，松江漕帮有十几万石米想脱货求现。于是他弃舟登岸，进一步打听这一帮的情形，了解到松江漕帮中现管事的姓魏，人称“魏老五”。胡雪岩知道这宗生意不容易做，但一旦做成，浙江粮米交运的任务随即就可以完成，可减免许多麻烦。所以他决定亲自上门谒见魏老爷子。

胡雪岩在他的两位朋友刘老板和王老板的带领下，来到了魏家。时值魏老爷子未在家，只其母在家，她请三人客厅候茶。只见到魏老爷子的母亲，刘、王二老板颇觉失望，然胡雪岩细心观察，发现这位老妇人慈祥中透出一股英气，颇有女中豪杰的味道，便猜定她必定对魏老爷子有着很深的影响力，心下暗想，要想说动姓魏的，就全都着落在说服这位“老巾帼”身上了。

胡雪岩以后辈之礼谒见，魏老太太微微点头用谦逊中带着傲岸的语气请三人喝茶，一双锐利的眼光也直射胡雪岩。当三人品了一口茶之后，魏老太太开门见山地问道：“不知三位远道而来，有何见教？”

胡雪岩很谦卑地说道：“我知道魏当家的名气在上海这一带是响当当的，无人不晓。这次路过，有幸拜访，并想请魏大哥和晚辈小饮几杯，以结交结交友情。”

寒暄过后，在魏老太太的要求下，胡雪岩也不便再拐弯抹角，把这次的来意向魏老太太直说了。听完胡雪岩的话后，魏老太太缓缓地闭上眼睛。胡雪岩感觉到整个空气似乎凝固了，时间过得很慢。良久，魏老太太又缓缓地睁开眼睛，紧紧地凝视着胡雪岩说道：“胡老板，你知不知道，这样做是砸我们漕帮弟兄的饭碗？至于在裕丰买米的事，虽然我少于出门，但也略知一二，胡老板有钱买米，若裕丰不肯卖，道理可讲不通，这点江湖道义我还是要出来维持的。倘若只是垫一垫，于胡老板无益可得，对于做生意的，那可就不明所以然了。”

听了魏老太太的话，胡雪岩心里并没有灰心，相反却更加胸有成竹地大声说道："老前辈，我打开天窗说亮话。如今战事迫急，这浙米京运可就被朝廷盯得紧了，如若误期，朝廷追究下来不但我等难脱罪责，我想漕帮也难辞其咎吧！为漕帮弟兄想想，若误在河运，追究下来，全帮弟兄休戚相关，很有可能被扣上通匪的嫌疑，魏老前辈可对得起全帮弟兄?"

江湖中，"义"字当头。胡雪岩以帮里义气相激，正好击中魏老太太的要害之处，使得魏老太太不得不仔细思量。

胡雪岩再三强调其中道理，魏老太太听完之后，终于心中暗肯，于是吩咐手下人将儿子魏老五叫来。

过不多久，一男子风尘仆仆地冲了进来，只见他约莫40上下，个头不高，但浑身肌肉饱满黝黑，两眼目光也是如鹰一样，内行人一见便知是个厉害角色。此人正是漕帮现在的执事魏老五。魏老五向魏老太太请安后，魏老太太引见了胡雪岩和刘、王二位老板，看着老人家对胡雪岩三人的尊敬劲，魏老五也很客气地称呼胡雪岩为"胡先生"。

魏老太太说："胡先生虽是道外之人，却难得一片侠义心肠。老五，胡先生这个朋友一定要交，以后就称他'爷叔'吧。"

老五很听话地改口叫道："爷叔。"

"爷叔"是漕帮中人对帮外至交的敬称，漕帮向来言出必行，虽然胡雪岩极力谦辞，但魏老五喊出第一声"爷叔"，其余的人也就跟着齐呼"爷叔"。

当晚，魏家杀鸡宰鹅，华灯高掌。魏老太太、魏老五、胡雪岩，刘、王二位老板频频举杯，以祝友谊。就这样，凭着胡雪岩的三寸不烂之舌，很快就与漕帮的龙头老大魏老五由初识而结成莫逆之交。以魏老五的威信，胡雪岩买米的事已不成问题。

在与魏老五的关门弟子尤老五、也就是现行的漕帮老大商谈买米一事中，胡雪岩见尤老五面露难色，只是迫于师父魏老五的面子不好讲，所以口头上虽然答应了，心里面却是十二分的不愿意。见此情景，胡雪岩并没有乘人之危，买了米就走。他打开天窗说亮话，告诉尤老五："有什么难处您只管说，不然我胡雪岩就不买这批米了。"尤老五见胡雪岩如此直爽，也没什么顾虑了，就把自己心中的隐衷对胡雪岩一吐为快。原来自从官粮海运以后，漕帮的处境十分艰难，目前正是缺银少钱的时候，他们需要的是现钱，而胡雪岩的"买"只是一时的权宜之计，待官粮收齐后，又要退还漕帮，现在买，只是一时的周转之计，以后到漕帮手里的还是米，这使尤老五很为难，但魏老五已经答应下来了，他也不敢有所怨言。

胡雪岩了解到这种情况后，马上与出资买米的钱庄总管张福康商量，看钱庄能不能待漕帮以后把退还的米卖掉后再收回现在支出的银两，而不是一俟退米之后，就急于收回银两。张福康知道胡雪岩是值得信赖的人，二话没说就答应了。

尤老五的难处解决了，他自然非常高兴，也极为欣赏胡雪岩的为人。于是，买米的事很快就谈妥了。

胡雪岩这次不仅仅买到的是米，还买到了与尤老五的"情"。自此以后，尤老五对胡雪岩"唯命是听"，只要是胡雪岩的货，漕帮绝对是优先运输。所以胡雪岩的货运向来畅通无阻的来往迅速。不仅如此，尤老五还把他在漕帮中了解到的商业信息，及时向胡雪岩汇报。胡雪岩有此商业"密探"，自然增加了对商场情况的了解，在商业活动中抢占了不少有利时机。

作为一个商人，胡雪岩对待江湖势力有着正确的态度。在胡雪岩的眼里，江湖势力并非都是蛮不讲理，随意黑吃黑，他们也有江湖道义可讲，所以他对江湖势力便以"花花轿儿人抬人"的态度相待。也就是：我处处替你考虑到了，你总不能无动于衷，作出不仁不义的事来。而且，胡雪岩看到江湖势力与商业成败之间存在着密切的联系，处理得不好，只会给自己增添许多麻烦，处理好了，则可能使自己在商业场中顺风顺水，大展鸿图。事实证明，胡雪岩的处理是极为成熟，也极为成功的。

最愚蠢的是欠“人情”账

对于合作伙伴，不仅要有一笔“钱财账”，还要有一笔“人情账”。让我们来看看胡雪岩是如何处理这两者之间的关系的。

早在少年时期，胡雪岩就注意人与人之间的“人情账”，他把人情看得比钱财更重要。

还在做学徒时，胡雪岩的一个朋友从老家来杭州谋事，病倒于客栈中。房租饭钱已经欠了半个月，还要请医生看病，没有 5 两银子不能出门。

胡雪岩自己薪水微薄，但又不忍心看着朋友困顿无助，就找到一个朋友那里。朋友不在，胡雪岩只得问朋友的妻子，看她是否能帮一个忙。

朋友之妻见胡雪岩人虽落魄，那副神气却不像倒霉的样子，家眷也是个贤慧能助男人的人，就毫不犹豫地借了 5 两银子给他。

胡雪岩很有志气，从腕上捋下一只凤藤镯子，对朋友之妻说：“现在我境况不好，这 5 两银子不知道啥时候能还，不过我一定会还。镯子连一两银子也不值，不能算押头。不过这只镯子是我娘的东西，我看得很贵重。这样子做，只是提醒我自己，不要忘记还人家的钱。”

后来胡雪岩发达，还了这 5 两银子。朋友之妻要把镯子还给胡雪岩。胡雪岩却认为，这笔“钱财账”虽然还上了，但背后的“人情账”

却没有还上。他说："嫂子，你先留着。我还掉的只是 5 两银子，还没有还你们的情。现在你们什么也不缺，我多还几两银子也没太大意义。等将来有机会还上您这份人情了，我再把镯子取走。"

后来这位朋友生意上遭人暗算，胡雪岩闻讯后出面相助。朋友幸免于难，朋友之妻再次要还镯子，胡雪岩这才收下。

"钱财账背后的'人情'，向来是比钱财更重要的。"胡雪岩认识到这一点，也受益于这一点。当年王有龄落魄时，胡氏冒着危险给他送去 500 两银子，后来王发迹之后，不仅还掉了 500 两银子，还还了胡雪岩一份人情，这份人情成了胡雪岩创业的资本。

但是当"钱财账"与"人情账"互为消减的时候，胡雪岩向来是将后者作为第一考虑的，他宁可舍去钱财，做个人情。

为了能做成洋庄，胡雪岩在收买人心、拉拢同业、控制市场、垄断价格上可谓绞尽脑汁、精心筹划。他费尽心机周旋于官府势力、漕帮首领和外商买办之间，而且还必须同时与洋人和自己同一战壕中心术不正者斗智斗勇，实在是冒了极大的风险，终于做成了他的第一桩销洋庄的生丝生意，赚了 18 万两银子。然而，这也不过是说来好听，因为合伙人太多，开支也太大，与合伙人分了红利、付出各处利息、做了必要的打点之外，不仅分文不剩，原先的债务没能清偿，而且还拉下 10000 多两银子的亏空，实际上甚至连账面上的"虚好看"都没有，等于是白忙活一场。尽管如此，胡雪岩除了初算账时有过短暂的不快之外，很快也就释然了。而且，他断然决定即使一两银子不赚，也该分的分，该付的付，决不能亏了朋友。

这分、付之间胡雪岩获得的效益实在是太大了，它不仅使合作伙伴及朋友们看到了在这桩生意的运作中胡雪岩显示出来的足以服众的才能，更让朋友们看到他重朋友情分，可以同患难、共安乐的义气。且不说这桩生意使胡雪岩积累了与洋人打交道的经验，和外商取得了联系并有了初步的沟通，为他后来驰骋十里洋场和外商做军火生意以及借贷外资等，打下了基础；同时，通过这桩生意，他与丝商巨头庞二结成牢固的合作伙伴关系，建立了他在蚕丝经营行当中的地位，为他以后有效地联合同业控制并操纵蚕丝市场创造了必不可少的条件。仅仅从这分、付之间显示出来的重朋友情分的义气，使他得到了如漕帮首领尤老五、洋商买办古应春、湖州“户书”郁四等可以真正以死相托的朋友和帮手，其“收益”就实在不可以金钱的价值来衡量。可以说，胡雪岩所有的大大发迹的大宗生意，都是在他们的帮助下做成的。因此，可以说，在这一笔生意上，胡雪岩的“钱财账”是亏了，而“人情账”却大大地赚了一笔。前者的数目是有限的，后者却能给他带来无尽的机会与钱财。

说到底，处理好钱财账与人情账的关系，也是商场“关系学”中的必有之义。商事活动中，许多时候确实不能仅仅在金钱上算自己的赚赔进出账，仅仅在自己的赚赔进出账上打“小九九”，也许能凭着精细的算计获得一些进益，但却很难有大的成就。相反，有时在钱财的赚赔上洒脱些、大气些，常常会收到意想不到的而且往往是更大、更长远的效益，给你带来更大的成功。胡雪岩不在乎银钱上的赚赔出入，分、付之下获得如此的效益，让人不能不佩服他的大气和远见。假如他只盯着自己银钱上的进出而一毛不拔或为自己多留一点儿，是否最终会得不偿失呢？

而更为难能可贵的是，胡雪岩有着“责人宽，律己严”的胸怀，对待钱财和人情的问题，如果他亏了，他会大量地将其化作人情；但如果亏的是对方，他一定会坚持感情归感情，生意归生意，这也是他的信用的一个重要体现。这种做法，使得生意伙伴之间在利害关系上获得一种相互的约束，因此，它也是一种合作伙伴及朋友间必要的信用保证。

胡雪岩做生意时特别注意这一点。他与庞二合作，做成了第一笔生丝销洋庄的生意，并且在这笔生意的运作过程中，发现了庞二在上海丝行的档手朱福年的“毛病”。胡雪岩不仅收服了朱福年，很好地处理了因为朱福年而在生意过程中发生的问题，且在这些问题的处理过程中显示出自己精明的生意眼光和为人仁厚的品性。庞二在与胡雪岩的合作中，对胡雪岩的为人，由了解而至心悦诚服，因此，他想让胡雪岩完全加入自己的生意，帮自己全权照应上海的丝行。庞二想出的办法是由他送胡雪岩股份，算是胡雪岩跟他合伙，这样也就有了老板的身份，可以名正言顺地为他管理上海的生丝生意了。

能够彻底与庞二合伙，就当时的情况而言，当然是胡雪岩求之不得的。但胡雪岩表示他不赞成吃“干股”这一套花样，既然庞二同意让他入股，他就必须拿出现银做股本。他的实力不如庞二，可以只占两成，庞二拿40万，他拿10万，而且还要立个合伙的合同。胡雪岩的想法很明确，感情是感情，生意是生意，不能一概而论搅在一起夹缠不清。由于照顾朋友的情分，一时作出慷慨的决定，以后也许后悔而且还有说不出的苦。朋友相交，如果到了这个地步，也就一定不能善始善终，而生意上的合作也不会有好结果。

这样处理这件事情，自然是高明的。从合作的角度看，胡雪岩拿出这10万两现银的股本，与庞二订立合伙的合同，双方也就有了明确的责任和信用关系，而这一种朋友关系之外的责任信用关系，正是他们长期合作的保证。

在实际中，生意伙伴之间也的确需要信用的保证。这种保证当然可以是合作伙伴之间的朋友感情。但生意场上仅有感情是不够的，还需要有感情之外的按规矩来的保证，中国有句老话叫作“亲弟兄，明算账”，说的就是这个道理。而这句话中透出的人们由生活经验而来的智慧，也的确是商场中应该遵循的至理名言。

胡雪岩不同凡响之处，在于他能根据不同的事情，不同的条件去区别对待，恰到好处地处理“钱财账”与“人情账”的关系。

△ 胡氏守信性格之现代释用（一）

以诚相待，看到做生意之本

胡雪岩经商打出诚信这张牌，实在是做生意的明智之举。为什么要这样做呢？因为诚信乃做人的基本原则，做人如此，做生意也不例外，诚信的态度，是增加企业信用的条件。古今中外，唯有以义立业，以诚经商，以信待人，才是经营者成功的秘诀。也可以说这是一种规律，具有普遍意义，应成为经商者们共同遵守的准则。市场经济应是信用经济、契约经济，应把守信作为企业立身之本。做人讲义守信，就会赢得人心。大商人尤其以诚信为本，去经营自己。这是一个硬道理！

全日本家用电器销售店约有5万家，其中约有3万家是属于“松下”系统的，在世界各地，“松下”的代理店更是不计其数。

看来，代理商都极愿意与松下进行业务往来。这难道仅是因为松下的产品价廉质优，能赢得顾客吗？还有什么别的原因呢？

那还是松下的电冰箱出口之初。

一次，一批松下产的冰箱运抵香港，香港代理店收到货后，发现这批货的包装破得乱七八糟。破烂的包装有损商品在顾客眼里的形象，又不方便顾客提货和运输，投不投放市场都将给代理店带来严重的后果。

代理商急成了热锅上的蚂蚁。他派代表火速飞往松下总部所在地大阪，要约见松下的负责人。

松下公司对此十分重视，几位最高领导人同时会见了这位代表。听完了他的陈述后，当即承认那批货包装不良，表示承担由此造成的一切责任。代表这才松了一口大气。

后来，这个香港的代理商成了松下最忠实的代理商之一。

代理商们曾这样评论松下：表面看来，两者之间是一种商业联系，但归根结底，人与人之间的联系才是最基本的。松下让人感到人与人之间的温暖，这在其他公司是难得的；代理店提出要求，如质量或价格方面的意见，松下能知错就改；松下对代理店，真正做到了态度和蔼、感情亲切。

这些评论的言下之意都是：既然松下这样支持我们，我们代理店能不全力以赴吗？

松下这样对待它的代理店是因为它明白，代理店是处于各大公司之间的弱小者，也是顾客与自己之间的弱小者，如果不支持他们，并且言而无信，他们就会倒向自己的竞争对手，或者自己失去顾客。

其实，代理商的职业决定了他们比企业主更了解市场行情，精明的生意人都喜欢同代理商和睦相处，甚至同他们交朋友。

从他们口中，可以得到自己想知道的市场情报，例如各类商品的价格、某种产品的销路、市场竞争的形势以及其他状况。毕竟不管自己对此研究多么精深，只有代理商才能深入了解到竞争对手内部的经营和管理状态。

与代理商以诚相待，以信相交，并支持他们，他们就会努力为自己卖力，就等于扩大了自己的势力，这正是“假途伐虢”精义之所在。

△ 胡氏守信性格之现代释用（二）

在价格上做文章

胡雪岩虽然是个生意人，但他懂得经商必须懂得制定价格的策略，但不管怎样，都不能欺骗顾客。与之对比，我们不妨看一下现代经商中的价格术：

价格是市场机体内最灵敏最灵活的细胞，企业产品的定价是营销过程中非常重要的决策。产品定价的过程中应该考虑许许多多的因素，而企业正处于不利的竞争状态时，更需要考虑多方因素，以求在市场的价格战上稳扎稳打，力求出奇制胜。定价过程中企业要考虑企业的营销目标，究竟为赢取更多的利润还是为占有更大的市场，相应地产品定价就要高价量少或是薄利多销。市场需求与价格之间有着微妙的关系，企业处于低谷就更应注意二者之间的互动。定价的合理巧妙与否会影响消费者的购买，从而影响企业整个的复兴战略。定价高于消费者所愿提供的价格将导致产品销售困难；反之，定价过低，产品虽销售一空，但利润却无法达到目标，仍然不能达到振兴企业的目的。定价在企业试图重振之际更显重要，差之毫厘，失之千里，在企业决战于市场之际更不可小觑了定价。因此，在定价时，不但要考虑整体营销目标、成本，竞争者、消费者的价值感受和需要，还要根据不同的买者和不同的市场情况来调整价格，在多方面考虑的前提下，定价战术是多种多样的。但殊途同归，奇巧的定价终会使企业由不利走向盈利。

1998 年初，美国大片《泰坦尼克》在美本土放映，一时间街头巷尾泰坦尼克处处可见。于是我国便有图利者偷录的泰坦尼克充斥于市。很多人为一睹明星光彩及可悲可泣的动人爱情故事，纷纷购买低劣质量的盗版光盘一睹为快。当中国大陆真正用巨资将《泰坦尼克》的原版影片引进时，未曾观看过《泰坦尼克》的观众市场已是大大萎缩了。在这种非常不利的营销境状下，电影公司一方面加大宣传广告势头，以高科技保证最佳视听效果来重新吸引观众，另一方面，公司采取了“市场榨取”的定价战术从市场上榨取了巨额收入。电影公司先是定下每张 80～100 元的高价，一部分认为值得如此高价的顾客便率先打开了自己的钱包。接下来，电影公司将票价降低至 50 元左右，这样另一部分对价格较为敏感但又确对观看影片有着很大需求的观众又打开了钱包。再下来，电影公司将票价再次降低至 20 元左右，这样的价位已是平常的观众可以接受的了，于是又一大批的观众被吸引进了影院。结果，最大的赢家仍是最初处于不利地位的电影公司，电影公司从不同的细分市场

“榨取”了大量利润。

而“市场榨取定价法”的先驱正是宝丽来公司。该公司在首次推出立即成像照相机时，根据其新产品的价格超过消费者可能购买其他产品的价格定下了最高价，宝丽来公司制定的价格恰好使某一细分市场认为值得购买这种新型照相机，在初期的销售额下降之后，它降低价格以吸引下一层消费者，宝丽来公司也赚足了利润。市场榨取法在以下情况下较为有效，第一，有相当多的顾客对该产品有高度需求；第二，高价格不致吸引更多的竞争者；第三，高价格可以树立高品质的产品形象。

在某些时候，价格的变动也可能给企业带来一些意想不到的结果，使企业扭转商机。一些情况下，产品价格的降低可能会比采用了大量人力、物力、财力来经营的行销手段增加的消费量更大。在美日竞争日益激烈的当今，美国的汽车、消费电子产品、照相机、手表、钢铁等行业遭到了来自日本产品的强劲挑战，日本产品质量好，价格低，使得美国同行业企业公司逐渐失去市场占有率。于是齐尼思通用汽车公司及其他几家美国公司在定价方面采取了“牺牲价格，保有市场”的战术。通用汽车公司在日本产品竞争激烈的西海岸，将其小型汽车价格降低了10%，其市场占有率也有回升。在其保有市场占有率的同时，加强生产管理，提高生产技术，以降低生产成本，使得公司的利润波动不会很大，公司就会在竞争的不利冲击下安然无恙。而美国博士伦公司更是积极地运用低成本、低价位的策略牢牢占据软性隐形眼镜市场的领导地位。

价格能够透露产品的某些信息，消费者正深谙此道。例如，许多消费者把价格当作质量的指标，一瓶售价100美元的香水所含的香精可能只有3美元，但人们却愿意付100美元，因为贵就显得与众不同。

采用“心理定价”的营销战术就是抓住了消费者这一心理而展开的卓有成效的营销实践。一种情况是因缺乏信息或技巧而无法判断质量时，消费者往往认为价格高的产品质量高于价格低的产品。例如，一项关于汽车价格与质量感受之间的关系研究发现，消费者认为高价位车子具有高质量。因此，抓住消费者这一心理，适当的高价位不仅有较大的获得空间，而且又能吸引消费者，一箭双雕之下，企业的振兴之路可能就好走多了。另一种情况是消费者对不同的价格差异会产生对产品差异的印象。例如，一件同样质量的产品，一个定价 1000 元，另一件定价 998 元，实际价格差距 2 元，但在消费者的心理上的差异可能大得多。有些消费者可能认为 998 元的产品较 1000 元的产品便宜得多而去买 998 元的产品；而有的消费者则可能认为 1000 元的产品较之 998 元的产品有着更好的质量而去买 1000 元的产品。掌握了消费者这一心理，企业在定价时适当地采用价格的差异，就会达到自己的目的。

定价战术是企业营销战术中的战胜之宝。

现代市场营销观念为企业开拓了一片崭新的天空，让挣脱束缚的企业大步流星地走向成功。

营销的真正较量永远在市场上。市场如战场，要想在营销战中反败为胜，灵活机动的战术运用尤为重要。定价战术——奇特巧妙的"市场榨取定价法"，欲擒故纵的"变动"价格法，出其不意的"心理定价法"；积极主动地创造市场战术从犹太人、华人及印度人高明的经商技巧中可见一斑；让企业"名声在外"的广告战术；为企业另辟蹊径的国际营销战术……如此等等的营销战术让企业在市场的决战中真正能够收放自如，力挽狂澜。

△ 胡氏守信性格之现代释用（三）

应义中取利，不可唯利是图

胡雪岩经商力戒只为利而不择手段，尽管经商的目的就是了为获利，但此利必须来得正当，取得合理，为商贵诚与为商不诚最后的结果是有明显区别的。作为商人，应义中取利，不可唯利是图。“君子爱财，取之有道”；“仁中取利真君子，义内求财大丈夫”；“生财有大道，以义为利，不以利为利”……商人们所津津乐道的这些朴素的语言，表明了为商要掌握好义利观，千万不可为牟暴利取不义之财。

下面的例子足以证明诚信的态度在生意场上是多么重要！

随着紧缩政策的浸透，有一段时间银行似乎越来越紧。以前遇到同样情形的时候，有一个朋友来向松下要求借给他5000万元，说是因为收不到货款的缘故；而银行虽然也给过贷款，但都表示不能再借了。于是松下问他：“银行都无法借，我怎么行？到底未收账款有多少？”他说大约有2.5亿。“有那么多债权怎么不去收？先收5000万元，不会有问题吧？”

“不，在银行吃紧的时候，顾客也都很困难，平常收款已经很不容易了，何况要预收？”

松下虽然觉得他说的有道理，不过还是告诉他：

“你现在是燃眉之急，是存亡的关头，应该把实情告诉对方，请他们提早付款。并不是2.5亿元全部要，只是其中的5000万元，多跑几家，我相信大多数的顾客都会帮忙的。”

“可是把实情告诉顾客，会失去公司的信誉啊。”

“你这种想法不对，这是未收账款。你收款天经地义，他们有付款的义务，只是他们以为你的公司经常富裕，经营上没有问题，才把付款拖延。如果他们知道你的困境，一定会提早付给你。何况应收账款尚未收，又要举债，是违反经营原则的，这样不是反而会失去信誉吧？”

松下的话虽然苛刻了一点，但却也有道理，于是就照样去做了。过了没多久，他又来找松下说：“松下先生，今天我是来向你道谢的，我听你的话，向顾客说明了实情，他们都非常同情我，本来预收5000万元的，结果收了7000万元，而且又勉励我‘好好去做’，并且订了比以前更多的货。我以前为了面子，收款都不很积极，从今以后，我要勇敢面对现实，认真经营。”

向顾客吐露真实，反而增加信用，生意也比以前好了。松下认为做生意的窍门，就在这个地方。分辨是非，拿出信心，该做的，要切实去做；该收的货款，要认真去收。说平凡倒很平凡，但能否切实去做，这是成功与失败的分歧点。

对于企业的经营，有很多都可以化劣为优的。如日本的“美津浓”已成为运动用品的代名词，日本男女老幼都知道它是世界性运动用品生产厂商的品牌。该公司出品的运动内衣，袋子里附有1条子，上面写着：“这种运动衣里使用最优秀的染料，用最好的技术漂染的。但我们觉得遗憾的是茶色的染色还没有达到完全不会褪色的境界，还是会稍有褪色的。”

由于“美津浓”这样把商品的缺点毫不隐瞒地给消费者说明了，这种不骗人的做法给消费者一种诚实感，大家反而对该公司充满了信任，并相互间传颂这种经商道德，无形中成为“美津浓”的广告宣传员。“美津浓”这种自我暴露产品缺点的手法，起到良好的化劣为优的作用，使这个牌子很快饮誉国内外。据统计，在各种运动竞技或运动场所上，人们所穿的运动衣中，有一半左右是“美津浓”运动衣。现在，该牌子年营业额达数百亿日元。

以诚待客的经营效果确实甚好，已广为商界应用。日本有一家名叫小田急百货公司，由于长期坚持这种经营作风，赢得了广大消费者的信誉，因此生意常盛不衰，钱财滚滚而来。

在东京的小田急百货公司曾有这样的一个故事：一天，有一对美国夫妇到该公司买了一盒激光唱盘，拟作礼品送人。岂知回旅馆打开一看，发现唱盘是坏的，顿时扫兴，他们准备第二天到该公司质问及要求退赔。但出乎这对夫妇的意料之外的是，在第二天的上午，小田急百货公司的负荆请罪电话已直接打到他们远离东京百多公里外的旅馆，恳请他们稍候。

几十分钟后，小田急百货公司副总经理亲自上门，给这对夫妇送来了一盒令其满意的新唱片，为致歉意与表达诚意，还给他们额外地赔送了一套毛巾、一盒蛋糕、一张肖邦的激光唱片。同时，这位经理还反复向他们检讨本公司工作的毛病和不慎，使那对美国夫妇大受感动。原来，该公司在摆设唱片时发现有一盒是破损的，把它置于一边准备处理掉，而这对美国夫妇前来购买时，恰恰是另一位不知情的售货员接待，就这样出现了差错。当售货员发现这问题后，立即向上司反映汇报，理事会决定以副总经理为首组成“全垒打小组”，公司有关人员全力以赴地千方百计寻找该顾客。经过通宵达旦的18个小时苦战，终于从该顾客付款信用卡的名字找到了他们的下榻地方。这场“全垒打”工作可算历尽千辛万苦和不计成本的，但小田急百货公司却挽回了信誉，其效果比花几十万美元登广告更合算。那对夫妇回美国后向报纸报道了这一经过，盛赞该公司的诚实经营。

诚信是美德，以诚待人，他人也将诚恳待你，这条法则应用在生意场上，你必将获得更好的金钱与信用。

现在商潮汹涌澎湃，人们纷纷“下海”经商捞世界。新起的经商者，注重信义的自然不少。但林子大了，难免什么鸟都有。量少质差，加码涨价，坑蒙诈骗，投机倒把，这些都成了某些人致富的“成功秘笈”。究其原因，一方面是不懂得唯诚信才能兴业的真正的“生意经”，另一方面是道德修养、文化素质低下，缺乏自律自制，而轻易地被一个“钱”字牵着鼻子转。如此看来，在发展经济、发展商品的正常流通、大抓经济效益的同时，也要讲求经营原则，切莫以利害义，以诈害信，以伪害诚。

全国有名的古井贡酒厂曾在《北京晚报》中登出广告：“持此广告

者于×年×月×日可至××百货大楼前领取古井贡酒一瓶。”可广告公司忙中有错，漏发了“限量500瓶”这几个字。促销活动开展的那天，××百货大楼前早早的便排起了长队。原先准备的500瓶酒发完以后，酒厂才发现了广告中的错误。面对如此多的顾客，现场解释已经不起作用而有失信于人的危险。古井贡酒厂果断决定，继续发下去，来多少发多少，酒不够从别的商场调，从河北调，也要保证不能失信于顾客，一天过后，古井贡酒厂比原计划多花了几十万元，但言而有信也为其取得了花多少钱也得不到的高知名度和好的声誉。

和守信相连的一个字是“诚”。守信须建立在诚的基础上，不能诚，便不能守信；有了诚，信才能笃实。

上海机械设备进出口总公司是专门办理大型机械设备进出口商务的大型公司。一次，江苏一家乡镇企业找上门来，委托他们在国外购买一套大型设备，强调必须是国际上处于领先水平的机械设备。上机总公司马上开始采购，但在货运至上海港口，他们发现所谓的领先水平的设备只是20世纪70年代的设备重新修饰了一下。这时他们有两种选择，一是装作没有发现，发货到江苏的企业，反正依靠他们的技术力量也绝对检测不出来，自己赚一大笔中介费。二是退货给外国公司，自己无钱可赚不用说，还得赔上一笔钱。几经权衡该公司还是选择了退货，虽然他们的经济利益可能在短时间内受到了一定的损失，但是他们为商重义，留住了更多的顾客。

经商之所以强调信、义，隐藏着一个求取大利的经济上的动因，但经济上的打算与讲求道德两者是互相结合的。他们深深懂得，经商如果不论合理不合理，应该不应该，一锤子买卖，狠狠赚一笔钱，信誉丧失，买卖做绝，以后人们也就再也不敢领教了。经商重义，具体到商人的经营活动来说，“义”的体现就在于重信、守诚。自然，这是做人与经商之间的第一定律。

[八] 胡氏用人性格 作出大商人的姿态

为人处世是一门学问。不同性格的人,有不同的交际方式,偏狭者总是斤斤计较,你看我别扭,我就看你不顺眼,所以彼此之间不愉快;而宽容者则心胸开阔,善与不同的人交往,用人之所长,去人之所短,这样就能找到为自己办事的人。尽管性格看起来是内在的东西,但它对一个人的事业成败影响至关重要,它可以把人推上成功的顶峰,也可以把人推向失败的深渊。一个抠抠缩缩、斤斤计较的人,绝对不是大商人的料。

胡雪岩宽容待人,信守情义,注重才能,这种优质性格使得他周围总有一批精兵强将,为他出谋划策,为他营造财富。大商人必须像胡雪岩一样,能容人所不能容,把心胸敞开,团结能人,共同打天下。

（一）用才性格：看准天下可用的人

你心里有别人，别人心里就有你

对于如何留住人才，胡雪岩有一个很实在的说法："做事总要为人着想。"换句话说，也就是要站到对方的立场上想问题。

清政府的日常开支及军饷多靠富庶的江、浙支撑。江、浙每年征收的粮食主要靠漕帮经运河运到北京。但由于运河年久失修，加之干旱，运河沿路关卡甚多，漕运不畅，因而浙江的粮食运不出去，朝廷已经开始严辞催逼。

捐官得成的王有龄，一回浙江就当上海运局"坐办"，为此急得团团转，刚刚顺利地得到一个实缺而觉得真正是时来运转的那份春风得意，也被千斤担子压得不见了踪影。虽然胡雪岩就地买米之策能解燃眉之急，但实际运作起来也仍然有许多工作要做。首先要钱庄肯垫钱，在上海买米需要 10 万两白银。其次还要有粮商肯卖粮。在上海的钱庄是胡雪岩做过学徒的信和钱庄，由于胡雪岩不记前嫌的大气，以及许下今后海运局钱款往来只找信和钱庄的好处，因而信和钱庄愿意贷出这 10 万两银子的款项。倒是兼做粮食生意的松江漕帮当家人尤老五颇为踌躇：松江漕帮在上海的通裕米行虽有米可垫，但松江漕帮由于这几年来漕运萎缩，加以出漕一次方方面面层层盘剥愈益加剧，自身已经很不景气，原来打算以这批粮食脱货求现以解帮内燃眉之急。而且，由于太平天国已建都江宁（今天南京），并开始大举向东南进兵，粮食必成紧缺，加之不久即是青黄不接的四五月间，粮价眼看要上涨，因而对这件卖粮之事不能不盘算自己的利害得失。

在酒席上，胡雪岩已看出尤老五虽已答应让出自己在上海米行的大米，但心中亦有没有说出的隐情，想必他们一定有自己的难处，于是坚持要对方直言相告。而在得知对方的难处之后，胡雪岩立即与信和档手张胖子商量，请信和钱庄放一笔款子给漕帮，帮助他们解决眼前的困难，将来卖掉了米再还。在胡雪岩看来，不知道别人的难处是一回事，既然已经知道了，就要能够替别人着想、要尽自己的力量给予帮助，而且，要帮也一定要帮在实处。由于胡雪岩此前已将信和钱庄的张胖子收服，因而张胖子不假思索就爽快答应了贷款的要求，甚至连尤老五都有些不能相信还有如此令人满意的结果而心存疑虑，直到张胖子说出自己敢于冒险垫钱的原因：第一是松江漕帮的信用，第二是浙江海运局的招牌，第三是米还在那里，因而不怕钱庄受损，尤老五这才一块石头落下地。

胡雪岩刚一出道，就显示出自己的不同凡响，他人情练达，处事周到，而且更以他为人着想，帮人帮在实处的做派，一下子就赢得松江漕帮的信任与钦服，也为自己以后的生意找到了一条可以放心托靠的臂膀。

做事总要为别人着想，这其实是胡雪岩与人交往时放在首位的原则，也是他延揽人才、使跟着他做事的人都心甘情愿为他拼命的“秘诀”之一。做事总要为别人着想，也就是要求做事的人有一种站在别人的立场上想问题的自觉。站在别人的角度设身处地，从而对对方的利害得失与困难有较为深切的了解，由此再作出自己的决策，使自己的决策不仅有利于自己，也使对方容易接受，有效地避免自己的决策在实际运作中损害对方的利益。更重要的是，能为别人着想，也善于为别人着想，这会使对方一下子就知道你的义气情分，知道跟着你做事绝不会吃亏，他也就心悦诚服的被你拉住了；这个时候，即使在实际物质利益上稍有缺欠，他也不会在乎，照样实心实意为你做事。

要得到人才，关键是得到人心，能设身处地为对方着想，是得到人心的一种有效方法。

胸怀越广大，就越能留住人才

做到让别人死心塌地替你出力，确实是一种功夫。胡雪岩怎么做？很简单，那就是你要敞开一点胸怀！

朱福年做事不地道，不仅在胡雪岩与庞二联手销洋货的事情上作梗，还拿了东家的银子“做小货”，他的东家庞二自然不能容忍。依庞二的想法，他是一定要清查朱福年的问题，狠狠整他一下让他滚蛋。但胡雪岩觉得不妥。胡雪岩说，一发现这个人不对头，就彻底清查后请他走路，这是普通人的做法，最好是不下手则已，一下手就叫他晓得厉害，心生佩服。要像诸葛亮“七擒孟获”那样使人心服口服。“‘火烧藤甲兵’不足为奇，要烧得他服服帖帖，死心塌地替你出力，才算本事。”

胡雪岩的做法是：先通过关系，摸清朱福年自己开户头，将丝行的资金划拨“做小货”的底细，然后再到丝行看账，在账目上点出朱福年的漏洞。然而也只是点到为止，不点破朱福年“做小货”的真相，也不再深究，让朱福年感到自己似乎已经被抓到了“把柄”但又莫名实情。同时，还给出他时间，让朱福年自己检点账目，弥补过失，等于有意放他一条生路。最后，则明确告诉朱福年，只要尽力，他仍然会得到重用。这一下子朱福年真就感激不尽，彻底服帖了。

胡雪岩的这一套做法，实际是从嵇鹤龄讲的一个故事中得到的启发：苏州有一家极大的南北货行，招牌叫“方裕和”。方裕和从两年以前就开始发生货色失窃走漏的事情，而且丢失的都是鱼翅、燕窝、干贝之类的贵重海货。方老板不动声色，明察暗访，很长时间才弄清楚，原来是他最信任的一个伙计、也是自己的同宗亲戚与漕帮中的人相互勾结，将店中贵重海货绑扎在店里出售的火腿中偷出去，再运到外埠脱手，难怪他在本城同行、饭店中都没有查到吃黑货的蛛丝马迹。在方老板的逼问下，这个伙计承认了自己的偷窃行为。按规矩，也是照普通人的做法，自然要请他走人。但方老板并没有采取普通人的做法，他以为能够“做到”两年之久不被发觉，一定有相当的本事，再说同伙勾结，闹出去要开除一批熟手，还有损信誉，所以决定不仅不要这个伙计“走人”，还加他的薪水，重用他。这样一来，那伙计感恩图报，自然不会再干偷货走私的事情。

这种做法，胡雪岩觉得也算是相当漂亮了。但他认为还差一点。他在听嵇鹤龄讲完这个故事之后对嵇鹤龄说：“照我的做法，只要暗中查明了，根本不说破，就升他的职，加他薪水，叫他专管察偷漏。”胡雪岩的理由是，做贼是不能拆穿的，一拆穿就留下痕迹，无论如何处不长。既然他是个人才，自己又能容留他，就不必拆穿他，只让他感恩就行了。

胡雪岩对朱福年的做法，正是这一种。

胡雪岩的做法，确实更加高明也更加有效。俗话说，人怕破脸，树怕剥皮。人做了坏事，既已被老板揭穿，虽然不给处罚，他也心存感激，但终归落下痕迹而无法相处。在他本人是怕老板不再信任，满怀愧意侍奉老板，做事必不能放开手脚。而在老板则总想着避开对方的痛处与他相处，心里不免留着疙瘩。如此一来，自然无法再做下去。从这个角度看，既然还当他是个人才，同时还有不能请他走人了事的原因，那还不如为他留个面子，同时又让他心存感激，这样既达到堵漏补缺的目的，还等于救下了一个人，于己于人，都善莫大焉。

诚然，这种办法只能针对那种有本事，又有良心的人才能奏效；对于那些在本质上已经坏死的人，还是请其另谋高就为好。否则，受害的到头来还是自己。

活在人世间，大家互相帮忙

要与别人有好的情面，归根到底要待人以诚，即让别人知道你诚心诚意地期望得到帮助，你也一定会重视人才而不会委屈了他们。

嵇鹤龄和胡雪岩能够成为朋友，甚至以一个读书人的身份，而且还是一个有几分实实在在的傲气的读书人的身份，与胡雪岩这样一个只知道在“钱眼里翻跟头”的商人结为拜把兄弟，就是因为胡雪岩倚重他且实心实意帮助他而显示出来的感人的诚意。

嵇鹤龄书读得相当不错，走“大比”之途却只得了个“候补”知县的职衔，很有些怀才不遇，加之性格耿直，与浙江官场那些握有生杀大权的官僚们又格格不入，因此一直也就遥遥无期地候补着。王有龄得到湖州知府实缺的同时，也得了督抚黄宗汉交办的另一件难办的差事：平息新城县饥民造反。王有龄根据实际情况，确定了以抚代剿的策略，因而需要有一个能够担当此任的人前往新城。排来排去，这个人非嵇鹤龄莫属。

但嵇鹤龄不去。嵇鹤龄不予合作，一方面是妻子新丧，面对妻子留下的无人照看的一双儿女，心情本就十分抑郁，另一方面也是更重要的，他一直候补，全无进项，已经落魄到妻子的丧事都是靠典当衣物家具筹钱料理的，心中一肚子怨气无处发泄。好事与他无缘，而如此难办的差事却想到了他，他就抱定了个宗旨：即使自己有能力也有把握将这件事情摆平，也绝不去为此效劳。

为了帮助王有龄，胡雪岩自己出面去做嵇鹤龄的“说服”工作。

胡雪岩做工作的方式也很特别。他不是用通常的晓之以理、诱之以利，甚至开始都不做任何的应酬结识的客套。嵇鹤龄妻子新丧，还在“七七”之内，胡雪岩备好香烛纸钱一应祭品，不等通报就“闯”进嵇家，摆出香案，十分真诚地拜祭嵇鹤龄的亡妻。与此同时，他又赎出了嵇鹤龄为料理妻子丧事当出的衣物家什，让当铺送到嵇家。嵇鹤龄知道胡雪岩是王有龄倚重的人，刚刚见到他时还心生戒备，但在胡雪岩一番事情做完之后，不仅戒备防范之心尽数解除，相反还对胡雪岩生出一种由衷的佩服。

胡雪岩此举的确厉害。他这样做来，有两个不可忽视的作用：第一，从感情上打动嵇鹤龄。嵇鹤龄丧妻未久，除不多的几个知己朋友之外，还没有多少人来吊唁，胡雪岩却与别人不一样，他相信嵇鹤龄是一个可用之人，所以去安慰他，一下子就打动了他。第二，帮到关键处：胡雪岩知道嵇鹤龄有一种读书人的清高，极要面子，是绝不肯无端接受馈赠的，因此，他为嵇鹤龄赎回典当的物品，用的是嵇鹤龄自己的名号，心理上也没有障碍，并说是暂借款。更主要的是胡雪岩的做法不仅为嵇鹤龄解决了实际的困难，而且也为他争回、保住了面子。有此两端，我们也就难怪嵇鹤龄这样一个十分傲气的读书人，会对胡雪岩这一介商人的行事作为刮目相看了。

胡雪岩的做法，其实也就是我们今天常常说到的做人的工作要动之以情的原则。动之以情，要人相信你的情是真的，自然要示之以诚。事实上，胡雪岩如此相待嵇鹤龄，虽然也是为了说服他而“耍”出的手腕，但在胡雪岩的心里，也确实有真心佩服他而诚心诚意地要结识他的愿望。胡雪岩虽是一介商人，但他也的确时常为自己读书不多而真心遗憾，因此也十分敬重真有学问的读书人。从这一角度看，胡雪岩对于嵇鹤龄的真诚，也是不容怀疑的。后来为了解决嵇鹤龄的困难，他还亲自作主，将王有龄夫人的贴身丫鬟嫁给了嵇鹤龄。他们两个人也结下了金兰之好。

选择“相互帮衬”是合作之道

做大商人，一定要有“相互帮衬”的经商之道，不能只看到眼前的一点小利益，而是要用容人的性格去赢得人心，形成经营合作的局面。这是最佳的经商心态和性格。常常挂在胡雪岩口头的“花花轿儿人抬人”，是一句杭州俗语，指的是人与人之间离不开相互维护、相互帮衬。人抬人，人帮人，要办的事才会顺利，事业才会发达。话虽如此，然而真正窥得其妙的人并不多。

中国是一个比较传统的国家，人文背景相对世俗化，想成就一项事业，少不得要借助众人拾柴之势。复杂的人际关系有时是个包袱，不过用得巧妙，也可以成为一块成功之路的敲门砖。“相互帮衬”正是一个帮人帮己的诀窍。

当年，胡雪岩扶助王有龄做了湖州知府，他在开办钱庄之初就想到让自己的钱庄代为打理府库银两的打算，也有了着落。但是，真正要能够使这一打算变成现实，还要过一关，那就是要打通钱谷师爷的路子。旧时的州县衙门，都有钱谷师爷和刑名师爷。师爷名义上虽只是州县的幕友，但由于他们精通律例规制，所管的事务专业，一州一县的司法、财政的具体办理许多时候实际上就在师爷手中。而且这些人都师承有自，见多识广，常常是州县官们也不敢轻易得罪的角色。师爷向来独立办事，不受东家干涉，表面平和的还与州县老爷敷衍一下，专断的甚至可以对州县老爷置之不理。所以，胡雪岩要代理湖州府库，也就不能不笼络他们延请的钱谷师爷。

在笼络师爷的过程中，胡雪岩和王有龄就演了一出“花花轿儿人抬人”的绝好的双簧。王有龄署理湖州正是端午期间，这个时间给胡雪岩提供了一个机会。他打听好已经接受延请到湖州上任的刑名、钱谷两位师爷在杭州的家眷所在，送去节下正需要的钱粮。不过他是以王有龄的名义送的。这两位师爷自然要感激王有龄的好意，但等到他们拜谢王有龄时，王有龄却说这原是胡雪岩的心意。这一来，师爷不仅见了胡雪岩的情分，自然也知道了大人的意思。好事做了一件，交情却落了两处。一帮一衬，言辞之间使得极巧。事实上，这出双簧也并不是胡雪岩和王有龄事先商量好要这样演的，而他们却不约而同地如此做了，可见胡雪岩、王有龄两人都深谙这“花花轿儿人抬人”和相互帮衬之道。

相互帮衬往往不在于你帮的心是巨是细，出的力是大是小，有时候甚至也不过是些惠而不费的小节，比如王有龄、胡雪岩演的那出双簧，也不过就是一句话的事情。然而知道这其中的道理，心思用得巧，往往能够事半功倍。比如胡雪岩和王有龄之间有这一帮一衬，一下子就收服了历来被人称为“神仙、老虎、狗”，人人知道他们头难剃、人难缠的两位师爷，他们对帮助胡雪岩、王有龄在湖州的事务，都十分卖力。当胡雪岩找到湖州钱谷师爷杨用之，提出要以自己的阜康钱庄代理湖州府库和乌程县库时，杨用之不仅毫不为难的满口答应，甚至连承揽代理公库的“禀帖”都为他预先准备妥当，还为他引见了另一个关键人物，湖州征纳钱粮绝对少不了的，因此也绝对不能得罪的“户书”郁四。而郁四后来实际上也成为了胡雪岩生意上的牢固伙伴和得力帮手。

在这方面，胡雪岩是有惨痛教训的。胡雪岩确实是精力过人，本事也过人，因此，他想做的事情很多，他管的事情也确实很多，开着钱庄想到去做生丝生意，做生丝生意的过程中又要开药店，然后又是军火、粮食、典当……而且，在从事自己的生意运作的过程中，他还管了许多生意以外的事情，比如解决浙江漕帮与松江漕帮的纠纷，比如帮助郁四解决家庭矛盾，比如为古应春与七姑奶奶的婚事出谋划策……这些事情当然并不能说与他的生意全无一点关系，而且，经他的手管过的这些事情也都有一个圆满的解决，但是，一个人的精力确实有限，在做这些事、管这些事的过程中，是不是就没有漏掉一些机会，也确实是不得而知。

无论胡雪岩的精力多么充沛，失察疏漏总是有的，而且，他疏漏的地方还是极其重要的，足以让他的整个商务帝国崩溃。比如他对上海阜康钱庄总号“大伙”宓本常的失察，就是一个致命的疏漏。

这宓本常本来也是一把钱庄好手，要不然胡雪岩也不会将自己的钱庄交给他来经营。但这宓本常又是个利欲熏心、胆大妄为之徒。他看到胡雪岩有这么一片“鲜花着锦”的事业，居然自己也兴起“大丈夫不当如是耶”的妄念，想着借当阜康“大伙”的便利，利用在阜康的地位，调动阜康的资本，来做自己的生意。自己先就有了这个心术不正的想法，自然经不起别人的撺掇，最后居然在他的一个嫡亲表弟陈义生的怂恿下，挪用阜康资金，交给陈义生大做起南北货生意，以至于发展到瞒天过海，弄虚作假。为了自己的私欲，他甚至有意阻挠胡雪岩收买缫丝厂计划的运作，明处掣肘，暗处破坏。他放出风声，说是胡雪岩并没有办机器缫丝厂的打算，只不过是古应春在房地产生意上拉了亏空，所以买空卖空，希图无中生有，以弥补自己生意上的窟窿。他挑唆那些想出让缫丝厂的人另找主顾，甚至连胡雪岩交代为收购倒闭的机器缫丝厂的需要而开出的款项，他也敢于拒付。古应春秉承胡雪岩意旨收购机器缫丝厂找他开银票，他不仅不付，而且连讥带讽，语多不恭。事实上，收买机器缫丝厂，是胡雪岩在与洋商抗衡的过程中，最后关头才杀出的死中求活的“仙招”。正是由于宓本常的阻挠，失去了最好的时机，使胡雪岩在与洋商抗衡僵持中终于力不能支，彻底失败。最后在挤兑开始时，也是因为宓本常的措置失当，最终加速也加重了挤兑风潮引发的后果。

关键是这种变化并不是一天两天中出现的。比如古应春曾告诉过胡雪岩，宓本常向自己逼还借款，这就是苗头。它一方面说明宓本常和胡雪岩已经离心离德——连与胡雪岩生死相托的朋友都敢相逼，这不就已经与他离心离德了么？而另一方面更重要的是，宓本常的逼债，其实已经说明钱庄由于经营不善，致使银根紧张，要不然即使宓本常与胡雪岩离心离德，表面上他也不会太逼古应春。但由于胡雪岩的失察——当时他也实在是顾不过来——致使这些苗头，都被轻易放过，留下了极大的祸患。虽然胡雪岩在挤兑风潮出现之后明白过来，一想起宓本常就“恨不得一口唾沫吐到他的脸上”，但后果已经铸成，自己受害，也只能是徒唤奈何。

胡雪岩的重大失察，事实上还不止是钱庄这一个方面。比如他的典当，本来按已有“架本”，他即使不图赚钱，一年也可以有50多万两银子的收入。胡雪岩自己也知道，如果能够精心管理，仅凭这一项生意，他也可以立于不败之地。但他顾不过来。也就是这一顾不过来，为惯于作弊弄假的唐子韶之流留下掉包营私、侵吞当货的漏洞，不仅没有实现胡雪岩把当铺当作“穷人的钱庄”的初衷，他自己每年在典当一行上的损失，就达30多万两银子。

的确，一个人精力到底有限。经手的事情太多、表面上看来似乎没有什么疏漏，但由于精力有限，也许失察疏漏的地方在不知不觉中已经留下很多。比如胡雪岩对于宓本常的失察，在典当业上的疏漏，都是在他经手事情太多，生意场面太大的情况下，由于实在是顾不过来而发生的。这些疏漏的地方，一定的时候都可能产生不良的后果，而且，由于一个人所有的生意运作常常是环环相扣，相互牵连的，有一些因失察留下的疏漏所产生的后果，常常是关键性的，并不只是影响某一桩或某一个行当生意的成败，它可能使辛辛苦苦建立起来的大厦整个儿彻底坍塌。

所以，帮衬是多方面的，既需要朋友同行的帮衬，也需要内部人员的帮衬，这是一个诀窍，也是现代商战中重要的经营策略。

（二）用长性格：不可死盯着缺点

睁大发现人才的慧眼

人才与伯乐的关系，自古而今，屡屡被人谈及。一句话，你要想获得人才，必须具有一双发现“千里马”的慧眼，尽可能把人才都招入帐中，一起做大事，一起共渡压力和危机。胡雪岩认为在没有竞争的压力、看不到利害攸关与生存危机的情况下，人们多安于现状，乐以忘忧，往往不知居安思危而危险自至，正所谓“生于忧患，死于安乐”。不过，在胡雪岩身上就没有那么多的现成饭、平安果可吃了，因为他是商人，他要在市场的风险与竞争中谋求发展，他需要人才，也离不开人才的使用。因此，投到他的门下，就要尽可能地发挥自己的能量。

谈生意，要动嘴；做生意，要动手；跑生意，要动腿。生意是一件实实在在的、操作性很强的事情，是智力才识的高度运用。没有良好的才识，在商业活动中是难以立足的。可以说，做生意既是才识的发挥，也是智力的竞争，对于经营者来说，重要的是能拥有为我所有、所用的一批各方面的人才。

胡雪岩以其天才般的眼光，认识到人才在商业经营中的重要性，因而不惜代价地挖掘、笼络人才。他眼里的人才，首先是要眼光好。所谓眼光好，就是能运用丰富的经验和知识，敏锐地观察、捕捉信息，抓住机遇，大胆迅速地作出恰当的判断。只有如此，才能在充满风险、复杂多变的生意场中占据主动地位。但眼光手腕两俱到家的人才是很难得的，正如“千军易得，一将难求”，他除了要有高智商的良好素质外，还要久经沙场、见过世面，在商场的搏击中积累了经验，磨炼出良好的心理素质和不凡身手，能处变不惊，反应敏捷，举重若轻，有运筹帷幄的本事。

要靠自己的眼光去发现人才，就得舍得花力气、花心思去实际考查，去为自己找到真正的人才，也就是要“看了人再用”。生意场上的竞争凭借的既是财力，更是人力，用人不当，受害的一定是自己。

胡雪岩在创业之初，就特别注意自己考查选用人才。而且，他对于人才的考查既细心周到，手法也很是不俗。比如他聘用刘庆生做自己阜康钱庄的档手，就很用了一点心思。刘庆生在跟胡雪岩之前，只是大源钱庄一个站柜台的伙计，身份其实很低。胡雪岩本来就是杭州城钱庄行当里的人，在聘用他之前，自然是认识他的。但也仅仅只是认识，并没有太多的了解，终归只是从表面印象感觉他是一个可造之才罢了，胡雪岩此时想要用他，自然要来一番考查。胡雪岩考查他的办法很别致。他知道刘庆生是余姚人，找来刘庆生之后，一开始只和他海阔天空、不着边际地大谈余姚风物，又从余姚扯到宁波，由宁波扯到绍兴，闲扯了个把钟头，也没有进入正题，把刘庆生弄得云山雾罩莫名其妙甚至有些懊恼。好在他本来就有极坚忍的性情，也能够耐心地听胡雪岩“瞎扯”。其实，胡雪岩也正是以此考查刘庆生的忍耐力；然后借闲谈问刘庆生钱庄方面几个问题，以考查刘庆生临场应变与对本行的熟悉程度；似乎在不经意中还问到杭州城里钱庄的牌号，借此了解刘庆生的记忆与观察能力。刘庆生对答如流，显示出不凡的本事。经过这一番巧妙的考查，胡雪岩才最后断定此人有着不同寻常的眼光与能力，也才决定大胆予以使用。

胡雪岩确有一种收服人心、化敌为友的大本事，这是他能够纵横商海，把自己的生意越做越大的重要原因，这当然也确实是他的“大本钱”。

疑人不用，用人不疑

用人之道有一条是“疑人不用，用人不疑”。只有放手让下属去做，才会充分发挥他们的积极性。胡雪岩作为一名在市场的风险与竞争中谋求发展的商人，他需要人才，也离不开人才的使用。事实上，胡雪岩特别善于调动自己手下人才的积极性，尽可能让他们发挥自己的能量。用他自己的话说，他在用人上，确实有许多奇计，而这“奇计”之一，就是对下属不起疑心，给予充分信任，放手使用。

商场如战场，竞争激烈，危机四伏，机遇稍纵即逝。如果不能及时抓住机遇，事后悔之晚矣。要抓住机遇，就要运用丰富的知识和经验，敏锐地判断，果断地决策，迅速地行动，以高效率的工作占领生意场上的有利山头。但这种高效率的取得，并非易事，除去才识眼光的因素，还存在心理素质的问题。就老板而言，要冒蚀本破产的风险；对伙计来说，不能不看老板的脸色、考虑老板的愿望来行事。老板伙计各有顾虑，这是一般的常情。但如此一来便会放不开手脚，也便容易失去许多很好的机会。所以，作为老板，就要给予下属充分的授权，让他们能独当一面独立发挥自己的能力。

胡雪岩与众不同，他敢于开拓，敢于出奇招，做常人不敢想、不敢做的生意，而且他谋事周到，对生意中的各个环节、各个细节、各种可能出现的问题都要认真考虑推敲一番，因而往往能出奇制胜，大获其利。一旦看准了，便大胆果断地行动，是胡雪岩的作风。然而光有他一个人的高效率是不行的。他还必须带出一批人，这批人的工作要能与他的作风相适应、相一致，能在生意场上摸爬滚打、独当一面，具有独立判断决策的能力，并能迅速付诸行动。胡雪岩用人上一直信奉的一个重要原则，就是放手使用、用而不疑。

一般来说，除非是那些必须他拿主意的关系生意前途的重大决策，在一些具体的生意事务的运作上，胡雪岩总是放手让手下去做，绝不随意干预。在阜康钱庄开办之初，当他认定自己延聘的钱庄档手刘庆生可以料理生意事务之后，也几乎是完全放手让他去做。他只是规定了几条大的原则，诸如只要是帮朝廷的忙，即使亏本的生意也可以做；放款要看对象等等。其他的事情，则全部由刘庆生自己做主，具体事务放手让他去做，绝不随意干预。刘庆生果断认销20000官票就是一例。官票是朝廷新发行的纸钞，目的是购粮征饷镇压太平天国。官票的发行可能造成通货膨胀，使自身贬值。但朝廷、衙门强行向杭州各钱庄派销价值25万两银子的官票。包括33家小同行、阜康在内的9家大同行在一起议论此事，各钱庄纷纷叫苦、推诿，不满意于先缴6成现款、其余4成两个月后缴清的派销条件，主张用多少、缴多少。而刘庆生此前已与胡雪岩谈过关于官票的事情，胡雪岩没有明确表示态度，但告诉了他自己做生意的一个宗旨，即只要能帮朝廷的忙，即使赔本买卖也做。有这一个宗旨，刘庆生也就放开了，首先主动为阜康钱庄认销价值20000两的官票。这一行动，使阜康这块招牌，在官厅、同行中，立刻就很响亮了。胡雪岩得知也极是高兴，觉得自己完全可以将钱庄的生意交给刘庆生了。这就是他用人不疑的结果。

不仅如此，至于生丝销洋庄的生意，他也差不多将找买主、谈价钱、签协约等一揽子事务都交给了古应春，而自己则把精力投入到刚刚开始的军火生意上，正是在第一桩生丝生意紧张运作的时候，他却抽出时间到湖州为郁四解决家事。

从商务运作的角度看，放手让自己的帮手做主办事，其实是十分必要的。一个简单的事实就是，如果那些伙计们光知道事事看老板的脸色，等着老板的指令来运作，而不能放开手脚发挥自己的能量，当老板的不仅会在事事躬亲的繁忙中累夸，而且必定会因办事者的犹豫延误，放过许多不可再来的机会。

老张本靠出租自己的小船维持生计，胡雪岩出资让他当了老板、派他到湖州开丝行。老张一家先行到了湖州，但他老实本分，到了湖州后打不开局面，还住在一个较偏僻的狭小深巷中，房子也很小，胡雪岩要他搬家，他却考虑到搬家的麻烦，需要时日，一时下不了决心。胡雪岩用生意人的眼光对老张进行开导：只要丝行开张，他们就有进账，因此要勤要快，同时不要怕错，有他胡雪岩在就不会错到哪里去。这话既是对老张的鼓励，让他放开手去干，言辞间也透露出他的自信。胡雪岩的话是有着实在的道理的：他胡雪岩善于把握大局、掌握大的方向。大的方向正确了，在个别环节和小的细节上出了问题，尚不至于影响全局。这么说来，就应该大胆地行动，绝不能瞻前顾后、左顾右盼、事事观望请示，不然轻则错过时机，重则影响全局，反而是犯了不错之错。

再看一例：胡雪岩用人的要诀是："要勤、要快，事情只管多做，做错了不要紧！有我在错不到哪里去的。"胡雪岩这么说，也确实是这么做的，体现了他对员工的高度信任。

阿珠的父亲老张在妻子和儿女的鼓动之下，接受了胡雪岩的延聘，回到湖州开丝行。老张本来就是一个老实本分、没有经见过什么场面的人，回到湖州既不知道怎么打开局面，也不敢拉开架式，就连胡雪岩几番催促，要他赶紧寻找一间气派宽敞而临街的房子搬家的事，也一拖再拖，直到胡雪岩二下湖州，他们一家还住在地处偏僻深巷的狭窄老屋里。老张不肯搬家，一是考虑搬家是一件麻烦事，需要时日，二来更是因为怕搬家之后，架式拉大了，弄得轰轰烈烈，而自己却照应不来，以后难以收场，因而也下不了决心。胡雪岩就此开导老张，胡雪岩他生意上的事，贵在勤、快二字，如今时日已在4月末，离开秤收丝没有几天了，更是要抓紧将该办的事尽快办好，不然就真的要误事了。事情只管多做，不要瞻前顾后、犹疑不定，也不必事事都等着东家来拿主意，想到了就自己做主去做就是了。“做错了不要紧！有我在错不到哪里去。”

胡雪岩的这番话虽然主要是在鼓励老张，其实也是他在用人上一直奉行的又一个重要原则，即放手使用、用而不疑。一般来说，除非是那些必须他拿主意的关系生意前途的重大决策，在一些具体的生意事务的运作上，胡雪岩总是放手让手下去做，绝不随意干预。比如即使在阜康钱庄开办之初，当他认定自己延聘的钱庄档手刘庆生可以料理生意事务之后，也几乎是完全放手让他去做。他只是规定了几条大的原则，诸如只要是帮朝廷的忙，即使亏本的生意也可以做；放款要看对象，不能将款子放给到太平军占领的地方去做生意的商人等等。其他的事情，则全部由刘庆生自己做主。而生丝销洋庄的生意，他也差不多将找买主、谈价钱、签协约等一揽子事务都交给了古应春，而自己则把精力投入到刚刚开始的军火生意上，正是在第一桩生丝生意紧张运作的时候，他还能抽出时间来到湖州为郁四解决家事问题，到苏州解决了松江漕帮与其他帮派的冲突。

从商务运作的角度看，放手让自己的帮手做主办事，其实是十分必要的。商场如战场，竞争激烈且瞬息万变，所有的机遇几乎都是稍纵即逝。因此，搏战于商场之上，就必须牢牢把握一个又一个的机遇。不能及时抓住机遇，要想获得成功，几乎是不可能的。不用说，要抓住机遇，既要有敏锐的眼光和准确的判断，更要有果断的决策和迅速的行动。而要做到果断决策、迅速行动也并非易事，它不仅要求决策者具有如此的素质，许多时候更需要那些手下人有敢于任事、创造性地开展具体事务运作的能力。一个简单的事实就是，如果那些伙计们光知道事事看老板的脸色、等着老板的指令来运作，而不能放开手脚发挥自己的能量，当老板的不仅会在事事躬亲的繁忙中累夸，而且必定会因为办事者的犹豫延误，放过许多不可再来的机会。

而就识人用人而言，放心放手，实际上也是延揽人才、使对方诚心办事，且充分发挥自己的能力将事情办得圆满的一个重要前提。生意场上，老板和雇员的关系，当然是“东家”和“伙计”的关系。伙计的主要职责，就是圆满完成东家交给的任务。但这种雇佣和被雇佣的关系，并不意味着仅仅只是发号施令与遵守服从的关系。伙计只有具备条件能够充分发挥出自己的才干，才可以真正达到用人的目的。不用说，如果用而不能放手，被用的人总是处于一种被动地位，他的能量也就没有办法得以发挥，事实上他也不敢让自己的能量充分发挥。更重要的是，人都需要有一种成就感，即使被雇佣时也不例外。而且，越是有能力的人，越是希望能够尽量发挥自己的才干，使自己能够在一种成就感中获得某种心理满足。这样的人，如果不能放心放手地使用，以至于让他总觉得自己没有一点能够显示自己能力的主动性，使他觉得自己根本就无法真正发挥自己的作用，要想留住他诚心为自己办事，事实上也是不可能的。

是人才，往往都追求自身价值的实现。因此，放手用人，允许犯错误，使人才得到真正的锻炼，这是成功的商界中人必须遵循的规则。

在胡雪岩所处的时代，他更懂得调动人的主观能动性的必要；而在现代社会，现代人更加重视自身价值的实现。对人才的充分信任与尊重，比直接的物质奖励更加有价值。同时，信息的瞬息万变也决定了下属独立决策的必要性。因此，能否对手下员工做到放手使用、用人不疑，是今天的老板们能否得到才智之士的重要因素。

激活下属的热情

用人所长，才能见工作效益。有些蹩脚的老板不善于抓住员工的特长，只是会让他们像个机器一样工作，岂能产生工作效益。胡雪岩善于用人之长，并以此激发下属的活力。

胡雪岩和古应春一见如故。古应春是怡和洋行在华从事经营活动的早期代理。在洋场混久了，古应春对外国典章制度、工业农业等方面了如指掌，对于外国人的经商方式、行为特点也都熟透。胡雪岩能得此人之助，和洋人打交道就不至于盲人摸象、一叶障目了。胡雪岩自己不知道的事，古应春知道。借洋款时，多少钱的利息，什么时间还，以何种方式还，通过古应春，都可有个大致不差的判断。所以洋人就不大有可能出过于悬殊的条件，胡雪岩也不至于蒙着头吃亏。西洋诸国的国内生产情况时有变化，古应春有足够多的朋友、足够多的渠道及时了解到各国经济起伏，有了这层了解，在西洋人硬撑着不收蚕丝时，胡雪岩已事先知道，西洋各国这一两年受灾，本土的蚕丝供应大减，除非他们自己愿意丝织厂关闭，否则他们必须接受胡雪岩这方面的条件，按胡雪岩的开价收购茧丝。正是由于胡雪岩有了古应春这样的好帮手，才能垄断中国上海洋场的丝业贸易长达二十几年而不衰。

在与何桂清打交道时，胡雪岩就发现，他自己对官场上的事，能够清楚了解的仅至府县，省里的事，仅能猜出几分，至于说官的各种缺分，他就更茫然无知了。不知道京官的品秩，就无办法参与出谋献策，更不用讲借此谋取厚利了。有过这种抱憾的经历，胡雪岩就格外着意接近各种人物。比如饱读诗书出身的嵇鹤龄，宫中行走的小军机徐用仪，户部尚书的弟弟宝鋆等。和他们交往，胡雪岩了解了不少官场知识。这些官场知识，既包括死的知识，比如官阶排列顺序，见面必守的规矩，也包括活的知识，比如理当某官执首而宫中实宠某人，由于各官性情不同而宫中有所调整等。对胡雪岩而言，需要的就是这些零碎的官场知识。左宗棠平定西北回乱而调入军机，曾商议再借洋款，时逢东宫太后崩，按规矩要停议，但是胡雪岩事先已经从徐用仪那里了解到，此次东宫仙逝，实属西宫下毒手，既然如此，表面上的礼节固然要考虑到，稍有越矩之事也不会过于深究。这样看来，借款之事倒不必因为这个意外而停下来。况且，左宗棠收复西北，威震海内外，朝廷正不知以何作为酬谢，稍有擅专，自然也不至于引起龙颜不悦。有了这些了解，胡雪岩就不必有任何负担，一心一意地去办借款了。

至于解读官书，胡雪岩更是外行。而且分析官场荣衰，目的是要帮助自己下定做各种生意的决心。事属隐秘，就不便聘个文书帮忙。所以胡雪岩培养了几个亲密至好。一个是浙江道台德馨，一个是古应春，一个是尤七姐。有了内圈人物，而且是懂规矩、善揣测的内场人物，胡雪岩就很少失误，把他苦心经营所做成的官势、商势发挥得淋漓尽致。洋人帮助小刀会，引起两江督抚的震怒，胡雪岩提早得到消息，知道督抚联名上折，要朝廷关闭丝茶市场，惩戒洋人。消息知道得早，而且是从秘密渠道揣摸而得，就显得既准确而又鲜为人知。凭着这一判断，胡雪岩第一次放胆囤丝、板价不卖，直到洋人出高价求售，获利甚丰。胡雪岩通过这些朋友，把官场的消息化成了商场的利润，颇和国民党时期四大家族亲眷利用政策，在股市债券上买空卖空，牟取暴利类似。不过胡是凭朋友、凭本事，后者却是凭地位、凭后台。后来在胡雪岩生意失败，钱庄崩溃时，凭着尤七姐对官方的分析，胡雪岩知道事情尚有转机，所以才能有条不紊地着手收拾残局，为时人称道："在落魄之中，气概光明，曾未少贬抑。"我们不便假定在没有正确分析官方态度时胡雪岩可能的处理方式，但有一点可以肯定，因为有了预先估计，胡雪岩的行为更为从容了。

胡雪岩说："篾片有篾片的好处……好似竹篓子一样，没有了竹篾片，就撑不起空架子。"

篾片，是对帮闲一类人的称呼，这类人受富豪官宦豢养，长于吃喝玩乐，能察言观色、巧言善辩，善于照应场面，被富人用作帮闲陪侍。他们不是栋梁之材，撑不起经营大局，也当不了"柴火"，干不得实实在在的事务。但他们在奉陪富人们吃喝玩乐的场面应酬中却起着重要作用，没有他们，富人们就玩不起劲、玩不出味道，场面也就“哄”不起来。因此称他们为撑起富人的应酬玩乐之篓的篾片，是颇为形象的。这篾片，大约也可以看作胡雪岩那个时代生意场上必不可少的特殊的“公关”一类的人。

胡雪岩深知“公关”的重要性。跟对方的关系搞得密切亲近，合作的生意会做得很顺利；与对方关系陌生疏远，稳赚不赔的生意也难以做成。这种关系是建立在双方的感情、了解、信誉、实力基础之上的。胡雪岩要用篾片，就是意在与官僚商贾的吃喝玩乐、交往应酬中，使对方玩得愉快尽兴，消除对自己的陌生感，建立起对他的信任感，从而为合作的真实目的铺平道路。对篾片的使用，既显示出胡雪岩对人情世故的洞悉，也说明他在人员安排上的各尽其才。

操纵“先搭后拆”的手段

用人，尤其是用能力突出的人，可是一门大学问。从古至今，无论中外，对某类特殊人才的争夺是并不鲜见的，但其手法不同，难易程度各异。胡雪岩可谓个中高手，这在其巧收神算子李治鱼事中可见一斑，他采用的是“先搭后拆”的用人策略。

李治鱼的身世与胡雪岩相同，也因家贫，读书少，自幼进钱庄当学徒，从小厮、伙计、档手一步步提起来，对钱庄业务十分熟悉。他尤其精于算术，口算神速，曾有同行用算盘同他比试，对方看着账本劈里啪拉尚未拨完珠子，他已提前报出数字，且毫厘不差。人们惊叹为“神算子”，称李治鱼为“神算李”。神算李过目不忘，记忆力惊人，钱庄积年老账，高齐屋梁，倘要查看，不劳动手，只问神算李年月期号，他便一口报出，清楚明白，从无谬错，神算李在钱庄是块宝，与胡雪岩并称钱庄双璧。同行提起“永康李，信和胡”，无不啧啧叹服。

也许各有仗恃，李治鱼同胡雪岩并无交情，且互相侧目，都不服气。有时偶尔相遇，不是反唇相讥、刻薄挖苦，便是抬头望天、冷脸相看。但胡雪岩此时需要他，肚量大了许多，不再计较他的小气。麻烦的是如何把神算李这块宝从永康钱庄挖过来，安在自己的钱庄里。

此事不易办到，永康钱庄老板赵得贵为人厚道，待伙计不薄，尤其视李治鱼为亲生儿子一般，薪饷优厚，敬为上宾，据闻有意把独养娇女玉菡许配给他，招赘为婿。李治鱼事实上已成了永康钱庄老板，岂有跳槽的道理。

胡雪岩考虑到这些，几乎丧失了信心。他是个说干就干、认准了目的就绝不放弃的角儿。直觉告诉他，若想干大事业，非要挖来李治鱼不可，否则将来李治鱼成了老板，与胡雪岩分庭抗礼，必是强劲对手，那时后悔也来不及。主意打定，胡雪岩思考从何处入手。蓦然，他脑子里跳出一个人来，喜得大腿一拍：就是她！

胡雪岩急忙来到杭州一个僻静处，寻着一家院门拍开，一个油头粉面徐娘半老的妇人见了胡雪岩便叫道：“哎哟！讨账的人来啦！”“马二姑，今天不讨别的账，只为一桩人情账。”胡雪岩笑嘻嘻地进了门。马二姑是杭州城有名的媒人，常周旋于达官贵人、太太小姐之间，拉纤说媒、撮合姻缘，胡雪岩曾向她讨过账。

马二姑瞅他一眼，调侃道：“又瞧上哪家的姑娘要讨来做姨太太？作孽！”

胡雪岩道：“抚台黄大人的三姨太因家事想不开，吞金而去，黄大人悲恸万分，几乎不理公事，大家张罗着给黄大人另说一门亲，以慰枕边寂寞。”

马二姑愣住了，给抚台大人提亲说媒，这可是天大的面子。“黄大人纳妾，姑娘家的门楣不能低，不知谁家姑娘有这样的福气?”

“全杭州好人家的姑娘都在你脑子里装着，还能难到哪里去?”胡雪岩恭维道，“选那快出阁的，模样儿看得上眼的姑娘，黄大人若是喜欢，少不了你的好处。”

马二姑心花怒放，屈指细算：“东门刘举人的姑娘脚太大，西湖边赵财主的大姑娘可惜是对眼，北拱桥姜秀才的女儿又害了痨，永康钱庄赵老板的女儿玉菡正当年，才貌双全，但又听说……”

“听说什么?”胡雪岩急切打断她的话问。

“听说赵老板有意招神算李为婿，故玉菡一直未聘人家。”

“只要新人未入洞房，此事还可再议。”胡雪岩提醒道。马二姑点头称是：“黄大人封疆大吏，多少人家巴望高攀，玉菡嫁过去，赵老板一步登天，成了抚台岳丈，妒煞许多人。”

两人商议已定，胡雪岩马不停蹄，直奔抚台衙门。你道胡雪岩胆大包天，竟敢未和黄巡抚商量便擅自做主?原来黄大人好色成性，与王有龄、胡雪岩常在勾栏瓦子吃花酒、枕牙床，成了熟悉的嫖友。胡雪岩曾向黄巡抚打包票，替他寻一个出色的杭州姑娘做姨太太，一直未物色定，不想今日念头一转，正应了这桩姻缘。

门子通报进来，黄巡抚立刻传见，听了后眉开眼笑：“果如老弟其言，本大人立刻补你实缺。”胡雪岩叩谢再三，黄大人吩咐开500两银票做聘金，交马二姑前去赵家说媒。

马二姑有巡抚大人做主，脚下生风，飞快来到永康钱庄，面见赵老板夫妇，说起来意，老两口都傻眼了。本来，玉菡已到出阁年龄，媒人纷至沓来，赵老板有心招婿，笼络神算李，保住钱庄生意，故放出口风，谢绝了媒人。没想到，巡抚黄大人竟钟意小女，欲娶为妾，白花花的500两聘银耀眼夺目，这事并非儿戏。

赵老板心眼活动，飞快盘算：神算李再好也是伙计，出身低微，而巡抚黄大人，一省高官，圣眷正隆，权势熏天，十个钱庄也抵不过，俗话说人往高处走，水往低处流，不攀高枝就蒿草，傻瓜才干的事。赵老板想定了，直拿眼瞅太太。赵太太还有些犹犹豫豫，她近来已把神算李当女婿待，好得不得了，忽然间又要变卦，脸上有些放不下来。马二姑自然明白。忙劝道："女儿家留不住，早晚是人家的，嫁给黄大人，一步登天，着金戴银，荣华富贵，是她的造化。若受大人宠爱，早晚间扶了正，便是二品夫人诰命册封，风光无比，耀祖光宗，福及子孙，天大的好事情，可惜我命苦，没有女儿，捞不到这等美事。"

一番如簧巧舌，说得赵太太默默无语，谁家母亲不痛女，自然要替女儿前途打算。

此事已定，马二姑喜滋滋赶回抚台衙门报喜讯儿，讨要口彩。黄大人夸她能干会办事，赏了5两银子。两家按部就班，各自行事，不出半月，娶期已临。一乘花轿儿，几个吹吹打打人，将玉菡姑娘抬离赵家，直往抚台宅院。因为娶妾，并非正室，所以免了不少礼数。黄巡抚只请了几桌至亲好友、幕僚同事。胡雪岩也在被请之列，令他喜出望外：若非斡旋此事，以区区候补县员怎有资格忝列酒座，与抚台举杯对酌？这可算是意外的大收获。

黄大人抱红偎翠，与玉菡共赴高堂，行云播雨，大做巫山好梦时，可怜神算子李治鱼，一场招赘美梦顷刻化成泡影。只得躲到小酒店猛喝闷酒，借酒浇愁。

胡雪岩看在眼里，喜在心头，他的如意妙算已走对了一半，不怕神算李跳出他手掌心。

玉菡姑娘出阁后，李治鱼如遭霜打的瓜秧，病恹恹地无精打采。赵老板自知有愧，也不来管他。主仆之间，便不如前，关系疏远了许多。

有一天，藩司陈师爷前来永康钱庄存银，临收银票时，直嚷不合数，少了800两的票子。李治鱼再三申辩已全数付给，陈师爷只是不肯，吵闹起来，惊动赵老板，一看不是小数目，忙核查账目、对证银票，希图找出纰漏之处。不知怎地，神算李此时却失掉记忆，结结巴巴答不出账数。赵老板查不到原因，只好自认晦气，补足陈师爷银票，心痛了好些天。

又有一次，一个外地人风尘扑面、行商打扮，来到永康钱庄，点着名字找神算李。恰巧神算李因公外出，那人口口声声说有重要物件转交。赵老板亲自接待，费了许多口舌，才弄明白此人远在云南，和李治鱼合伙做药材生意。近来获利，特奉送利银，并留下一包袱银锭。赵老板气得发昏，打开包袱一看，足足上千两雪花银。伙计私下做生意，为钱庄行业大忌，说明对主人不忠，有借钱庄发财的嫌疑。待李治鱼回来，赵老板严加盘询，李治鱼竟矢口否认，一问三不知。主仆之间，从此有了嫌隙。

有好妒者向赵老板耳边叽咕：神算李做不成赵家女婿，想必记恨在心，有了别意。赵老板深信不疑，暗中提防。合该李治鱼败运，时近深冬，天寒地冻，这晚由李治鱼当值，为抵御寒气，在室中生火取暖。朦胧中忽被响声惊醒，见屋内火光冲天，烟雾弥漫。邻居一齐救火，好容易扑灭，门面已焚烧大半，积年的账册也付之一炬。赵氏夫妇痛心疾首，呼天抢地，把一腔子怨恨都泼到神算李身上。李治鱼见老板反脸无情，一跺脚，头也不回离开永康钱庄。于是谣言伴着神算李一路播撒开来：李治鱼暗算老板、亏空太巨，做假账糊弄赵老板，唯恐被查坐实，纵火烧毁积账，来个灰飞烟灭无对证。

如此险恶的用心，本事再大的档手，走遍天下钱庄，东家也没有敢用的。于是李治鱼的下场，比当年逐出信和的胡雪岩还要糟糕透顶。不但没有人替他洗雪冤屈，疑云越积越重，像一座大山压在他头顶，喘不过气来。李治鱼空怀绝技，在杭州街头流浪，无处收留，屡遭白眼，又气又急，看看囊中空空，只得含泪到乡下投靠亲友。

这日，李治鱼在崎岖山道踽踽而行，冬雪皑皑，遍山披素，他衣衫单薄，肚中饥饿，挣扎着来到一座土地庙，只觉天旋地转，脚下一软，扑通倒在墙角，便无力再爬起身。不知过了多久，隐约听见耳边有轻声呼唤："李师兄、李师兄!"睁眼一看，身边有两名汉子搀扶着自己，眼前一碗热气腾腾的鸡汤。不远处站着一个主人模样的男子，头戴棉帽，身着貂皮大氅，脚登云纹绣花高靴，十分富贵气派。

"李师兄，还认得小弟么?"听着耳熟，李治鱼定神一瞅，脱口而道："你不是信和的胡雪岩么?"

胡雪岩看着自己亲手导演的这幕悲剧，得意万分，几乎笑出声来。人生不过游戏，自己俨然是个高明的游戏大师，玩弄他人在股掌之间，眼前再加一点劲，神算李便为我所用。想罢，胡雪岩作出悲恸欲绝的模样，顿足道："小弟恰路过此地，要去乡下拜访故人，不想遇到师兄病倒在此，真是意想不到。"

李治鱼咬牙切齿道："都是姓赵的不仁不义，翻脸无情，害得我无处吃饭，此仇不报誓不为人。"

胡雪岩道："君子报仇十年不晚，你我师兄弟钱庄出身，身怀绝技，却为他人作嫁衣，到头反被一脚踢开，这账早晚要算，师兄且随我来从长计议。"

一行人来到一家路边小店，胡雪岩叫来一个羊肉火锅，一盘白切鸡，一盘猪头肉，另有粉皮花生几样佐酒菜，满斟花雕，请李治鱼先饮。李治鱼也不客气，几杯酒下肚，恢复了体力。

胡雪岩问："李师兄，到乡下有什么好活计?"

李治鱼叹道："无非割麦插秧，笨重农活，只求果腹而已。"

"可惜一身银钱绝技，却派不上用场，难道就这样英雄末路，委屈一生么?"

"恶名在外，谁还敢雇咱，只好认命啦。"

胡雪岩目光炯炯，逼视他道：“若有人相信师兄的为人，不信邪说诬陷，请师兄回钱庄主掌档手，你意下如何？”

李治鱼疑惑道：“真如此，便是重生父母、再造爹娘，亦不为过，但谁如此大胆，敢违抗同业大会的意愿？”

“此人远在天边，近在眼前，便是小弟我。”

“果真？”

“小弟与师兄同业同行，英雄说英雄，惺惺惜惺惺，对师兄向来极为敬佩，今日愿请师兄主掌钱庄，共同干一番事业。”

李治鱼愕然道：“你在说诳语？开钱庄哪来这许多本钱？莫非劫道发了横财不成？”

胡雪岩笑道：“不瞒师兄，小弟自离开信和后，与一位贵人结为好友，受他委托办一家钱庄，正缺好手，师兄如不弃，可来做个档手，如何？”

李治鱼方知是实，绝境之中，如从天上掉下的一桩美差，求之不得，如何不肯？当下便感激涕零，要给胡雪岩跪谢大恩。胡雪岩忙扶住他说：“自家弟兄，不必如此拘礼，今后务必同舟共济，共兴钱庄大业。”又掏出一个2000两的折子给他，说：“从现在起，师兄便是阜康钱庄的档手，每月定饷10两，年底另有花红，这折子拿去，随取随用，定房子、雇伙计、购什物，任你支派，不够再说一声，我随时补上。”

一番真言实语，慷慨大度安排，令李治鱼心悦诚服，高叫道：“雪岩老弟不必多虑，只看咱神算李手段！”

胡雪岩道：“从此以后，咱弟兄俩如同一根线上的蚂蚱，同呼吸共命运，吃香喝辣，都在一块儿。”他内心明白：在钱庄事业基础上，奠下了一块无价之宝。

胡雪岩巧收神算子的手腕自然称不上光明正大，甚至还有些低级，为那些崇尚道德之士所不齿。但自古“无商不奸”，胡雪岩能成就其花团锦簇的事业，自有其只要能达到目的而无所不用的手段。

（三）用准性格：绝不能找滥竽充数的人

力戒走眼误用了人

精明的用人学问告诉人们：不是每个人都能用的，也不是每个人都不能用的，关键要看用人的场合。力戒走眼误用了人，为成事之道。怎么做呢？用人要凭自己的眼光去看，不能只看面子，这是胡雪岩在选用生意帮手时十分注意的一个原则。

胡雪岩对刘庆生的使用是如此，对阿珠父母即老张夫妻的使用也是如此。他自己出钱请老张下船到湖州开一家丝行，本来也有帮帮老张的意思。胡雪岩喜欢阿珠，甚至还动过娶她做小的念头，照说有这一层关系，也不必费心去考查了。但他还是经过一番周密考察才决定用他们，因为无论如何，湖州的丝行关系到他将要涉足的生丝生意的发展。胡雪岩通过问话，引老张之妻向他"侃"了一通养蚕、缫丝、茧丝买卖、蚕丝品种优劣等方面的情况，令胡雪岩开了眼界，觉得老张之妻虽是常人之妻，也有着不凡的见识。同时，胡雪岩不仅看中他们的能耐与眼光，也是看中他们的老实本分。有眼光、本事，但奸猾狡诈之徒，难以驾驭，易出问题。老实本分，才可靠，才能对自己竭尽全力。老实可靠，也是胡雪岩任用人才的一个前提。

"你看了人再用，不要光看人家的面子，人用得不好，受害的是自己。"这是胡雪岩让刘庆生为阜康钱庄物色帮手的时候嘱咐刘庆生的话。胡雪岩用刘庆生的时候，是着着实实看了再用的，而到刘庆生去找帮手时，他又如此嘱咐刘庆生，可见他对“看了人再用”是多么地重视。

阜康银号业务发达后，在通都大衢遍设分号，据陈代卿《慎节斋文存》记载，每当胡雪岩雇佣号友时，“必询其家食指若干，需用几何，先以一岁度支畀之，俾无内顾忧”。这样，一则使雇员专心致志，二则使他们感恩戴德，干起活来，自然更卖力。

企业内部员工的劳动态度、技术水平、熟练程度各不相同，如果干与不干一个样、干多干少一个样、干好干坏一个样，势必造成平庸而怠惰者安于现状、不思进取，才高而勤奋者不能脱颖而出。为了避免出现这种情况，必须建立一种赏罚分明以最有效地开发、利用人的才能和专长的竞争激励机制。在胡庆余堂，胡雪岩也通过行赏用罚进行有效的管理。他行赏罚以实绩为依据，处以公心，罚，不回避管理层，如辞退背后进谗的副档手；赏，不忘记普通药工。

工资收入、职位晋升是激励手段之一。当时，叶种德堂有个切药工业务上功夫过硬，人称“石板刨”，但因脾气耿直火暴而得罪人，在叶种德堂呆不下去了，经人介绍，来到胡庆余堂后，胡雪岩不但没因他有“牛脾气”而另眼相看，反而按能定赏，给“石板刨”高工资，还提拔他当了大料房的头儿。胡雪岩宁厚待有一技之长的“刺头”，也不赏惟惟诺诺的平庸之辈。人是有感情的社会动物，“精诚所至，金石为开”，“石板刨”见驰名朝野的“红顶商人”胡雪岩竟如此器重自己这个在叶种德堂受气的小人物，怎不感其知遇之恩而加倍效力呢？

胡雪岩对有功者，特设“功劳股”，这是从盈利中抽出的一份特别红利，专门奖给对胡庆余堂有贡献的人。功劳股是永久性的，一直可以拿到他去世为止。有位叫孙永康的年轻药工就曾获得此项奖励。有一次，胡庆余堂对面一排商店失火，火势迅速蔓延，眼看无情的火焰扑向胡庆余堂门前的两块金字招牌，孙永康毫不犹豫地用一桶冷水将全身淋湿，迅速冲进火场，抢出招牌，头发、眉毛都让火烧掉了。胡雪岩闻讯，立即当众宣布给孙永康一份“功劳股”。

在旧时代，企业主为了拢住雇员的心，一般舍得施以小恩小惠，但唯利是图的本性又使他们大多有“吃我一餐，听我使唤”的心理。所以，当雇员年老体弱之后，业主普遍采取扫地出门的态度，任其冻饿不肯援手，而这会使在职人员心生前途渺茫、得过且过之感，因为眼下老弱者的下场就是他们将来生活的写照。胡雪岩正是看到这一点，设立了“阳俸”和“阴俸”。当然，不是人人可得阳俸和阴俸，须以对胡庆余堂有过贡献为前提，含有论功授益的意义。虽然，阳俸、阴俸成了胡庆余堂不小的一笔开支，但收到了解除员工后顾之忧、促使人们争强好胜的客观效果，由此激发的生产积极性和创造力所转化的经济效益远远超过了所支出的金额。

需要指出的是，胡雪岩建立激励机制并不只限于物质刺激，他还用“仁术为本”、“造福冥冥”等精神因素来提高员工的责任感和事业心，用信任下级、赞赏先进、融洽关系等管理手段强化员工的能力、巩固他们的积极性。

由于胡雪岩主动关心员工的物质利益，建立起行之有效的奖优惩劣、赏勤罚懒的激励制度，所以，胡庆余堂吸引了各种人才，像前面提到的“石板刨”从叶种德堂投到胡庆余堂门下后，从22岁一直干到77岁，整整为胡庆余堂效力55年！

我们常说钱要花在刀刃上。生意场上，得力而忠实的帮手其实可说是刃上之刃；为了招揽人才，当然更需要也更值得花钱了。

提防在身边徘徊的小人

人总有失误，总有失算，因为世上总有小人伺机贴近你的身边，以图私利。胡雪岩曾经说：“我看人总是往好处去看的。我不大相信世界上有坏人。没有本事才干坏事，有本事的人一定做好事。既然做坏事的人没有本事，也就不必去怕他们了。”似是而非的话，暴露出来的也就是胡雪岩这一弱点。

“……不说别的，只说朱福年好了。庞二虽有些大少爷脾气，有时讲话不给人留情面，到底御下宽厚，非别的东家可比，可是朱福年还是有二心，只是遇到小爷叔你，化敌为友，服服帖帖，这就是你的大本事，也就是你的大本钱。”

这段话，是古应春就胡雪岩收服朱福年的事情，发自内心赞佩而对胡雪岩说的。胡雪岩的确有收服人心、化敌为友的本事，这也确实是胡雪岩能够纵横商场，把自己的生意越做越大的重要原因，这当然也确实是他的“大本钱”。从这一角度看，古应春这里只是陈述了一个方面的事实。

但胡雪岩在看人、用人的问题上，也并非没有可以批评的地方。从某种意义上说，他也有看人、御下过于宽容宽厚的毛病。看人多看优点，用人用其长处，不以恶意度人，尽量将人往好处看，从做人方面说，体现了一个人的仁厚和胸怀，从任何方面说，也确实可以为自己招揽到很能做事的帮手，这无疑是优点。但这个优点，同时也会带来一个极大也极危险的弱点，那就是容易放纵小人。而对小人的失察和放纵，必然给自己带来极为严重的后果。

不相信世界上有坏人，自然也就总往好处看人。而总往好处看人，也自然就发现不了小人。更糟糕的是，抱定一个做坏事的人没有本事因而不可怕的宗旨，也就必定不向小人设防了。

没有防人之心，特别是防小人之心，就有可能受小人之害。胡雪岩就是受小人之害最烈的一个。比如他的钱庄的最后倒闭，一半是因为时势，一半也是受那位一心想着自己也有一番“鲜花着锦”的事业，拿东家银子“做小货”的小人宓本常之害；比如他的那么庞大的典当生意——他的典当一年的收入按“架本”估算，至少可达45万两银子——却没有为他带来太大的帮助，就是因为他的那帮类似小人唐子韶之流的“徽州朋友”的肆意侵吞。

胡雪岩最后只落得“白茫茫大地一片真干净”，甚至螺蛳太太撒手人寰，某种意义上说，也是因为胡雪岩的放纵小人。

在胡雪岩彻底破产倒闭已成定局的最后关头，螺蛳太太为了保住一点破产之后维持生计的财物，将自己的首饰缝进一个枕头里存放在一个名叫朱宝如的人家里。这朱宝如是杭州城里的一个殷实士绅，但他的财产本来就是他和他老婆设陷阱、安机关，动尽心机极不光彩地骗诈来的。这朱氏夫妇巧取骗诈别人财产的事情，胡雪岩一概全知，但他不仅没有揭发，反而劝解要向这对夫妇找回公道的被骗者，以为犯不上为这过去了的事情牵肠挂肚。胡雪岩放纵了朱氏夫妇，也终于让自己最后一点勉强可以维持一段生计的财产也给他们私吞了。螺蛳太太也因最后一点希望破灭而自杀。

坏人其实也有做坏事的本事，有本事的人其实也可能做坏事，这个道理大约是我们应该能够接受的。俗话说，贼是小人，智过君子，在这个世界上，许多极坏的事，其实都是有本事的人做出来的。事实上，小人确实做不出也做不成可以让人注意的好事，但做出的坏事却是能够彻底葬送掉好人费尽千辛万苦打下的江山。

胡雪岩的前车之鉴，从反面说明了防人之心不可无，特别谨记要防自己身边的小人。

△ 胡氏用人性格之现代释用（一）

以人才为竞争的生命力

胡雪岩非常善于把可用之人吸引到自己的身边来，处处发挥他们的长处，为自己打下财富天下而奉献才智。这是因为他看到了人才是竞争的根本，没有人才，一切无济于事。现代公司应当以人为本，从内部提高竞争力。三菱商事是日本鼎鼎有名的大公司，年营业额上千亿美元。该公司经营成功的因素很多，其中有一点颇启迪人。“企业就是人”，充分体现了“以人为本”的企业谋略。

三菱商事和许多企业一样，都采取严格的纪律加优厚待遇的双重办法来培养职工们的忠诚心，以把全体职工团结在一起。

严格的“入社考试”。在日本，就业不易，进大公司更难。三菱商事一向是大学毕业生理想的就业之处，每年只招收150名新职员。一般大学毕业生当然有“自知之明”，对三菱商事“敬而远之”。能够获得面试机会的已是十里挑一了，新职员年年大都来自东京、京都、早稻田、庆应等全国著名的国立和私立大学。

严格的考核。职员每年要接受2次考核评定。考核工作由人事部协同各级领导进行。评定结果均记录在案存档，做为提级、增薪和发放奖金的主要依据。在三菱商事不存在“破格提拔”一说，董事长、总经理、副总经理、董事等企业经营者都从最基层的工作做起，层层淘汰，一个阶梯一个阶梯地升上去。升为课长，要从职员进入管理层开始，一般需要15年至20年，再经过10年至15年，方有可能升为部长。60岁当上董事，已算是为数不多的“幸运儿”。这种严格的有连续性的干部选拔制度可保证企业经营者的高素质。

企业内工会。三菱商事公司工会成立于1970年，除课长以上管理干部外，每个职员都参加。公司董事兼宣传部长中村纯一（曾任第一任工会委员长）说，企业内工会一不参与社会政治活动，二不与外部工会团体挂勾，只发挥协调本企业职工和经营者关系的职能。他认为，经营者和职工是企业这辆车子的“两个轮子”，利益一致，需要通力合作，协调矛盾，二者间既不能发生过激性冲突，也不能没有适度的“紧张感”，要做到“求同存异”。因此，企业内工会在形成企业的凝聚力方面发挥着巨大作用。

职员持股制。三菱商事公司为鼓励职员持有本公司股份，实行补助10%的奖励办法：职工每月拿出1万日元购买本公司的股票时，可获得公司10%的补助费，每月可多购买10%的股份。公司为此而设有持股会，由它统一代购、代管职工持股。职工退休时，全部股份由本人自由支配。这成为联系公司和职工的纽带。

优厚的福利待遇。对于日本一般的公司职员来说，最大的经济负担是购置属于自己的一栋房子，地价连年飞涨，不少人对买房子已经感到绝望。在三菱商事公司，新职工凡通勤时间在1小时10分钟以上者，可住公司的独身宿舍；因调动工作岗位而无住房者可由公司提供住宅。为了让职工在30岁以后能购置自己的住宅，公司实行优惠贷款制度，代为职工支付住宅贷款的2%的利息。公司有诊疗所和合同医院，每年免费为职工进行一次体检，职工到38岁时可进行成年人病检，到了60岁，一年还可进二次疗养院疗养，每年职工一年还有40天带薪休假日。冬天上山滑雪，夏天下海游泳，可以利用公司的别墅，也可以住合同旅馆。平时，俱乐部活动更是丰富多彩。全公司共有游泳等30多个运动队，文化活动小组共17个。参加俱乐部的人数多达3000余名，占职工总数的1/3。设在总公司大楼中的三菱俱乐部，巢鸭和船桥两大体育中心及分散在全国各地的合同体育馆可供职工们进行文化体育活动。三菱商事通过俱乐部活动既密切职工之间的和睦友好关系，又增强职工的体质和文化修养。

三菱商事以优厚的待遇使其员工严加管理的策略彻底实施，促进了企业不断壮大。1995年其销售额达1843.6亿美元，利润额为3.46亿美元，拥有资产919.2亿美元，在全球最大100家公司中占第一位，有雇员36000人。

△ 胡氏用人性格之现代释用（二）

可用之人乃为财富之基

胡雪岩经商的技巧之一是：用大价钱去招募可用之人，因为这是财富之基。这个道理在前文中已经有所讨论。现代商人应该特别明白其理，一定要善待可用之人。

克莱斯勒汽车公司是美国三大汽车公司之一，但 20 世纪 70 年代连遭挫折。到 1979 年，亏损额高达 1132 万美元，积欠各种债务高达 48 亿美元，公司濒临破产。谁能拯救这个病人膏肓的工业巨人呢?

就在这时，底特律的另一角传出一条爆炸性新闻：福特汽车公司总经理艾科卡因与董事长亨利·福特二世矛盾激化而被解职。

克莱斯勒公司仿佛在茫茫黑夜之中看到了救星，决心聘任艾科卡这位汽车业的奇才担当本公司的总经理。但是，那时的艾科卡已有相当大的知名度。他的本领人所共知，想聘请他的公司数不胜数。而财大气粗的国际纸张公司、洛克希德公司、沙克广播公司，先后提出了优厚的聘用条件。怎么办？克莱斯勒公司为了免遭倒闭，决定不惜一切代价去争取艾科卡。

克莱斯勒公司的董事长约翰·里卡多立即派了两位很有名望的董事前去试探。紧接着，自己又多次出马，恳切地希望艾科卡能到本公司来大显身手。艾科卡被他的诚意所动，同意应聘，但却提出了两个让一般人不可能接受的先决条件：

第一个条件是他要 100% 的自主权，一两年后就得让他担任董事长一职。这就是说，艾科卡明确表示，他的条件是要约翰·里卡多交出第一把交椅。这种情况，可以说极其少见。在中国，如果哪个单位想调进一位有才干的人，而这个人开口就说，我去了要当你们的领导，那恐怕是 100% 地不会被接受。即使三顾茅庐的刘备也不能答应。刘备只需要诸葛亮辅佐自己，倘若后者提出要取而代之，那是断不容许的。刘备临死时，演了一段“白帝城托孤”的戏。他一把鼻涕一把泪地对诸葛亮说：“犬子阿斗如果可以扶持的话，你就辅佐他。如果不堪扶持的话，你就自立为帝。”那诸葛亮听了心如刀绞，泪如雨下，跪拜在地说：“臣安敢不竭股肱之力，尽忠贞之节，继之以死乎！”刘备要的就是这句话。他知道儿子阿斗无能，而诸葛亮又是一个“士为知己者死”的人。他这么一说，就是诸葛亮有“自立为帝”的打算也不会干了。可见，刘备虽对诸葛亮言听计从，但哪怕自己死了，也不愿意把他得到的江山让给他人。约翰·里卡多在对待人才方面则更胜一筹，他听了艾科卡的第一个条件，当场表示：“只要你肯来，就让你当。”

第二个条件是年薪不能低于福特公司的 36 万美元。艾科卡要争口气，他不愿意在福特二世面前“现眼”。而这个条件对里卡多来说，却有点使他为难。因为里卡多身为董事长，年薪才拿 34 万美元。如果让经理拿的比董事长还多，那违背公司的制度，也不符合企业界的惯常做法。为此，克莱斯勒公司专门召开了董事会，议定将董事长和总经理的年薪都定为 36 万美元。

于是，两个条件都满足了。艾科卡走马上任，担任了克莱斯勒公司的总经理。

艾科卡的确是一位奇才，他不负众望，很快就使克莱斯勒公司起死回生。1982 年，公司盈利 1.7 亿美元，节存现金 11 亿美元。1983 年克莱斯勒又盈利 7.05 亿美元，提前 7 年还清了政府货款的保证金。这些卓越的成就，使得艾科卡名声大震，身价倍增。

克莱斯勒汽车公司终于走出了困境。在人们对艾科卡大加赞扬之际，也绝不应忘记，克莱斯勒公司之所以能渡过危机，主要原因是他们不惜代价地抢到艾科卡。

克莱斯勒汽车公司起死回生的事例说明，一个优秀人才，在公司的核心位置上，发挥其中坚作用时，这一力量是无比强大的。

而原董事长约翰·里卡多为了公司的利益不计个人得失，大度纳贤，也应为人称颂。福特却因容不得他人而使福特公司树起了一个强劲的对手，蒙受了不应受到的巨额损失。

能力比领导者强的人才，难用，但必须用。领导者应改变与能力强者对立的消极心理，而是敢用，大度地用，让别人的鸡为你下蛋。

作为一个领导者不仅自我有进取精神，不断自我完善，还敢于承认山外有山，有容纳他人的胸怀。用人之才，用人之长，才能不断取得成功。

△ 胡氏用人性格之现代释用（三）

防范小人暗算

胡雪岩并不把经商与做人的关系看成直线型因果关系，他要求自己做好人时，也对人有所防范。人各有其性，各有其算，因此防人之算，不可轻心。这就需要你能在辨人的过程中，察清周围的每一个人！所有的商业关系都在于人们希望由合作而达到互惠的目的。然而，随着时间的推移，各种事情的发生，起初团结一致中蕴藏的利益冲突兴许会开始表面化。

开始从事一桩新的企业，起初各方和和气气，举止高尚。由于这种友好的气氛，很少倾向于过分暴露自己的内心世界。可是，流露出来的这些表面上看来无关紧要的信息，将来有一天，这些信息可能会将你置于不利的境地。

芭芭拉和杰里是同一种行业中受人尊敬的行家。他们决定利用业余时间，在一块儿共同开发一个与他们的专业有关的项目。随着他们把大多数空闲的晚上时间花在研究这个项目上，他们开始相当了解对方和各自的家庭。

一年半过后，这个项目快要大功告成了，杰里拿定主意想独自拥有这个项目。可是，他已同芭芭拉签订了一份合伙契约。杰里图谋撕毁合同，他向一位律师请教以后，得到的结论是，要毁约几乎是不可能的事情，杰里不得不寻找别的途径。

通过家庭社交聚会，杰里得知芭芭拉有抽大麻的毒瘾。于是，杰里对芭芭拉说，她应该自动放弃自己在这个研究项目中的权益，否则，他将把芭芭拉的隐秘公布于众。芭芭拉即刻放弃了自己的权益。她经不住这桩丑闻的打击，尤其因为她是一位颇受人尊敬的门诊心理学家。

芭芭拉犯了两个大错误。第一个错误显而易见，她不应该吸毒品。第二个错误是，她严重低估了杰里，结果被人利用，自食其果。

与那些可能暗地里搅和你的平静和安谧的人，保持一定的距离，在你的日常生活中，你会碰上这号人。这些人不见得都是狡诈或者残忍者，也不一定会对你的生涯和事业的目标构成真正的威胁，但是，他们会给你带来无尽的烦恼。

他们一生以自卑为乐，即使别人善待他们，他们的言行也很尖刻。他们是弱者。一方面，他们讨好那些将他们视为粪土的残忍、狡诈之辈，另一方面，他们又对那些待他们和气、善良的人很刻薄。这些暗中骚扰别人安宁的人应该予以回避。他们认为他们的社会地位低于自己的才能，因而对人生愤愤不平。为了出口气，向社会讨个公道，他们便作出这样的举动，一边攻击对他们友善的人们，一边又对不友善的人们竭尽阿谀奉承之能事。

他们的这种心理发展完全是身不由己、情不自禁的。这些搅和别人安宁的人们利用自己和蔼可亲、老实忠厚的外表，神不知鬼不觉地赢得你的欢心和信任。可是，当你容许他们接近之后，他们就会向你出手，以便在他们的眼里让你威信扫地。如此一来，他们可以暂时提高自己的内在威力，一时觉得痛快。但是，随后他们通常对自己伤害无辜的人感到懊悔。然而，他们又无法控制自己，结果下次依然如故。

不过，重要的是，甭对他们以其人之道还治其人之身，假使你这样做，他们将会终身袭击你。这些人是“千刀万剐别人，置人于死地”的高手。你应该时刻地同他们保持一臂距离，这样，他们将会永远尊重你，恳求你给予友谊。随之，他们就会将这种惹是生非的精力转嫁到别人头上去。

我们希望自己所见到的每个人都热爱我们，赞扬和支持我们的工作，与我们有着相同的观点。实际情况是，不管你的工作还是观点有多么神圣，或者何等高尚，你皆无法让每个人都赞同你。此处有个奥秘是，你不需要每个人都与你志同道合，而是需要认清爱你及恨你的力量，并且学会运用这种力量为自己谋利益。

其实，谁都难以赢得每个人的心。倘若你能够得到一半人支持你的事业，即使另外一半人鄙视它，你肯定已经踏上了通往胜利之途。

#［九］胡氏自省性格 多给自己提个醒

有很多商人赚了一点小钱，就开始张狂起来，身子开始轻飘，头脑开始发热，以为自己就是巨无霸。这种人失败者比比皆是，既令人可惜，也令人生厌。因此聪明的商人总是善于反省自己，给自己找问题、找缺点，进退结合，圆好财场。这种性格应验了孔老夫子的一句话："君子一日三省。"离开这一点，恐怕最大的敌人不是对手而是自己。

胡雪岩主张做事先做人，不可纠缠于是非名利，应该有拿得起放得下的性格，在进、退、藏、显等方面适度地把握自己，按照保险法则去调整自己的每一步计划，这样才能让自己的生意处于良好的循环状态。

（一）弹柔性格：该退则退到位

伸缩自如，持方圆之道

伸屈自如，持方圆之道，是做大事者的性格特征之一，因为一个人如果过分方方正正，棱角分明，必然碰得头破血流。相反，一个人如果八面玲珑，过于圆滑，必将众叛亲离。一个人只一味想出人头地，而不懂得委曲求全，到头来想伸反而伸不成，不愿屈也得屈。胡雪岩正是一个“方圆”之士，能伸能屈之人。

胡雪岩本来不是饱读诗书出身的，因而像孟郊那样“万俗皆走圆，一生犹学方”的心态志向，胡雪岩是绝对不会有，不能有，也不敢有。作为一个学徒的他，假如还有这种闲适高逸的志向，十有八九是要先大吃几年苦头。

他唯一能行得通的，便是那万俗皆走的一个“圆”字。大家怎么说，我就怎么说；大家怎么做，我就怎么做。体察了人心的喜怒哀乐，顺遂了人们的爱憎欲恶，做到了这两点，万事无不可遂，人心无不可得。

都道是方正之士为人称羡，其实世俗人早有了计较。方正之士的品德风范令人肃然起敬，只是他们犹如那庙里的神仙圣人，令世俗中人恭敬，但在敬的行为之后，便是“远之”。

比如那嵇鹤龄，本是一个能言善道、足智多谋的人才，却落得了“恃才傲物”，方正不屈，不肯哭穷，不谈钱，说起来也的确是一个既有本事又有骨气的人。

好在他遇到了胡雪岩。经不住胡雪岩的上门吊丧，收还典当，安排妻室这一连串抚慰，他心有所感，知恩图报，帮助王有龄出面解了地方农民聚众闹事之围。事后论功行赏，却遇到了麻烦。

地方上一件大案子，或则兵剿，或则河工，或则如漕运由河运改为海运等大事曲张的案子，办妥出奏，照例可以为出力人员请奖，称为“保案”，保有“明保”、“密保”之分，自然是密保值钱。黄抚台给了嵇鹤龄一个明保，胡雪岩一个密保。

胡雪岩闻听此事后，心里也觉得不够公平。他感觉其中一定有鬼，于是经过一番调查，终于弄清了其中原委。原来，黄抚台手下有个文案员，向嵇鹤龄索取2000两银子，嵇鹤龄不从，并言说自己没钱，就是有也不去塞这个狗洞。

这种耿介之人，在官场上的确不多了。按照嵇鹤龄的说法，官场中的世态炎凉，他也看厌了，反正世界上决没有饿死人的，此处不留爷，自有留爷处。我在你浙江混不下去了，我回湖北办我的团练去。

事情到了胡雪岩手里，却有了另一番观感。水往低处流，人却是往高处走的。人的性格本来和自然万物的性格有所不同。总不能水取下泄之势，人也不求向上和后退吧？事情都是人做出来的，不通的总要想办法让它通畅才是。生了疮要医，化了脓得挤。胡雪岩决定帮嵇鹤龄摆平此事。

胡雪岩用的是什么手段？不外是“圆了你的意，开通我生路”。

他用本号的银票，开了两张，一张2000，一张200，用个封套封好，上写“菲仪”二字，下面具名是“教愚弟嵇鹤龄”。托人递到文案上的陈老爷。不过一个时辰，便有人送来抚署文案委员陈老爷的一张名片，上面有四个字：“拜领谢谢！”

于是胡雪岩当夜就通知王有龄去见抚台谈这件事。

结局的顺利和圆满甚至连胡雪岩也感到喜出望外。第二天便有了准信儿，让嵇鹤龄接管海运局。

这就是胡雪岩的圆通之“圆”。

圆世的态度，实在是一个不在现世吃亏的态度。不过整个文化气氛褒奖方世，贬抑圆世，故而平常人们的言谈中无不以处世行方为荣，以圆滑透熟为耻，一句“我又不像人家会巴结”，绝对能使稍遵守一点方世原则的人大为震怒。

不过，这句话如果用来指涉胡雪岩，看来这种震怒的效果是不会出现的。相反，他可能会很高兴，起码他也要向你投以知遇的一笑。

方世是口碑甚好的准则，圆世又是利害相关的准则。能圆自然不方，只是舆论压力来了，只好跟随着众人弃方求圆。这种无甚定见的常人生活，是我们时至今日庸碌无为的唯一原因。

胡雪岩的不同正是在这里。他一生下来就无那么优越的生存条件，与上流相去甚远，对一个钱庄的学徒来讲，高论的遵从与否，无甚利害，无甚压力，既然如此，认准了一条路走下去，倒不是很难的事。

圆能打通关节，使事情走出死胡同。

胡雪岩押运洋枪，由沪去浙，便遇到了事关旧朋新知以后的出路及彼此间以后关系的事。

本来，在上海购买的这批洋枪，需要松江漕帮协助运到浙江地面。可是人到松江，却发现麻烦极大。松江魏老头子的旧好俞武成，已经和太平军方面的赖汉英接上关系，一切布置停当，只等这批军火从海上起运，一入内河，就动手截留。魏老头子也答应到时有所照应。

胡雪岩一来拜访两面朋友，才知大水冲了龙王庙，情势十分尴尬。胡雪岩见此光景，颇为不安，心里也在打算：如果俞武成不是他的“同参弟兄”，事情就好办。若是这批军火，不是落到太平军手里，事情也好办。此刻既是投鼠忌器，又不能轻易松手，搞成了软硬都难着力的局面，连他都觉得一时难有善策。

松江魏老头子决定断了与俞武成的交情，帮助胡雪岩渡过这一难关，阻止俞武成动手。

到了这种毁约反目的关口，虽事出无奈，却也无可挽回了。胡雪岩却“灵光一闪”，要把这一切下去就会拦腰截断的老交情摆平了，抚圆了，继续维系下去，彼此谁也不伤和气。

胡雪岩的如意妙计，便是搬出俞武成 90 岁的老娘俞三婆婆，让她硬压俞武成撒手让步。这也是无奈中的一招，若能说动俞三婆婆出面干预，俞武成就不敢不依。这么一做，也就不至于使魏师爷过于为难。

然而，那俞三婆婆却是个厉害角色。她在胡雪岩面前装聋作哑，不想帮胡雪岩这个忙。

因为如此，胡雪岩越发不敢大意，要言不烦地叙明来意，一方面表示不愿使松江漕帮为难，开脱了老太爷的窘境，一方面又表示不愿请兵护运，怕跟俞武成发生冲突，伤了江湖的义气。

这番话真如俗语所说“绵里针”，表面极软，骨子里大有讲究。俞三婆婆到底老于江湖，熟悉世面，听胡雪岩说到“不愿请兵护运”这句话，暗地里实为吃惊。话里等于指责俞武成抢劫军械，这是比强盗还重的罪名，认起真来，灭门有余。

面对如此利害关系，俞三婆婆装出气得不得了的样子，回头拄一拄拐杖，厉声吩咐俞少武赶快多派人把他那糊涂老子找回来！

不管她是真的动气，还是有意做作，来客都大感不安，胡雪岩急忙相劝，说这件事怪不得俞大哥！他们也是道听途说，事情还不知道真假，俞大哥不至于敌友不分。他们的来意，是想请三婆婆做主，仰仗俞大哥的威名，保一保平安。

听得这一说，俞三婆婆的脸色和缓了，说此事武成理当效劳。

然而，事情并不是那么简单。俞武成客居异地，手下的兄弟都不在，虽然出头来主持，无非因人成事。上山容易下山难，看来不是凭一句话就可以摆平的。

事情相当麻烦，俞武成为本帮兄弟的生计考虑，急于谋个出路，以至身不由己，受到挟制势若骑虎。萝卜只有吃一节剥一节的，好在最难的一节——和俞武成拉近关系——已经安然走过，已经不虑骑虎的人策虎来追了。胡雪岩接下来要做的就是如何让骑虎的人安然下虎背。

凭了胡雪岩的脑筋、实力和关系，这一点倒不算太难：伏虎，让恶虎归顺了，一切都迎刃而解。

伏虎无非就是收降。计策似乎无甚高明，仔细想来，也足见胡雪岩的眼光深远。他从一个商人的角度通盘考虑形势，深信太平军只是一时肆虐，于情势，于力量，都不大可能长久。所以胡雪岩在商业上的总原则是帮官军打太平军，天下早一日安宁，商业早一日昌盛。这批军火本来也正是此原则下着手去做的，遇到了麻烦，也正好可以顺着这个思路去考虑解决办法。

这可真是一窍通而百窍通。胡雪岩很快和俞武成及其他谋划劫持军械的江湖头目达成了协议。由胡雪岩报请官府，发给这批人三个月粮饷，保证不诱降（不先降后杀），事成后编队移地驻防。胡雪岩还自己先拿出10000两银子来补润。

既然生路有了，谁又会硬往死路上走？

这件事也见出胡雪岩务求事圆的决心、手段和恒心来。不到山穷水尽之时，决不放弃以平和的方式解决，为了能够达到平和圆满，也决不过于姑息迁就。原则是要有的，见机行事也很必要。

这又是胡雪岩的一种“圆”。

假定只是魏师爷卖了人情，与俞武成闹翻，那么运枪的事情是可以办成的，以后的局面却会就此一塌再塌，变成处处掣肘，事事放不开。所以魏师爷的人情可感，却不能那么便宜地买了就算了。俞武成那里稍有不同，在那里本来没有人情却必须做人情，做成人情的方法无非是同生死、共患难。帮对方考虑周到了，难题解决了，自己的事情也就大功告成了。

这种“方”与“圆”的完美结合，可谓天衣无缝。

圆世既表现在“使活”上，又表现在“灵活”上。治损不致残的处世原则，典型地表现了胡雪岩的这一态度。胡雪岩有一条原则总是恪守不渝的，那就是：总要给对方留个台阶，留个后路。最后的印象总是大体相同的：治我损我，拆我的烂污，那是行不通的，甚至应该让你没有好下场，但是只要你尚有可用的地方，饭总是大家一起吃的。

再比如胡雪岩的朋友郁四因听信家人叨扰，把水晶阿七赶出后，阿七旧情萌发，居然又去纠缠青梅竹马的旧好陈世龙。陈世龙已经有了阿珠，并且心思贞定，立意要干一番事业，以不负师父、妻子和岳丈岳母的期望，岂有对阿七松口之理？

这种局面让陈世龙烦心，让阿七酸心，让郁四灰心。

胡雪岩却想出一个简单得不能再简单的办法：“船并老码头。”

阿七和郁四的感情毕竟有了几年，不是那么容易断的。只有阿七重新回去了，才能平抚郁四颓丧懊恼的心。这件事做完了，阿七给陈世龙带来的麻烦自然也就没有了。

不过这事能否成功，关键还要看能否把郁四和阿七分头说拢。这就显出胡雪岩对人心人情的体悟透彻来。

到了聚成钱庄，胡雪岩的第一句话就是责问阿七到底怎么回事？

郁四面对胡雪岩，只是一个劲摇头叹息。通过察言观色，迂回试探，胡雪岩看出郁四心里还眷恋着阿七，盼着她能够回来，可是他又怕阿七心里有气，故意较劲儿、拿糖。胡雪岩把郁四的心理摸透以后，主意也就有了。他向郁四打下保票，一定帮他把阿七弄回来！

胡雪岩说到做到，他回头找到阿七，摆出为她打抱不平的神态，狠狠责备郁四无情无义，得福不知，一下赢得阿七的信任。阿七也一把鼻涕一把泪地向胡雪岩倾诉自己的委屈。胡雪岩一言不发地听完她的一腔怨言，也就把她真正的心意探清楚了。她嘴上虽然怨恨郁四，其实心里一直摆脱不掉郁四的影子，这么一来，胡雪岩便有十足的信心促使两人重归于好了。

结果自然是春风化雨。

这是胡雪岩圆融的“融”，方方面面都皆大欢喜。

胡雪岩的处世态度，无非是外圆内方，可伸可屈，总要想方设法使事情完美无憾，使自己有后路可走。

胡雪岩是事业型的，能毫无羁绊地发展出这种圆世态度来。这种态度，卑之无甚高论，开宗明义就是先要生存，后要过好，然后再培养出一点人与人之间的感情和温暖来。因为没有什么固定原则，故而表现为通、活、融、满，屈伸自如。

胡雪岩对方与圆、屈与伸的掌握与运用，可谓达到了出神入化的地步。

不为赚钱而结怨，不抢别人的好处

妒忌的性格，人皆有之。但怎样才能克服呢？胡雪岩认为自古以来“同行相妒”，而妒忌的力量是很可怕的，人行走商场，最怕非议，最怕树敌，因此还是谨小慎微比较可靠。胡雪岩对这一点深有感触，他说：“不招人妒是庸才，可以不招妒而自己做得招妒，那就太傻了。”无论在他的中兴盛期还是末路时期，他都非常注意自身的举动，避免锋芒太露，因别人的忌妒而受敌。

胡雪岩的不自招妒忌，是为了不在同行中处于孤立的地位，是一种深刻的眼光。在创业之初，这种眼光就表现出来了。

胡雪岩因资助王有龄而被钱庄扫地出门，王有龄当官后，自然要感恩图报，给胡雪岩创业的机会。

不为赚钱而结怨，不抢别人的好处，这是调适人际关系要优先考虑的问题。同时，为了不在同行中处于孤立地位，还有一条重要原则，即不自招妒忌。

胡雪岩要筹办自己的钱庄，其实他身无分文。不过他已经筹划好了资金的来源，即以王有龄为官场靠山，凭他们的交情承办代理打点道库、县库的过往银两。代理道库、县库，可以用公库的银子来做钱庄的流动资本，而且公家银子不需付利息，这等于是白借本钱。

当然，这样做有一项条件，那就是王有龄必须得一个署理州、县的实缺。当时王有龄刚刚仕途起步，还只是浙江海运局"坐办"，一来他还不具备真正给胡雪岩提供代理公款的条件，二来他自己也确实需要胡雪岩的全力相助，因此，他不同意胡雪岩立即着手开办钱庄。依王有龄的想法，等他真正官场立足之后再着手胡雪岩的钱庄也不迟，反正他们的交情本来就不必瞒人，由当时官场通例，他把官库银子给胡雪岩钱庄代理，也是极普通的事情，不怕别人说什么。

不过，胡雪岩不这样看。胡雪岩认为正因为已经有了代理道库、县库的筹划，所以更应该先立起一个门户来。王有龄此时刚刚得意，外面还不大有人知道，因而也正是一个机会。这时把钱庄办起来，即使内里只是一个空架子，外面也要弄得热热闹闹的，这样一旦王有龄放了州县，由自己的钱庄代理公库，公款源源而来，空的自然变成实的。倘若一定等到王有龄放了州县得了实缺再来搭架子，那时浙江官、商两界都知道有个王有龄，也都知道王、胡之间的交情，虽然自己的钱庄能够得到的代理官库的好处是一样的，或许钱庄生意的运作还会方便些，但外人的看法和说法却会大不相同。人们会说胡雪岩办钱庄是借了王有龄的官场靠山，也会说王有龄是动用公款交胡雪岩办钱庄，营商自肥，如果有人开个“玩笑”，告上一状，那也就真的要“吃不了，兜着走”了。

胡雪岩的意思很明白，就是做事要不落痕迹，不自招妒忌。商场上确实应该注意尽量不要招嫉。被人忌妒，会在自己与同行之间造成一种无形的隔阂，生意上携手合作的可能性就会大打折扣。特别是自我招摇，自招妒忌，还容易使自己在同行同业中处于孤立地位，甚至还有可能使同行联起手来与你作对，这样，你也就会感到处处掣肘，四面支绌，要想获得成功，也就难上加难了。

从这一角度看，自招妒忌其实也就是在为自己树敌。而且，应该知道，由自招妒嫉而树敌，这“敌”比通常意义上的“敌”还可怕，因为他常常隐在暗处，难以对付，嫉妒你的人表面上和你一团和气，暗地里却给你下“绊子”，让你知道有对手却不知道对手在哪里，等你找到对手之后，也许你精心筹划开创的事业已经付之东流了。

所以，一个精明的商人，虽然知道遭人妒忌常常是免不了的，但绝不自招妒忌。而他们不自招妒忌的方法，也不外乎与胡雪岩一样，第一，不在同行中锋芒太露；第二，不能总想着自己好事占全；第三，时刻注意得维人时且维人以化解可能产生的敌意。总之一句话，做事得不落痕迹。

清朝末叶，西化运动逐渐生根，朝廷特设“总理各国事务衙门”，处理涉外事务。“总理各国事务衙门”，简称“总理衙门”，等于是现在的外交部。不过，总理衙门不管拿主意，算是第二线事务机构，真正与外国官商打交道的第一线衙门有两个，一个是设于天津的直隶总督兼北洋大臣，另一个则是设于南京的两江总督兼南洋大臣。

朝廷派左宗棠到南京，当起南洋大臣。左宗棠目空一切，到了南京就和李鸿章干上了，极力铲除李鸿章在江南地区的势力。李鸿章也不好惹，当然也出计谋倒打左宗棠。两雄相争，先斩对方羽翼。毫无疑问，胡雪岩是左宗棠最大的羽翼，也成了整个北洋系最显著的靶子。各种麻烦不打一处来，胡雪岩十分机警，见招拆招，一一应付。就在这个节骨眼上，胡家正赶上办喜事，他家三小姐要出嫁了。

胡雪岩派他亲信的姨太太，带着大笔现银赶到上海，采购钻石珠宝，作为女儿嫁妆。这姨太太很能干，在租界里一家德国洋行，买到极为珍贵的一批钻石首饰。

这德国洋行的经理久仰胡雪岩“财神”之名，成交之后，提出不情之请，希望姨太太能同意，把这批钻石首饰在店里陈列一个星期，在店里大做广告，说是本店做成财神胡雪岩女儿出阁嫁妆的生意，以收广告之效。

德国经理这份请求，却让胡雪岩姨太太颇伤脑筋，她和胡雪岩在上海的死党兄弟古应春商量此事。一方面，现在外面整个北洋系人马都在等机会，等着找胡雪岩麻烦，胡雪岩好歹是朝廷红顶子官，在上海滩这样招摇，很容易落人话柄，说胡雪岩铺张招摇，有碍官箴。所以公开展览首饰并不妥当。可是，要是拒绝要求，自然有话传出去，说是胡雪岩现在不比从前了，财力大为缩水了，连嫁女儿都拿不出像样的首饰，否则为什么不敢拿出来展示？要是真有这种传言，对胡雪岩的信用是一大打击，以后做起生意来，场面就要打折扣。

经过几方面思考，最后姨太太与古应春决定，展览还是展览，不过，既是在德国洋行里，那么，首饰旁的说明，就以英文、德文表示，不准写中文。这种做法，其实是瞒驼鸟的，但也不失为折中之道。

胡雪岩虽然是富敌王室的东南巨富，有财神之誉，但是，毕竟还是知道忧谗畏讥，尽管有些实力，但还知道收敛。所以，作为一个中国商人，一定要懂得不自招妒的道理，像胡雪岩一样，反躬自省，收敛锋芒。

（二）坦荡性格：一个人只能唱独角戏

本事越大，越要人照应

自大的性格与自谦的性格相对应。自大的性格往往会把人逼上自绝之路。胡雪岩为了防止自大性格在自己身上露出苗头，始终加以克制，他提出了一个很有名的观点——“本事大，越要人照应”，即是一种自谦性格的表现。

商场上的竞争，与其他行业的竞争一样，说到底是人才的竞争，是智力竞争。因此，选择帮手更加重要。帮手选得好，事业成功的把握就大，而一旦用人不当，后果常常不堪设想——用错一个人，往往会坏了自己辛辛苦苦打下的整个江山。所以，从某种意义上说，一个要在商界成就一番大事业的人，他的最大的本事，应该就是能识人、会用人。

“越是本事大的人，越要人照应。皇帝要太监，老爷要跟班，只有叫花子不要人照应。这个比方不大恰当，不过做生意一定要有伙计。胡先生的手面你是知道的，他将来的市面要撑得其大无比，没有人照应，赤手空拳，天大的本事也无用。”

这番话是“小和尚”陈世龙对阿珠父亲老张说的。老张本来是一个很胆小的老实人，以前因为有和胡雪岩结亲戚的打算，因此接受胡雪岩的建议回湖州来开丝行，后来胡雪岩觉得娶阿珠做“小”不妥，便用计撮合了阿珠和陈世龙的一段姻缘。因为这个原因，老张觉得再受胡雪岩的照应也不妥，便想打退堂鼓，陈世龙为开导老张便说了上面这段话。

陈世龙的话，既是在启发劝解老张，也是说出了一个人之所以能够获得成功的最深刻的原因，即要有人帮忙，要有人照应。当然，一个人要立身于社会，不管是在官场、商场，还是在别的什么“场”，都少不了要靠自己的才识、能力。所谓才识，无非就是搜集信息、正确决策的能力，就是能见人所未见、准确判断的能力，就是巧妙运用一切有利因素、制定出合理计划并付诸行动的能力。没有这些，再好的条件也是枉然。但当这些自身条件已经具备之后，外界的所谓靠山、人缘，即能给自己带来成功的帮手，就显得尤其重要了，没有人帮助、照应，真正有天大的本事也是枉然。

事业鼎盛时期，胡雪岩的钱庄遍设杭州、宁波、上海、武汉、北京等地，典当行开了20多家，胡雪岩自身还要兼理丝茧、军火生意，手下分号的用人自然成了头号问题。

比如王有龄自然是很会做官的，除了他自己会做官之外，如果没有别人的帮助，他也绝不会成为后来浙江官场的红人。当初他只是一个落魄文人，没有功名，靠钱买了个正八品的盐大使还是候补的，也就是说有没有官职还得有机会，这种机会又是那么的渺茫。正当他穷途末路之时，比他小10岁、当时年仅20的胡雪岩资助了他500两银子，助他进京买了个候补的七品知县。王有龄得此资助进京，又巧遇外任江苏学政的何桂清。何桂清幼时家贫，曾受到王有龄父亲的照顾，于是向浙江巡抚黄宗汉推荐王有龄。而此时的黄宗汉因逼死布政使（藩司、藩台）椿寿而需何桂清替其掩盖责任，很快就任命王有龄为浙江海运局坐办。于是王有龄一下子便成了黄宗汉门前的红人。不用说，没有胡雪岩的帮助，没有何桂清的照应，或者黄宗汉根本不买何桂清的账，王有龄大概今生今世也只能以一介落魄书生客死杭州。

王有龄后来的官运亨通，也是得自有胡雪岩这个帮手。刚一接手海运局坐办的差使，就遇到漕米解运的麻烦。漕运积弊已深，初改海运，事情千头万绪，而且势必触动漕帮利益，漕帮定会不肯将浙江粮食运往出海口；且部门重叠、政令不畅，官僚政客各自盘算自己的得失，海运一事难以很快实现，而朝廷却一再催促南粮北运，以解燃眉之急；加上王有龄刚刚踏进官场，人生地不熟，他所遇到的困难可想而知。也正是在胡雪岩的出谋划策下，打破常规，大胆地用就地买粮的办法，在上海附近买粮、就地出海，解决了浙江漕米迟迟运不出去的问题。具体运作也是胡雪岩凭着他的手腕，用金钱开路，用酒肉敲门，用各种办法收买和笼络官吏、漕帮首领、钱庄老板、粮商，在生意场上精于算计，诱之以利，从而使海运一事顺利实现，也使王有龄初战告捷，巩固了他在官场的地位，他也很快升为湖州知府。

不用说，“小和尚”认为胡雪岩本事再大也要有人照应，自然也是事实。实际上，在胡雪岩走向“红顶商人”的辉煌顶点的过程中，如果没有像王有龄、左宗棠、古应春、尤五、郁四、刘庆生乃至如张胖子、刘不才、“小和尚”这些人的帮忙和“照应”，他一样是有“天大的本事也无用”。

“越是本事大的人，越要人照应。”这其实是一个很简单浅显的道理。越是简单浅显的道理，也越是至理。因此本事越大的人，也越要牢牢记住这个道理。

所以，“用人”是一个十分古老的话题，千百年来人们总是在这个问题上走着螺旋式的道路。孟尝君能用“鸡鸣狗盗”之徒，成狡兔三窟，躲过杀身之祸；楚怀王不能用人，听信奸佞之言，终于客死秦国；楚霸王不能用人，虽有万夫不敌之勇，但还是有乌江自刎的悲剧；刘邦能用人，文有萧何，武有韩信，最后当了高祖皇帝；曹孟德能用人，削平中原；袁绍不能用人，有官渡之惨败；唐太宗能用人，成贞观之治；唐明皇不能用人，造成安史之乱……能不能用人，大则国家兴亡，小则个人成败，是一个于人于国均十分重要的问题。一位伟人说过，路线确立之后，关键是干部问题。干部问题，也就是用人的问题。

王有龄靠着运气，得到胡雪岩的资助，进京买个官职；又靠着与江苏学政何桂清的关系，得到浙江巡抚黄宗汉的任用，得了浙江海运局坐办的实缺，真正做起官来。但这个浙江海运局坐办的官差，实在难以料理：要把浙江应征的十几万石粮食运出浙江，但由于运河交通不畅，官府之间互相推诿设卡，运粮一事难以近期完成。但王有龄充分使用足智多谋的胡雪岩，靠着胡雪岩的大胆策划、周密部署、多方打点奔走，由海运局出面担保，钱庄垫钱、漕帮卖粮以充漕粮的计划得以顺利实施。这个计划的设想由胡雪岩提出，各个细节由胡雪岩推敲，各个环节也主要由胡雪岩去沟通。事情做得巧妙顺利，各方皆大欢喜。王有龄的成功，没有胡雪岩的鼎力相助，无论如何是得不到的。

胡雪岩全力帮助王有龄，自然不仅仅只是为了朋友，他其实是在为实现自己的大计划做准备，他要培植起一棵来日可以托靠的官场大树，他们之间绝不是简单的主仆关系。王有龄借重胡雪岩当然不仅是为报恩，他需要胡雪岩帮助自己仕途通达也是实实在在的，要不然他也不会在事情顺利办成、自己腾达起来之时，如此踌躇满志地说出“才智之乐于为己所用，此人的成就便不得了了”的话来。王有龄能够得到胡雪岩的全力相助，当然不是因为他特别会用人。只是他的这番话，确实在无意之中说出了一个事实。

王有龄所谓识人，其实就是对人才的特长、才能有充分的认识、准确的判断，能从对方的为人处世中发现其与众不同的地方。所谓手腕，无非就是采取一定方式笼络人才，使人才为我所用，真心替自己效力。王有龄对胡雪岩的使用，最大手腕是充分信任、言听计从，这是基于他对胡雪岩谋事周到、办事干练的能力认识而采取的用人方式。而胡雪岩在用人上除信任外，还注意从心理上、物质上满足对方的需求，使对方反过来对自己产生感激之情、报效之心，竭尽全力为自己办事。这则是生意人用人的手腕了。

胡雪岩长于算计，谋事周到，“公关”厉害，招数高明，所做之事多能办成，这是他的本事，对此他也很自信。然而仅靠他一人的本事，只能唱独角戏，顶多一个“个体户”，不会成为一个集钱庄、丝行、典当、军火、粮食、房地产生意于一体，经营范围涉及浙江、江苏、上海几乎半个中国，甚至还把手伸到外国人那里去的红顶商人。他成功的秘诀，在于能用人，也就是集中大家的力量为我所用，从而创造出经营上的奇迹。

胡雪岩的用人，一是内部聘用，二是外部利用。在聘用职员上，他不拘一格选拔人才，只要有所长，即大胆使用。

把慷慨撒出去，把面子收回来

做人不能心胸狭隘，要慷慨大度，这样才能获得一片赞誉。这就是说，只有把慷慨撒出去，才能把面子收回来。如果在各方面斤斤计较，刻薄寡义，是不能成大事的，胡雪岩之所以能把生意做到洋场，与其慷慨大度的处世之道分不开，这也正是胡雪岩的经商性格之所在。

胡雪岩笼络廖化生与洋商打交道，慷慨的性格体现最为明显。冬日，杭州城天寒地冻，北风凛冽，阜康钱庄却一片热火情景：大厅里一字儿排下五个火盆，炽烈的薪炭将大厅烤得暖气融融，乌红色的枣木大柜前，十来名伙计忙不迭应酬顾客，报账声，算盘声，此起彼伏，热闹非凡。柜台外面，顾客如云，摩肩擦背，喧哗不绝。经过数年苦心经营，胡雪岩的阜康钱庄一跃而为同行之魁，银钱往来业务超过任何一家钱庄。

此刻，胡雪岩坐在太师椅上，望着钱庄繁忙情景，自矜自得，欣慰之情溢于言表。这时，一位顾客递给伙计一张银票，声言要支取现银。

伙计愣了一刻，随即满脸堆笑，请顾客进厅堂落座，沏一杯上等毛峰。胡雪岩见状，知道这个顾客非比寻常，关切地上前询问伙计。原来顾客要支取50000两现银，因数额巨大，需到库里搬运，耗费时间，所以便请他入座喝茶等候。

胡雪岩善于察言观色，见那顾客行色匆匆，风尘仆仆，料想必是远道而来；又见他双目明亮，眉间一股英气，干练通达，必是场面上混惯的人，想着，有心试探他底细，便右手端茶碗，三指并拢，大拇指翘起，做出青帮询问的暗号：来者何人？慢慢踱过去。

来客见状，很敏捷地端起茶碗，三指散开，大拇指向下，作出回答的暗号：帮中弟兄。

胡雪岩忙拱手道："这位弟兄贵姓？"

"免贵姓高，弟兄们称我高老三。"

排行为三，显系帮中管理钱财的执事，胡雪岩立刻确定了他的身份，亲热地同他交谈起来。原来，高老三系苏南青帮"同福会"的管家，专司钱财往来，此次到杭州取银子，为了一桩急事。

"银子多了扎眼，路上也不安全，何必一次取那么多。"胡雪岩淡淡道。

高老三道："胡老板说得对，但这笔钱立刻就要分给兄弟们做安家费，不会多余剩的。"

"哦，安家费？"胡雪岩微微有些吃惊，据他所知，青帮弟兄需要流血拼命时，才发放安家费给眷属，以使他们解除后顾之忧，甘心赴死。他又道："同福会莫非与人结下冤仇，要开杀戒？"

"胡老板，看在你懂帮规的份上，不妨告诉你，安福会将替太平军护送一批军火从上海到金陵，途中官军重重设防，难免有冲突，所以会里选了百多位敢死的弟兄，去完成任务。"

胡雪岩恍然大悟，青帮与太平军联手办事，是常有之事，大约太平军出价不菲，同福会才敢冒极大危险替对方护送军火。他于是不再多话，让高老三取了银子，客客气气送出门外。高老三走后，胡雪岩心里反复掂量这条消息的价值。太平军和清军对峙多年，军火匮乏，青帮替太平军护送军火，双方都有好处，本与胡雪岩无关，但他像一条嗅觉灵敏的猎狗，嗅到其中特别的气味。太平军在上海购军火，必然与洋人洽商，军火买卖向来利润惊人，回扣不菲，这是众所周知的事。胡雪岩十分垂涎军火生意，苦于无处着手，如今凭空知道了这条消息，正可捷足先登，把这笔生意夺回自己做。想罢，事不宜迟，他立刻打轿赶往王有龄府宅。王有龄听他述说，高兴道："真是踏破铁鞋无觅处，得来全不费功夫，刚才抚台黄大人召见我，商议要海运局拨一笔款子购置500条毛瑟枪，加强浙江绿营的装备，我正愁差谁去经办，你若有兴趣，可应承下来。"

胡雪岩心算一下，毛瑟枪每支50两银子，500支需25000两银子，回扣一分以上，起码可获利3000两银子，是一笔好买卖。当下他立刻应允，请王有龄开了一张30000两银子的官票，预备到上海花费。然后收拾行装，雇了一只小火轮，急急连夜奔赴上海。你道胡雪岩怎么这样匆忙？他深知商场如战场，稍有懈怠便坐失良机。胡雪岩算定太平军购军火不会很快，洋商必定讨价还价，延宕时日，把太平军逼到最后关头，好敲诈一笔高价。从高老三口中，胡雪岩得知太平军欲购500支枪，这批军火数量巨大，洋商不可能有现货，待从外国运来时，时间又过去一个月了。故而胡雪岩满怀信心要把这批军火半道易手，为己所用。

不几日，胡雪岩到了上海，求见上海青帮首领廖化生，说明来意。廖化生笑呵呵道："生意人人做，就看谁占先，凭胡先生的才能，这笔生意非你莫属。"胡雪岩谦虚道："靠我单枪匹马，万难成功，还要老哥鼎力相助，事成之后，老哥可分三成利润，算是合伙生意。"

廖化生喜出望外，没想到胡雪岩如此慷慨豪爽，道："需要我做什么，尽管说，自家弟兄任你差遣。”

“我对洋商所知甚少，请老哥派一位懂行的弟兄陪陪我。”

廖化生沉思片刻，说：“眼下有一位弟兄，在洋行当通司，外国话说得流利，深谙洋商底细，就叫他帮助你如何?”

胡雪岩道：“最好，最好!”

不一会儿，一位弟兄带进一名青年，戴墨镜，穿洋装，着皮鞋，脑后却拖根长辫子，显得不中不西，不伦不类，十分滑稽。廖化生向胡雪岩做了介绍：此人名叫欧阳尚云，在洋行干了多年，懂法兰西语和英吉利语，是上海洋商看重的人物。欧阳尚云操着一口半生不熟的官话，告诉胡雪岩说：因从小就在洋行当小厮，学会说洋话，天长日久，中国话反而生疏了。胡雪岩见他聪明伶俐，反应灵敏，暗忖今后得好生待他，将来同洋商打交道，是个不可多得的人才。

欧阳尚云果然对上海洋商了如指掌，说起洋商底细，如数家珍，娓娓而谈。胡雪岩从他口中得知，太平军向英商麦得利所购500支毛瑟枪，因现货不齐，麦得利向国内拍电报催运，商定下月初交货。胡雪岩算算还有20多天，不禁额手称庆，真是天助我也，20天用来周旋，时间绰绰有余，商场规矩，只要货未交出，一切协议契约，均无约束，签约毁约，司空见惯。胡雪岩久经商战，有信心令麦得利改弦易辙，撕毁与太平军的签约，把生意转给自己做。

主意打定，胡雪岩叫欧阳尚云同麦得利联系，亲自和他面谈。

第二天，欧阳尚云陪同胡雪岩，前去一家洋酒馆会晤麦得利。一路上，欧阳尚云不断向胡雪岩介绍洋人的礼节、习惯和规矩，不知不觉到了酒馆门外，见个身着红外套的黑种人在把门，满脸络腮胡子，模样煞是凶狠。欧阳尚云介绍说是印度仆役，相当于中国的门子。酒馆外面装饰得金碧辉煌，晶莹耀眼，一行巨大的洋文衬在门楣上，类似于张旭的狂草。经介绍，胡雪岩知道是英文“欧罗巴大酒店”。

麦得利步出门厅迎接，他身材瘦长，像根晾衣竿，鼻子尖细且弯，令人想到鹰嘴。麦得利爽朗大笑，紧紧抱住胡雪岩，几乎令他喘不过气来，强烈的口臭使胡雪岩头晕目眩。热烈欢迎之后，胡雪岩在餐桌旁就座，开门见山同麦得利谈起那笔军火交易。麦得利连连摇头，说已同别人签约，不可失信。胡雪岩说知道你同谁签了约，那是一伙与合法政府作对的乱民。麦得利说自己是商人，商人只管做生意，而不问对方是谁，哪怕是魔鬼。胡雪岩反问对方：知道五口通商的条约吗？那是外国政府同清廷签订、保护外国商人在华利益，如今你们同反对清廷的乱民做军火生意，无异于反对中国政府，还能受到保护吗？

这一招很厉害，麦得利无言以对。胡雪岩抓住要害，进一步说，如果清廷得知这笔交易，派兵截获军火，那时你不但血本无归，还要受到政府追究责任，利弊如何，不是明白无遗吗？麦得利苦笑着，耸耸肩膀，两手一摊，表示无可奈何。他狡辩说，枪支已经启运，很快到达上海，若中途毁约，将蒙受巨大损失。胡雪岩告诉他，自己可以代表浙江地方当局买下这批军火，并可提高出价。麦得利双眼一亮，连叫“OK”，表示很有考虑的必要。胡雪岩盯住他说，不是考虑，而是必须，否则自己将运动所有力量，破坏麦得利同太平军的交易。

麦得利将信将疑，转向欧阳尚云，询问他胡雪岩在中国官场上的影响和势力，究竟有多大。欧阳尚云告诉他，中国有句老话，叫作“有钱能使鬼推磨”，胡雪岩的钱财，足可以买下浙江半个省的地皮，相当于英伦三岛的其中一个。麦得利惊得张大嘴巴，连连伸出拇指比划，金钱的力量立刻降伏了他，麦得利明白同胡雪岩这样的巨富打交道，比同“乱民”太平军来往有利多了。

没费多大力气，麦得利就放弃了原来的打算，同胡雪岩商谈起购买枪支的具体事宜。胡雪岩允许把每支枪价格提高一两银子，麦得利高兴得手舞足蹈，斟满一杯洋酒，同胡雪岩碰杯，庆贺生意成交。

（三）竞争性格：不把对手当死敌

学会笑对你的对手

很多人一遇到自己的对手，就唬着个脸，让人一看，就可知其中的“小纠纠儿”。实际上，这是不成熟的表现，真正的聪明人总是笑对自己的对手。一般来讲，一个生意人很难笑对竞争对手。可胡雪岩却能做到，因为在他看来：没有永远的朋友，也没有永远的敌人，只有永远的利益。生意场上竞争，总免不了构成敌对关系，胡雪岩总是笑对竞争对手，千方百计化敌为友。

胡氏在生意上虽然历经波折，但终究是有莫大的成就。这不但靠他自己的能力，也靠朋友的支持，甚至是势不两立的敌人也有向他伸出援助之手的时候。

与胡氏势不两立的，大都是生意上的对头。一般商人遇到这种事，总是想：既然大家都过独木桥，对不起，我只有想办法把你挤下去了；然而胡雪岩不这样想，既然是过独木桥，都很危险，纵然我把你挤下去，谁能担保你不能湿淋淋地爬起来，又来挤我呢？冤冤相报，何时是个头？既然大家图的是利，那么就在利上解决吧。

胡的老朋友王有龄曾经遇到一件麻烦事，他去拜见巡抚大人，巡抚大人却说有要事在身，不予接见。

王有龄自从当上湖州知府以来，与上面的关系可谓做得相当活络，逢年过节，上至巡抚，下至巡抚院守门的，浙江官场各位官员，他都极力打点，竭尽巴结之能事，各方都皆大欢喜，每次到巡抚院，巡抚大人总是马上召见，今日竟把他拒之门外，是何道理？真是咄咄怪事！

王有龄沮丧万分地回到府上，找到胡雪岩共同探讨原因。

胡雪岩道，此事必有因，待我去巡抚院打听，于是起身到巡抚院，找到巡抚手下的何师爷，两人本是老相识，无话不谈。

原来，巡抚黄大人听表亲周道台一面之词，说王有龄所治湖州府今年大收，获得不少银子，但孝敬巡抚大人的银子却不见涨，可见王有龄自以为翅膀硬了，不把大人放在眼里，巡抚听了后，心中很是不快，所以今天给王有龄一些颜色。

这周道台到底何方神圣，与王有龄又有什么过节呢？

原来，这周道台并非实缺道台，也是捐官的候补道台。是巡抚黄大人的表亲，为人飞扬跋扈，人皆有怨言。黄巡抚也知道他的品性，不敢放他实缺，怕他生事，念及亲情，留在巡抚衙门中做些文案差事。

湖州知府迁走后，周道台极力争补该缺，但王有龄使了大量银子，黄巡抚最终还是把该缺给了王有龄。周道台从此便恨上王有龄，常在巡抚面前说王有龄的坏话。

王有龄知道事情缘由后，恐慌不已，今年湖州收成相比往年，不见其好，也不见其坏，所以给巡抚黄大人的礼仪，还是按以前惯例，哪知竟会有这种事，得罪了巡抚，时时都有被参一本的危险，这乌纱帽随时可能被摘下来。

对此，胡雪岩却微微一笑，从怀里掏出一只空折子，填上 20000 银子的数目，派人送给巡抚黄大人，说是王大人早已替他存有银子入钱庄，只是没有来得及告诉大人。

黄巡抚收到折子后，立刻笑逐颜开，当即派差役请王有龄到巡抚院小饮。此事过后，胡雪岩却闷闷不乐，他担心有周道台这个灾星在黄大人身边，早晚会出事。

王有龄何尝不知，只是周道台乃黄大人表亲，打狗还得看主人，如果真的要动他，恐怕还真不容易。

胡雪岩想来想去，连夜写了一封信，附上1000两银票，派人送给何师爷，何师爷半夜跑过来，在密室内同胡雪岩谈了一阵，然后告辞而去。

第二天一早，胡雪岩便去找王有龄，告诉他周道台近日正与洋人做生意，这生意不是一般的生意，而是军火生意，做军火生意原本也没什么，只是周道台犯了官场的大忌。

原来，太平天国兴起之后，各省纷纷办洋务，大造战舰，特别是沿海诸省。浙江财政空虚，无力建厂造船，于是打算向外国购买炮船，按道理讲，浙江地方购船，本应通知巡抚大人知晓，但浙江藩司与巡抚黄大人有隙，平素貌合神离，各不相让，藩司之所以敢如此，是因军机大臣文煜是他的老师，正因如此，巡抚黄大人对藩司治下的事一般不大过问，只求相安无事。

然而这次事关重大，购买炮舰，花费不下数十万，从中回扣不下10万，居然不汇报巡抚，所以藩司也觉心虚，虽然朝中有靠山，但这毕竟是巡抚的治下，于是浙江藩司决定拉拢周道台。一则周道台能言善辩，同洋人交涉是把好手，二则他是黄巡抚的表亲，万一事发，不怕巡抚大人翻脸。

周道台财迷心窍，居然也就瞒着巡抚大人答应帮藩司同洋人洽谈，这事本来做得机密，不巧却被何师爷发现了，何师爷知道事关重大，也不敢声张，今日见胡雪岩问及，加之他平素对周道台十分看不起，也就合盘托出。

王有龄听后大喜，主张原原本本把此事告诉黄巡抚，让他去处理。

胡雪岩道，此事万万不可，生意人人做，大路朝天，各走半边。如果强要断了别人的财路，得罪的可不是周道台一人。况且传出去，人家也当我们是告密小人。

两人又商议半晌，最后决定如此如此。

这天深夜，周道台正在做好梦，突然被敲门声惊醒。他这几日为跑炮船累得要死，半夜被吵，心中很是气愤，打开门一看，依稀却是抚院的何师爷。

何师爷见到周道台，也不说话，从怀里摸出两封信递给他。

周道台打开信一看，顿时脸色刷白，原来这竟然是两封告他的，信中历数他的恶迹，又特别提到他同洋人购船一事。

何师爷告诉他，今天下午，有人从巡抚院外扔进两封信，叫士兵拾到，正好何师爷路过拆开信一看，觉得大事不妙，出于同僚之情，才来通知他。

周道台一听顿时魂飞魄散，连对何师爷感激的话都说不出来。他暗思自己在抚院结怨甚深，一定是什么人听到买船的风声，趁机报复，如今该怎么办呢？那写信之人必定还会来报复。心急之下，拉着何师爷的衣袖求他出谋划策指条明路。

何师爷故作沉吟片刻，这才对他说，巡抚大人所恨者，乃藩司，而他并不反对买船。如今同洋人已谈好，不买也是不行，如果真要买，这笔银子抚院府中肯定是一时难以凑齐，要解决此事，必要一巨富相资助，日后黄大人问起，且隐瞒同藩司的勾当，就说是他周道台与巨富商议完备，如今呈请巡抚大人过目。

周道台听完，倒吸了一口凉气。他在浙江一带，素无朋友，也不认识什么巨富，此事难办！

何师爷借机又点化他，说全省官吏中，唯湖州王有龄能干，又受黄大人器重。其契弟胡雪岩又是江浙大贾，仗义疏财，可以向他求救。

一提王有龄，周道台顿时变了脸色，不发一言。

何师爷知道周道台此时的心思，于是又对他陈述其中的利害，听得周道台又惊又怕，想想确实无路可走，于是次日凌晨便来到王有龄府上。王有龄虚席以待，听罢周道台的来意，王有龄沉吟片刻，道："这件事兄弟我原不该插手，既然周兄有求，我也愿协助，只是所获好处，分文不敢收，周兄若是答应，兄弟立即着手去办。"

周道台一听，还以为自己听错了，赶紧声明自己是一片真心。

两人推辞半天，周道台无奈只得应允了。于是王有龄到巡抚衙门，对黄巡抚道自己的朋友胡雪岩愿借资给浙江购船，事情可托付周道台办。

巡抚一听又有油水可捞，当即应允。

周道台见王有龄做事如此厚道大方，自惭形秽。办完购船事宜后，亲自到王府负荆请罪，两人遂成莫逆之交。

胡雪岩一向认为生意场中，没有真正的朋友，但也不是到处都是敌人。当众拥抱敌人，化敌为友，称得上是高手中的高手。

让人一活路，留己一财路

生意人做人不能太绝，做事不能太狠，要永远记住："让人一活路，留己一财路"。的确，待人做事，得理也要让人。在生意场上，胡雪岩即使完全有理由有能力置对手于死地，也绝不把事情做绝，因为他明白：给人活路，就等于给自己留出路。

胡雪岩到苏州，到永兴盛钱庄兑换20个元宝急用，这家钱庄不仅不给他及时兑换，还平白诬指阜康银票没有信用，使他很受了一点气。

这永兴盛钱庄本来就来路不正。原来的老板节俭起家，干了半辈子才创下这份家业，但40出头就病死了，留下一妻一女。现在钱庄的档手是实际上的老板，他在东家死后骗取那寡妇孤女的信任，人财两得，实际上已经霸占了这家钱庄。永兴盛的经营也有问题，他们贪图重利，只有 10 万银子的本钱，却放出 20 几万的银票，已经岌岌可危了。

胡雪岩在这家钱庄无端受气，自然想狠狠整它一下，起先他想借用京中“四大恒”排挤义源票号的办法。京中票号，最大的有四家，招牌都有一个“恒”字，称为“四大恒”。行大欺客，也欺同行。义源本来后起，但由于生意灵活随和，信用又好，而且专跟市井细民打交道，名声一下子做得很盛，连官场中都知道了它的信誉，因此生意蒸蒸日上。“四大恒”同行相妒，想打击义源，于是出了一手“黑”招，他们暗中收存义源开出的银票，又放出谣言说是义源面临倒闭，终于造成挤兑风潮。

胡雪岩仿照这种办法，实际上可以比当年“四大恒”排挤义源时做起来更方便也更狠。浙江与江苏有公款往来，胡雪岩可以凭自己的影响，将海运局分摊的公款、湖州联防的军需款项、浙江解缴江苏的协饷几笔款子合起来，换成永兴盛的银票，直接交江苏藩司和粮台，由官府直接找永兴盛兑现，这样一来，永兴盛不倒也得倒了，而且这一招借刀杀人，一点痕迹都不留。

不过，胡雪岩最终还是放了永兴盛一马，没有去实施他的报复计划。他放弃计划，有两个考虑，一个考虑是这一手实在太辣太狠，一招既出，永兴盛绝对没有一点生路。另一个考虑则是这样做法，很可能只是徒然搞垮永兴盛，自己却劳而无功。这样一种损人不利己的事情，胡雪岩也不愿意做。

从这件事情中，我们确实可以看到胡雪岩为人宽仁的一面。说起来这永兴盛既来路不正又经营不善，实际是一个强撑住门面唬人的乱摊子，即使将它一击倒地，大约也不会有多少人同情，可能还为钱庄同业清除了一匹害群之马。即使是这样，胡雪岩还是下不得手去，足见他所说的“将来总有见面的日子，要留下余地，为人不可太绝”，并不是口头上说说而已，而确确实实是这样去做的，这其实可以看作是胡雪岩的一条为人准则。

这其间自然有胡雪岩对于自我利益的考虑在起作用，所谓将来总有见面的机会，事情做得留有余地，也就为将来见面留有了余地。事实上，对于生意人来说，这样考虑也是十分必要的。生意场上，没有永远的朋友，也没有永远的敌人，无论竞争多么激烈的对手，竞争过后都会有联合的可能。因此，竞争总是存在，而“见面”的机会也总是存在的。俗话说“给人一活路，给己一财路”，从商者都应该把目光放远一些。

把一个“饶”字刻在心头

有时候，衡量事情成败的标志不在于给人逞强，而在于示弱，例如一个“饶”字，实在是隐含了太多的做人和经商道理。胡雪岩在经营过程中，非常注重“面子”的作用。同样，他也十分注意维护别人的面子，一个人的信誉破坏了，对大家都不利。所以他坚持“得饶人处且饶人”。

胡雪岩出道的时候，就显出这种气度。王有龄用胡雪岩捐助的500两银子捐官成功后，回到杭州，得知胡雪岩为此丢了饭碗，落破不堪，他当时就要还上信和钱庄的500两银子，为胡雪岩洗刷恶名。他弄清了借据的内容，利息算法，立即就在海运局支出600两银子，要去了结这笔账。他穿上官服，吩咐跟班备轿，让人准备鸣锣喝道，要和胡雪岩一同前往。按他的想法，自然是要以自己的威风，为胡雪岩扬一扬名，顺便也替他出一口恶气。

但胡雪岩却拒绝了。他并没有得理不饶人，而是设身处地地为别人想一想。他不去的理由很简单，信和钱庄的“大伙”就是当初将他开除出信和的张胖子。如果此时他和王有龄一同前往，势必让张胖子非常尴尬，大失面子。而如此张扬出去，传扬开来，张胖子在同行、在东家面前的面子也没有了。这是胡雪岩不愿意的事情。他不仅不与王有龄同去，而且还叮嘱王有龄捧信和几句，也不要告诉他们已经见到了胡雪岩。这使王有龄对胡雪岩的做法不禁赞叹道：“此人居心仁厚，至少手段漂亮。换了另一个人，像这样可以扬眉吐气的机会，岂肯轻易放弃？而他居然愿意委屈自己，保全别人的面子，好宽的度量！”

王有龄理解了胡雪岩的用心，单独去还这笔借款时，也做得漂亮。他特意换上便服，也不要鸣锣开道，且将官轿换成一顶小轿到了信和。由于信和当初就将这笔500两银子的款子当作一笔收不回来的死账，因此他们也没把胡雪岩代王有龄写的借据当一回事，不知随便扔到哪里去了，此时王有龄来还钱，居然遍找不到。当钱庄张胖子将此情况据实相告之后，王有龄不仅没有为难他，而且二话没说，拿出该还的连本带息550两银子，只要求对方写一个已经还清的笔据，至于原来的借据，以后找到，销毁就是了。

这一出了清旧账的戏确实“演”得漂亮。正像王有龄所想的那样，胡雪岩本来就受了冤枉，不仅为此丢了面子，而且丢了饭碗，以至于落魄潦倒到给人打零工维持生计。现在终于可以为自己洗刷恶名，换上一个人，大约真的不会肯白白放过这次为自己挣回面子、让自己扬眉吐气一回的机会。但胡雪岩首先想到的，却是如何保全别人的面子，难怪王有龄会打心眼里佩服他：“好宽的度量！”

在对待吃里扒外的朱福年时，胡雪岩还是牢牢记住“饶人一条路，伤人一堵墙”的道理，使这件事处理得也极为漂亮。

（四）持正性格：脚印不能是歪斜的

走正道，不走邪道

很多做生意的人，都有投机心理，想靠走邪道去达到自己的目的，这样可能会有所收获，但却是危险的收获。大商人一定要走正道，一定要取财合乎规矩。胡雪岩做生意，特别讲求要按正道取财。“君子爱财，取之有道”，这是中国流传了几千年的一句古语。这里“道”的意思，不同的人，一定会有不同的理解，但不管怎样理解，这个“道”包含着正道、正途的内涵则应该是不可否认的。只要是按规矩取财，只要得之于正道，君子也不会以爱财为耻。

“做生意还是从正路上去走最好”，这话是胡雪岩对古应春说的。

胡雪岩与庞二联手销洋庄，本来一切顺利，不想庞二在上海丝行的档手朱福年为了自己“做小货”——也就是拿着东家的钱自己做生意，赚钱归自己，蚀本归东家——中饱私囊，从中捣鬼。为了收服朱福年，胡雪岩用了一计：他先给朱福年的户头中存入5000两银子并让收款钱庄打一个收条，然后让古应春找到朱福年，就说由于头寸紧张，自己的丝急于脱手，愿意以洋商开价的九五折卖给庞二。换句话说，也就是给朱福年五分的好处。这算是胡雪岩与朱福年之间的一桩“秘密交易”。不过，这笔“秘密交易”一定要透给庞二。

朱福年收下这5000两银子，也就掉进了一个陷阱：他如果敢于私吞这笔银子，胡雪岩可以托人将此事透给庞二，朱福年必丢饭碗；如果他老老实实将这笔钱归入丝行的账上，有这一个5000两银子的收据在手，也可以说他借东家的势力敲竹杠，吃里扒外，这样朱福年也要失去庞二的信任，总之是猪八戒照镜子，里外不是人。

胡雪岩的计策果然生效，朱福年不仅老实就范，并且退还了那5000两银子，而此时古应春也“存心不良”，另外打了一张收条给他，留下了原来存银时钱庄开出的笔据原件，作为把柄。当古应春将此事告知胡雪岩时，胡雪岩对古应春说了一番话，胡雪岩说：“不必这样了。一则庞二很讲交情，必定会有话给我；二则朱福年也知道厉害了，何必砸他的饭碗。我们还是从正路上去走最好。”

从胡雪岩的话中，我们可以知道，胡雪岩所说的正路，有一层能按正常的方式、正当的渠道办就不要用“歪”招、“怪”招的意思。从某种意义上说，胡雪岩制服朱福年的办法，就是一种诱人落井、推人跳崖的十分阴狠的一招，确实有些歪门邪道的意味。在胡雪岩看来，这种招术，只是万不得已时的偶尔为之，一旦转入正常，也就不必如此了。言谈之中可以看出，胡雪岩对于自己迫不得已制服朱福年的这一招，从心里是持否定态度的。

胡雪岩所谓做生意要从正路上走最好，还有一层意思，是指做生意不能违背大原则，什么钱能赚，什么钱不能赚，要分得清楚，不能一心只想赚钱而不顾道义。

比如胡雪岩做生意并不怕冒险，他自己就说过：“不冒险的生意人人会做，如何能够出头？”有的时候他甚至主张，商人求利，刀头上的血也要敢舔。但无论你如何冒险去刀头舔血，都必须想停当了再去做。有的血可以去舔，有些就不能去舔。有一次他就给自己的钱庄档手打了一个比方：譬如一笔放款，我知道此人是个米商，借了钱去做生意。这时就要弄清楚，他的米是运到什么地方去。运到不曾失守的地方去，我可以借给他，但如果是运到“长毛”（也就是太平军）那里，这笔生意就不能做。我可以帮助朝廷，但不能帮助“长毛”。

在胡雪岩心里，他是大清的臣民，帮助朝廷赚钱，自然是从正路赚钱，“长毛”自然是逆贼，帮助逆贼赚钱，自然不是从正路赚钱，违背了这一大原则，即使获利再大，也不能做。

不用说，经商就是为了赚钱，就是要把别人口袋里的银子“掏”到自己的腰包里来。商人图利，对于经商者来说，千来万来，赚不到钱不来，赔本买卖更不能来。不过，要光明正大从别人口袋里“掏”来银子，而且还要能让别人心甘情愿地让你来“掏”，自然也不是一件容易办到的事，这里也自然有一些必需的技巧和诀窍，这也就是人们常说的“生财有道”。不懂得生财之道，“君子爱财”终归只能爱爱而已，绝对是取之不来的。胡雪岩精于生财之道，他注重“做”招牌、“做”面子、“做”场面、“做”信用；广罗人才，经营靠山；施财扬名，广结人缘……这些措施，就是他的生财之道，而且也确实行之有效。比如他在创办自己的药店胡庆余堂之初，策划的那几条措施：三伏酷热之时向路人散丹施药以助解暑，丹药免费但丹药小包装上都必须印上“胡庆余堂”四个字；正值朝廷花大力气平定太平天国之际，胡庆余堂开发并炮制大量避疫祛痨和治疗刀伤金创的膏丹丸散，廉价供应朝廷军队使用，用现代经营眼光来看，这些措施具有极好的扩大企业声誉、树立企业形象、提高企业知名度、开拓商品市场、建立商事信用的作用。正是靠了这些措施，胡庆余堂从开办之初就站稳了脚跟，很快成为立足江浙、辐射全国的一流药店，且历数十年而不衰。而由胡庆余堂建立起来的胡雪岩的声望、影响所形成的潜在效益，对胡雪岩的其他生意如钱庄、丝行、当铺等的经营，也起到了极好的作用。

不过，这里的“道”，更应该是指取财不违背良心、不损害道义的正道。

从某种意义上说，商道其实也就是人道。经商之道，首先是做人为人之道。一跤跌进钱眼里，心中只有钱而没有人，为了钱坑蒙拐骗，伤天害理，便是奸商，奸商与奸诈无耻之徒等值，这种人钱再多，也为人们所不齿。

君子爱财，取之有道。具体来说，也就是要依靠自己的胆识、能力、智慧，依靠自己勤勉而诚实的劳动去心安理得地挣取，而不是存一份发横财的心思靠旁门左道的钻营去“诈”取。有一句俗语，说是“马无夜草不肥，人无横财不富”，其实这是一种误解。真正作出大成就的成功商人都知道，商事运作是最要讲信义、信誉、信用，最要讲诚实、敬业、勤勉的。一句话，就是要于正途上“勤勤恳恳去巴结”，生意才会长久，所得才是该得，所谓“飞来的横财不是财，带来的横祸恰是祸”，说的就是这个理儿。

也许正是懂得“道”的这一层含义，胡雪岩自己也特别注意尽可能从正道取财。他开药店要求成药的修合一定要货真价实，绝不能“说真方，卖假药”，不能坑蒙拐骗；他与朋友合作，都是真诚相待，互利互惠，甚至宁愿自己吃亏，也绝不亏待朋友。这都能看出胡雪岩作为一个商人的人品。而且，胡雪岩经商从来不违背下面几条原则：

第一，可以为了钱“去刀头上舔血”，但绝不在朝廷律令明白规定不能走的道上赚黑钱；

第二，可以捡便宜赚钱，但绝不去贪图于别人不利的便宜，绝不为了自己赚钱而去敲碎别人的饭碗；

第三，可以借助朋友的力量赚钱，但绝不为了赚钱去做任何对不起朋友的事情；

第四，可以寻机取巧，但绝不背信弃义靠坑蒙拐骗赚昧心钱；

第五，可以将如何赚钱放在日常所有事务之首，但该施财行善、掷金买乐时也决不吝啬，绝不做守财奴。

绝不可去沾烫手的钱

生意人的种类有很多，挣钱方式也有很多，但是绝不可去沾烫手的钱，至关重要，否则你就会被这烫手的钱烧毁了自己。至于哪些钱属于会烫手的钱，不同人大概会有不同的看法。但总的说来，会烫手的钱，大体应该包括下列三类：

第一类是会触犯法律的钱，如靠走私贩毒等非法手段赚来的钱，也就是我们通常所说的“黑钱”，一定是烫手的钱。赚这种黑钱于法于理不容，必将招来灾祸，受到惩罚。为身外之物冒被囚被杀的危险，无论如何不划算。

第二类是以损人利己为后果，靠坑害同行同业或蒙骗欺诈赚来的钱，比如龚家父子在那桩军火生意上斜插一杠想要赚取的钱，也是会烫手的钱。这类以损害他人利益的手段赚取的钱财，本质上与前一类没有多大的区别，既违背了商场交易必须互利互惠的原则，也践踏了人自身应该遵循的基本的道德准则。而且，加害于人，必遭报应，赚这种钱也会为自己种下招祸的根由。

第三类是那种既不违法同时也有正当的理由去拿，但拿了却有可能得罪同行或朋友，结怨于他人的钱。

一般来说，这三类当中，对于前两类，人们比较容易从理性上看得很清楚，而且大多数人也能明确知道并尽可能约束自己按规则办事。但对于第三类，人们则常常不能看得很清楚，有时即使看清楚了，常常也很难主动放弃。应该说这是可以理解的。一方面，这类钱的获取并不涉及法律问题，也不是直接以不正当手段损害他人。另一方面，商人图利，而且应该图利，一个优秀的商人在别人看来赚不到钱的地方都要设法挖出银子来，何况有现成的钱好赚呢？更何况还有赚这“现成”的正当理由呢？

这确实需要有能够设身处地，将心比心，为他人着想的自觉意识。胡雪岩就是一个极能为别人着想的人。王有龄因筹解漕米有功，很快由海运局坐办改升署理湖州府。当时官场有不成文的规矩，一方官员和地方士绅逢年过节都必须给主官备送节敬。王有龄改升署理湖州府正在端午前，他如能赶在五月初一上任，五月初五必有一笔不菲的节敬好拿。

拿这笔钱于情于理实在也无大碍。但胡雪岩认为不可。他的理由有两条：一，节敬只此一份，前任已署理好些日子，该当他得，为他着想，不能去抢了他的好处；二，往深一层说，抢别人的好处必定得罪对方，结下怨恨。“铜钱银子用得完，得罪一个人要想补救就不容易了”。

胡雪岩有一句名言，叫作生意人要学会“前半夜想想自己，后半夜想想别人”。按我们的理解，这里的“想想别人”，也就是设身处地为别人着想，想想别人的难处，想想别人和自己一样的辛苦，也是和自己一样为了赚自己该赚的那份银子。生意人不能不想自己，不能不去细心地算计筹划如何去赚钱——钱是赚来的，更是算计筹划来的。但在想自己的时候不妨也相应地想想别人，这样会避免犯错误，避免因拿了烫手的钱而给自己也“拿”来一些不必要的麻烦。说到底，想别人其实也是想自己。

胡雪岩常对帮他做事的人说：“天下的饭，一个人是吃不完的，只有联络同行，要他们跟着自己走。”话虽平淡，却透着胡雪岩这样一个深谙经商之道的人对于商场运作规律的深刻理解。人们常说，商场如战场，一般的人常常简单地将这句话理解为对商场竞争的形象概括，而往往忽略商场还有另一面，即商场上有竞争更必须有联合。一个简单的事实是，不管你实力多强大，也不管你的本事多高，你都无法占有整个市场。一个明智的生意人必须懂得，要在商场上站稳脚跟，不仅要有天时、地利，还必须结下人缘。

由此看来，做生意虽然是为了赚钱，但赚什么样的钱以及赚钱后果也确实不能不谨慎考虑。烫手的钱即使再多也不能要，这个原则任何一个生意人都应该记取。

（五）为善性格：懂得回报法则，是人生幸福

大行善举，可以提升活着的价值

一个商人如果只像狼追逐猎物一样去扑向大小利益，这是降低了活着的价值。商人就应当大行善举，以此把利益回报社会，提升自己活着的价值，这样才能使金钱发出光来。胡雪岩一生经商，有一志向就是“上忧国，下忧民”，是他继承了传统商人优秀品格中的一个重要理念。协理洋务，协助西征是报国；济世善举，善扶贫困之民则是忧民。这是胡雪岩经商性格的又一重要特点。

商人以逐利为职业，传统社会据此把商人当作狡诈和悭吝的代名词，甚至在感情世界中，商人也被定格为“重利轻别离”的角色，然而这是偏见。事实上，历代不乏十分重视义利两立的明智经营者，他们用余财热心资助慈善、公益事业，结果往往因此善名远扬，在事业中得到更大的回报。早在春秋战国时期，帮助越王勾践灭吴复国的范蠡，曾几次散财救济贫贱之交和乡里乡亲，结果范蠡的子孙继承和发展了父辈的事业，财富由千金而至巨万。这是范蠡富而行德的报偿。

范蠡以后，热心公益慈善事业的良贾代不乏人，如明清晋、徽两大商帮中的许多人助赈救荒、修桥铺路、捐衣施食、疏渠筑坝、投资兴学，颇有急公好义的美德。

要行善举，花钱是必然的。对于商人来说，要行善举树形象不但要舍得花钱，而且要花的是时候，是地方。“花一文钱要能收到十文钱的

效果，才是花钱能手。”胡雪岩处于兵荒马乱的年代，更懂得要显名扬声先得施恩布泽的道理。

胡雪岩的家乡有条钱塘江，古称浙江、淅江、罗刹江和之江，这是浙省第一大河，也是东南名川，它发源于皖、浙、赣交界处，流入杭州湾，黄山以下干流屯溪至梅城段称新安江，梅城至浦阳江口叫富春江，浦阳江口至澉浦为钱塘江。钱塘江主要支流有兰江、浦阳江、曹娥江。

一个多世纪前，杭州江干到萧山西兴的江面宽达十余里。每逢春秋多雨季节，上游水流湍急、疾驰直下，如离弦之箭，加上海潮从鳖子门涌入，形成汹涌澎湃、气势磅礴的“钱江潮”。而急流与海潮相遇又使得钱塘江的水文异常复杂，江中流沙多变，历来为航旅畏途。晚清时，钱江两岸的人们还靠渔舟过江，出门还得选个天气晴朗、风平浪静的好日子，有人要渡江，家中亲人都要祭祖求神，祈祷平安。不过，即使是这样，也难保不出风险。

为了解除钱江两岸旅客渡江的困难，胡雪岩捐银10万两，主办钱江义渡，并说：“此事不做则罢，做必一劳永逸，至少能受益五十至百年。”

还是让我们看看胡雪岩同时代人的记载吧：

太平天国攻浙时任浙江按察使的段光清在《镜湖自撰年谱》1864年（同治三年）条目下写道：

> 义渡一事，是宁绍出入要路，捐钱者必多，前司于长发（统治者对太平军的诬称）未扰时，亦曾捐银千两，各衙门亦皆有捐，交胡（光）墉经管，收复之后，胡（光）墉亦不能置之不办。

从这条史料看，钱江义渡在19世纪60年代以前已开始筹划，而且府署官员多有捐助，并非像有的文章所讲的是胡雪岩独资兴办。

当时，杭州钱塘江上还没有一座桥梁，对江绍兴、金华等上八府一带的人进入杭城都要从西兴乘渡船，到望江门上岸。而当时的叶种德药店设在望江门直街上，所以生意非常兴隆。而胡庆余堂则设在河坊街大井巷，仅靠杭嘉湖等下三府顾客，很少有上八府一带的顾客上门。

对一家商号来说，要在竞争中站稳脚根，天时、地利、人和三方面的因素都要具备，但是，如何才能改变这“地利”上的劣势呢？

胡雪岩曾亲自到码头调查过，一位船工冲口而出：“要让上八府的人改道进杭城，除非是你把这个码头搬个地方！”言者无意，听者有心，胡雪岩从码头回来，心里亮堂堂，主意也就拿定了。

他又沿江实地考察，了解到从西兴上船过江，航程长，江上风浪大，容易出险。胡雪岩选择了三廊庙附近江道较窄之处，决定在这里投资兴建义渡，把船码头“搬过来”，让上八府人改道由鼓楼进城。

码头很快就修起来了，胡雪岩又出资造了几艘大型渡船，不仅可载人，还可以载车和牲畜，而且免费过渡，又快又稳又省钱，上八府的人无不拍手称好。这一来，胡庆余堂在上八府顾客中的知名度提高了，上八府的旅客也改道由鼓楼进城了。胡庆余堂的地理劣势转为优势了，叶种德堂的生意随着义渡的开通迅速冷落。真可谓“一石三鸟”之举。

据这条材料，胡雪岩开设义渡是出于与杭城另一家著名药号叶种德堂抢顾客、兜生意的需要。

对钱江义渡的起因虽然说法不一，但大致还是能勾勒出一个轮廓：在太平天国进军浙江前，地方政府就已将官员捐资交给开钱庄的胡雪岩，筹划义渡之事，只因时局动荡，中间停顿，清军卷土重来后，胡雪岩着手主办此事，并捐有巨款。

胡雪岩创设义渡后，临时设有趸船，以便过客待渡，渡船每天开约十余次，一般顾客不取分文，只有干苦力的人来过渡须代船夫服役片刻，由于设义渡是众人受惠之事，干苦力的也乐于奉献自己的一份力量。钱江义渡还设有救生船，遇有风高浪急时，渡船停驶，救生船便挂了红旗，巡游江中，若有船只遭遇不测，就不避风浪险恶，飞快行驶过去救援。

钱江义渡的开办使胡雪岩的善名不胫而走，而且义渡便利了上八府与下三府的联系，客观上促进了商业贸易的发展，对胡雪岩的经商活动也大有裨益。

需要一提的是，虽然义渡的船只比原来用于渡江的渔舟宽大，方头平底，行驶平稳，但还是全靠人力摇、风力送，逢急流、大潮，往往只好在南北两岸高悬白旌旗，封江停渡。

光绪年间，胡雪岩破产后，义渡无法继续维持，浙江旅沪七邑同乡会常务董事之一的俞襄周策动同乡会向社会各界募集基金，接办胡氏义举。俞襄周向上海外商购得小型机轮一艘，用以拖带原有的木质渡船，后来又置办铁壳柴油机轮四艘。辛亥革命后，民国政府组成义渡局，归省府领导，改民营为官督民办，仍免费过渡。现在的钱江南岸码头是解放后人民政府在废墟上重建的，一切设施更加完善。以上只是胡雪岩善举的一个例子。事实上，历年各地有灾荒胡雪岩都踊跃捐赠赈济。山东大水灾，胡雪岩一次就捐出了 20 万两银子。不但捐钱，而且捐粮食、捐棉衣、捐药品。胡雪岩知道，天灾人祸的时候，每多捐一分钱就多救一条人命，饥民自然饮水思源、感恩戴德，官府也会因为援救及时，对你另眼相看。浙江收复后，胡雪岩谒见左宗棠，报告左已经采置粮食万石，运抵杭州。左宗棠告诉胡雪岩，战火初息，官府财库亏空，恐怕采购粮食的费用一时不能兑现，需要拖欠。胡雪岩听后，马上表示，购粮所垫的 10 万两银子，全部报效，不用官府再还。这一着使左宗棠大为吃惊，继而感动和佩服，在上奏的折子中称胡雪岩“实属深明大义不可多得之员”，语多褒扬，恳请朝廷“破格优奖”。由此可见胡雪岩手段之高超。

把天下放在心里

大商人的情怀往往是以天下为重，去实现济世的精神。这种博大的性格令人惊叹！胡雪岩一向认为：无论为官为商，都要有一种社会责任感，既要为自己的利益着想，也要为天下黎民着想。否则，为官便是贪官，为商便是奸商，这两种人，都是没什么好结果的。因此，他胸怀济世之精神去经商。

自古以来，商人总是为利而奔波，为利者当然免不了使手段、耍聪明。因为“利”之为物，往往不在己，而在他人，或隐匿于物中，尚需发掘。

商人们就是要运用自己敏锐的眼光，纵观万事万物，从中发现有可乘之机，然后运筹帷幄，从中渔利。

由于有利迷了眼，难免在别的事上就分不清，于是成天凄凄惶惶，极尽投机钻营之能事。中国传统看不起商人，也是许多商人不知自重，只知钻营的结果。

时代发展到了胡雪岩这儿，商业有了较大的发展，但商人的地位却仍旧没有多大的提高。而胡雪岩虽然是个商人，时人却对他交口称赞，后人也对其景仰不已，其理由何在？

当然，无论时人还是后人都绝不是看重胡雪岩能以钱庄小伙计的身份一跃而成富可敌国的商业家，且数十年雄风不减。真正让人们心服的是胡氏虽身在商界，却能心忧天下。

浙江气候适宜，自然生态环境优越，是我国主要的药材产地之一，浙贝、元胡、白术、白芍、麦冬、玄参、郁金和菊花号称“浙八味”，在杭州城乡都有广泛种植，并以品质优良而为历代皇家御医所采用。由于得天独厚，早在南宋时期，杭州的中医药就已经很发达，当地出产的中药材达70余种，官方设立“惠民和剂药局”，收集医家和民间验方制成丸、散等成药出售，并把药方编成《太平惠民和剂局方》，详细罗列主治病症、制剂改革方法。在中国人文传统中，“穷则独善其身，达则兼济天下”被奉为处世为人的良箴，而从医制药以救死扶伤则会赢得社会的普遍敬重。胡雪岩身处医药业发达的杭州，或多或少地会受到中医文化的影响。另一方面，咸丰、同治、光绪三朝，全国范围的农民起义、中外交战此起彼伏，每打完一仗，往往尸积如山，加上自然灾害也相当频繁，各地瘟疫盛行。1851年（咸丰元年）清代人口超过4亿，比1811年（嘉庆十六年）增长15.3%，年平均增长率为4.7%，但在1875年（光绪元年），人口下降到3.2亿二千万，处于负增长，这与当时的战乱、疫病有关，胡雪岩看在眼里，心中拿定救死扶伤的主意，早在清军镇压太平军和出关西征时，他就已邀请江浙名医研制出“胡氏辟瘟丹”、“诸葛行军散”、“八宝红灵丹”等药品，寄给曾国藩、左宗棠军营及灾区陕甘豫晋各省藩署。战乱结束后，“讨取填门，即远省寄书之药者目不暇接”，为“广救于人”，胡雪岩决定开办药号。

胡雪岩乱世之中开药店不过是善举，想依此赚钱，却是万万不能的，为什么呢？

乱世之中，常有瘟疫蔓延，乱兵交结，伤残无数，百姓流离失所，或水土不服，以致有病，或风餐露宿，大病缠身，这些都需吃药。然而乱世流离，几个人身上有银两呢？所以造成医者不敢开门行医，因为开门必赔。

这些道理胡雪岩岂能不知？只是念及天下黎民的艰辛，纵然赔本，他也乐意，于是下令各地钱庄，另设医铺，有钱少收钱，无钱白看病、白送药。

而且胡雪岩还同湘军、绿营达成协议，军队只要出本钱，然后由他带人去购买原材料，召集名医，配成金创药之类，送到营中。曾国藩知道后，感叹道："胡氏为国之忠，不下于我。"

对付了太平天国之后，天下士子云集天府，进行科举考试，胡氏又派人送各种药品、补品给这些士子。因为每年考试期间，许多士子由于连夜奔赴，或临阵磨枪，身心都极度疲乏，往往一下子就病倒了。胡氏此举，乃是有因而为，当然，也受到考官、士子们交口称赞，并纷纷托人向胡雪岩致谢。

胡雪岩派人答谢道："不必言谢，诸位乃国之栋梁，胡某岂能不为国着想，尽此绵薄之力。"

也有人说，胡雪岩的这些举动不过是自塑形象，为他自己打广告，事实上，胡氏的这些举动也确实收到这种效果。

比如他开药店进行义诊，使得天下人都知道，浙江有个"胡善人"；他为军营送药，曾国藩忍不住夸他，而使他成为忠义之士；他为应考的士子送补品，天下士子都感激他，朝廷也因他的种种举动而赏他二品官衔。

这些看起来似乎都是出于一种功利的目的，胡雪岩当时是出于功利的目的，还是因为有了这种举动才带来这种功利的结果，并非我们所讨论的核心。其实，世界上许多东西都是义利分不清的。作为一个有眼光的商人，应该把这两者很好地结合起来，而不是取其一端，因为无论取哪一端，作为商人，他都不是成功的。

1875 年（光绪元年）开始，胡雪岩便雇人身穿印有"胡庆余堂药号"字样的号衣，在水陆码头向下车、登岸的客商、香客免费赠送辟瘟丹、痧药等民家必备的"太平药"，宣传药效，使外地人一到杭州，就知道杭州有家胡庆余堂药号。据说，从 1875 年到 1878 年（光绪四年）的 3 年多时间里，光施送药品一项，就花去胡雪岩 10 多万两银子。同时，胡庆余堂在《申报》等报纸上刊登广告，并印刷了大批《浙杭胡庆余堂雪记丸散全集》分送社会各界。人们的嘴巴是流动的广告，胡雪岩免费所做的善举通过受其惠、见其事的人一传二、二传三而名闻遐迩，终使胡庆余堂尚未开始营业就已名扬四海，这是胡雪岩“长线远鹞”的经营策略。1878 年春，大井巷店堂开张以后，上述耗费就以成倍的利润回收了。

到 1880 年（光绪六年），胡庆余堂的资金已达 280 万两，与北京的百年老店同仁堂分峙南北，有“北有同仁堂，南有庆余堂”之称。一个不熟悉药业的人终于在中国药业史上写下了光彩夺目的一笔。行医施药救死扶伤，符合儒家社会一向倡导的“仁道”，胡雪岩创办胡庆余堂之时已有出将入相的左宗棠做靠山，与清廷各级官吏过从密切，拥资二三千万两以上，被人恭为“活财神”。可见，他创办药号并不完全是为了经济效益，更多的是把它作为一件慈善事业来办。由于善名远播，无形之中转化为难以计数的实利。

这个道理在现代应该是被许多商人看清了，所以许多大商人往往又是大慈善家，他们到处捐款，救济孤老，兴办学校，受到社会的好评，他们的商业机构或产品也因之受到更多的认可。

在胡雪岩的事业中，钱庄、典铺占重头，药业仅是极小一部分，可是后来，他破产身死后，其家人维持生活靠的却是胡庆余堂的招牌股。而且在国事动荡的近代，有多少巨商万贯家财毁于一旦而名姓湮没，如果没有胡庆余堂，很难说胡雪岩的声名是否还能流传至今。这些也算是胡雪岩开药店、行“仁术”的善有善报吧。

胡雪岩一生成功掌控商道的智慧，尽现于此，希望对我们有启发作用。

一生游刃于商政之间

按照性格学的解释：一个人的性格具有二重性，即兼容两种以上的性格特点。胡雪岩经商性格的二重性体现在以神奇的艺术游刃于商、政之间。可以讲，胡雪岩的“奇”是一生经历之“奇”。清代陈代卿在《情节斋文存》中这样评述胡雪岩离奇的一生：“游刃于官与商之间，追逐于时与势之中；品尝了盛衰荣辱之味，尝尽了生死情义之道。”

胡雪岩游刃商界，运用“奇”字，步步为营，节节上升，最终登峰造极，以“红顶商人”名播天下。在封建时代，商人地位低微，所以以富求贵，跻身官场一直是商人的梦想。

晚清时，虽然已有人发出“以商立国”、“商为四民之纲”的呐喊，然而，由于传统的惰性作用，迈向近代化的步履还是相当沉重，又因为几千年来代代承袭的官本位思想已成为积淀于人们心中的价值取向，畸变成难以挣脱的怪圈。唐力行《商人与中国近世社会》举1908年（光绪三十四年）苏州总商会为例，其总理、协理两人均有中书衔，16个会董中，捐有二品职衔、候选州同衔、都事衔者各1人，试用知府、布政使司理同衔各2人，候选同知、同知衔，候选郎中、员外郎，候选县丞、知事各3人。这说明近代商人仍竞相捐纳报效，想方设法与官僚沾边，以博取荣衔、求得封典来提高自身的地位。

与胡雪岩在生意上有合作关系的南浔“四象”（大丝商资财在银洋500万元以上的称“象”，100万以上者为“牛”，10万元以上者叫“狗”）之一的庞云镨（1833～1889年）以儿子庞云济（1864～1949年）的名义，向清廷捐献10万两纹银，作为赈捐河南、直隶灾害报效，经李鸿章奏请，赏庞云济为举人，特赏一品封典，候补四品京堂。

在清朝，赏穿黄马褂可是件了不得的大事。清太祖努尔哈赤第二子代善的后代昭梿（1776～1829年）在所著《啸亭杂录》记载黄马褂定制："凡领侍卫内大臣、御前大臣、侍卫、乾清门侍卫外，班侍卫、班领、护军统领，前引十大臣，皆服黄马褂。凡巡幸，扈从銮以为观瞻。其他文武诸臣或以大射中侯，或以宣劳中外，上特赐之，以示宠异云。"可见只有皇帝身边的侍卫扈从和立有卓著功勋的文武大臣才有资格赏穿黄马褂。即使是驰骋疆场大半辈子的左宗棠也是在53岁那年，即1864年（同治三年）从太平军手中夺回浙江省城杭州之后才被赏穿黄马褂的。况且黄马褂一向是由皇帝主动特旨赏赐的，哪有臣下指名讨赏的道理。

但左宗棠为了胡雪岩的缘故，一不怕碰钉子，二煞费苦心做文章。他开始打算在赈案内保举胡，经与陕甘总督谭钟麟商议，觉得纵然获皇帝特旨谕允，也难过部验一关，于是，在1878年3月26日（光绪四年二月二十三日），左宗棠上疏请求皇帝饬令吏、兵两部于陕甘、新疆保案从宽核议。第二天，他又写信给谭钟麟，其中提道："即以时务言之，陇事艰难甲诸行者，部章概以一律，亦实未协也……胡雪岩为弟处倚赖最久、出力最多之员，本为朝廷所洞悉，上年承办洋款赡我饥军，复慨出重赀恤兹异患，弟代乞恩施破格本属有词，非寻常所能援以为例……如尊意以陕赈须由陕西具奏，则但叙雪岩捐数之多，统由左某并案请奖，亦似可行。"4月12日（三月初十日），左宗棠又写信给谭钟麟，说："实则筹饷之劳唯雪岩最久最卓，本非他人所能援照，部中亦无能挑剔也。"10天以后，左在给谭钟麟的信中指出：尽管黄马褂非战功卓著者不敢妄请，但它大致依照花翎的章法，胡雪岩既然已得花翎，已类似战功之赏，而且他对全国各地水旱灾害赈捐达二十万，谁能比得上？由此左认为替胡雪岩奏请黄马褂似亦并不为过。

经过一段时间的酝酿，左宗棠终于在1878年5月15日（光绪四年四月十四日）郑重地上奏了《道员胡光墉请破格奖叙片》，除记述胡雪岩办理上海采运局务、购枪借款、转运输将、力助西征的劳绩，还长篇累牍地罗列了胡雪岩对陕西、甘肃、直隶、山西、山东、河南等省灾民的赈捐，估计数额达20万内外，“又历年捐解陕甘各军营应验膏丹丸散及道地药材，凡西北备觅不出者，无不应时而至，总计亦成巨款，其好义之诚，用情之挚如此”。左宗棠在奏件中还发誓：“臣不敢稍加矜诩，自蹈欺诬之咎。”这样，胡雪岩既有军功，又有善举，还有被朝廷倚为股肱重臣的左宗棠的担保，清廷果然批准给胡雪岩穿黄马褂，皇帝还赐允他在紫禁城骑马。胡雪岩在杭州城内元宝街的住宅也得以大起门楼，连浙江巡抚到胡家，也要大门外下轿，因为巡抚品秩只是正二品。乾隆时期的盐商曾因巨额报效而获红顶，但像胡雪岩这样既有红顶子又穿黄马褂，享有破天荒殊荣的却是绝无仅有，难怪这位特殊的官商被人称为“异类”。

胡雪岩具有亦官亦商的双重身份，既有官的荣耀，又有商的实惠。他借助官衔来抬高身价，增强自己的竞争能力。

“为政要看曾国藩，经商要读胡雪岩”，是当今社会的一句流行语。不管此语的语寓与目的如何，却道出了胡雪岩在商人心目中的地位，更兼反映了胡雪岩在当代社会的历史影响。

作为19世纪下半叶中国商界的风云人物，胡雪岩有着离奇缤纷的生命历程。他生逢乱世，借助权贵、政要之势，营造了亿万贯家财，在太平天国运动时，他纳粟助赈，为清朝政府效犬马之劳。洋务运动兴起后，他延洋匠、引设备，颇有功绩；在左宗棠挥戈西征时，他筹粮械、借洋款，功劳不微。几经周折，他终于从一个钱庄的小伙计暴发成为富甲天下、显赫一时的“红顶商人”。之后，他从容流转于红顶子、黄马褂、生意经之间。营造了以钱庄、当铺为网点，覆盖全国的金融行当，并兼营了知名品牌药店——“胡庆余堂”。晚年则因洋商排挤、朝廷权贵打杀，终成钦定罪犯，遭抄家籍产，郁郁而终。

“胡雪岩，商贾中奇男子也，人虽出于商贾，却有豪侠之概。”这是左宗棠在奏折中的一句话。奇，有“独特”、“特别”、“罕见”、“与众不同”、“重要”之意。这个“奇”字纵览了胡雪岩之一生，真实、贴切地反映了胡雪岩之特点。真可谓概括之精妙。

胡雪岩的一生的确是极为奇特复杂的一生，他是我国封建社会商人经营、发达的浓缩，更兼终结了旧式的传统商人，开启了中国新式商人的先路。所以，鲁迅先生称他为“中国封建社会的最后一位商人”。“最后”有三层含义：一是“集大成者”；二是“承前启后”；三是“不再出现”。这一定位恰恰又体现了胡雪岩在商业史上地位的特殊性，这又是一“奇”。

就个人的价值实现层面来看，胡雪岩一生中体味到了正二品“红顶商人”、家财亿贯的极盛极荣，又品尝到了家败世衰、家破人亡的极衰极辱。这样大反差的经历集于一人，在历史上也属少见。

就个人情感上而言，无论是友情、爱情与亲情，其间的虚伪、欺骗与狡诈，真挚、诚实与倾心，都在胡雪岩一人情感心路中影印出来。

胡雪岩的创业、发达也乃一“奇”。创业之“奇”一在“快”，胡雪岩在短短的10年间，就从一个地位卑微、一贫如洗的店员发迹到富甲天下的豪贾。二在其白手起家。而恰恰又是这两点迎合了广大创业者的胃口，给那些渴望成功之人以勇气与希望。

“人创造了环境，同样环境也创造了人。”当然，胡雪岩创业发达之“奇”，也必然有赖于他所处的时代之“奇”。我们都知道，胡雪岩所处的时代既有内忧外患频仍交袭的创痛，又有新潮激荡、网罗打破的感奋。这是一个忧患与希望并存，机遇与挑战同在的时代，而他正是在这个大变动的时代中把握住了机遇，成就了一代巨贾。这也是一个剧变激烈、震荡翻天的时代，也正是这样一个起伏巨大、跌宕亢起的环境，才使得胡氏有如此巨大的起伏。

如果说时代之“奇”是“机遇”，是“天助”的话，那么，谋略之“奇”则是胡雪岩自身所具备的善抓机遇的本质与能力，是“自助”。浸于几千年中国传统谋略之中的胡雪岩，可谓将古代谋略充分地运用于生意场上，并对中国古代商人的经营手法做了一个全面的总结与提升。连环计、双面手法、美人计；营销、扬名、借势、用人、用情、用义等等皆见于其一生之中。

活动方式之“奇”也映现了胡雪岩一生的特点。胡雪岩的时代恰好是一个新旧、东西接触博弈的时代，这导致了胡雪岩一生的活动方式也是一个新旧、东西交合的形态。办钱庄与贩军火，买卖商品与做期货，凡是可能做的，凡是他知道的，无论是中国的还是西方的，他都做。也许正是他这种包容新旧、中西，在当时属于创新性的经营活动方式，才促使了他的成功。这在当时来说，也不得不说是一“奇”。

更重要的是，我们认为胡雪岩的性格之“奇”，给胡雪岩充分施展才能提供了一套应对方法，什么事在他手上都不成为事，什么人在他面前都成可用之人。

△ 胡氏自省性格之现代释用（一）

商战中以和为贵

胡雪岩力主经商以和为贵，所以不去挣与同行结怨的钱。为什么呢？

商战贵在一争，但有时又是以和为贵。这种“和”是以大家都获利为前提的，如果一直无休止地争下去，错过时机，谁都无利可图。韩非子下面所说的寓言故事说明了这一道理：商场之事，有争有和，从争到和，从和到争，争无必和，和无必争。

一头猪身上的两只虱子在争吵，另一只虱子路过就问：“你们为什么要争吵？你们难道不担心腊祭即将到来，猪将被杀掉吗？到时你们将连猪毛一起烧掉，你们为什么要争夺眼前小利呢？”

于是，三只虱子团结一致，猛叮这头猪，大食其血。猪渐渐消瘦下去，主人因此而没有杀这头猪。

在现代商战中，竞争是难免的，但又不是唯有竞争，有时在谋求共同利益的基础上，商业竞争对手不妨走到一起来，大家坦诚协商，共同发展。目前的企业合并，组建集团，取长补短的经济发展模式，不正是这种思路吗？

日本最早的较为完整的宪法《十七条》出现于公元600年左右，该宪法的第一条即为“和为贵”。到如今，“和”已经成为日本企业文化的最主要的内容。

日本企业“和”的文化表现在总经理与职工的融洽关系上。总经理没有一厂之长的派头，而是经常深入基层，与工人谈心和开玩笑。总经理的谈话，是事先准备好的。例如，遇到一个工人，又遇到一个“管工”（类似于工头），总经理就拿管工开玩笑，说他怕太太，或者说，管工睡得太晚，今天显然还未洗澡，就匆忙返工等等。

总经理几乎天天要和工人交谈一段时间，哪有那么多的话柄呢？原来，每天晚上，管工都要到总经理家中去一次，把自已的生活缺点提出来，叫总经理明天到车间来取笑自已。同时，管工也向总经理提供工人的秘密，例如某女工最近有男友，每天下班都到公园去。总经理就会对女工人说：我在公园看见了你们。女工听了以后自然惊喜不已，庆幸总经理能这样注意她。

另外，日本的经理还要能熟记每一个工人名字，并且记下他们的家属的情况，如遇到结婚纪念日等喜庆之事，公司还会寄去礼物。

用这样的方法，就使得整个工厂气氛和睦，如同一家。

△ 胡氏自省性格之现代释用（二）

关心别人，等于关心自己

胡雪岩做人，以善行天下，因为他明白——关心别人，等于关心自己。这是做人有爱的回报法则。的确，做人必须有爱心，否则无异于“冷血动物”。一个人如果善于爱别人，那么这是他活着的一种积极心态的最佳表现，可以美名天下。也就是说，一个人想要赢得美名，必须多一份爱心，做关爱之人。爱心就是关怀、给予、分享、牺牲。爱人者人爱，爱心永远不会孤独寂寞。无私的奉献，必结出来丰硕的成果。因为你的关怀付出使人们更有价值，人们也会给予你丰厚的报答。

美国19世纪哲学家、诗人拉尔夫·爱默生说：“人生最美好的补偿之一，就是在人们需要爱时给与充分的关爱。”

在现实生活中，每个人每天都面临天堂或地狱的生活：当我们懂得付出、帮助、爱、分享，我们就生活在天堂；若只为自己，自私自利，损人利己，实质就等于生活在地狱里。地狱和天堂，就在自己的心里。

人际关系的黄金定律是：你关爱别人的时候，就等于别人关爱你。你关爱5个人，5个人就可能关爱你。

爱心，是人性乐善好施的表现，大凡成功的人士，他们都有着这美好的一面：松下幸之助不仅是实业家，又是慈善家，他乐善好施，积极参加社会公益事业，用他自己的话说：“我的财富与荣誉是社会给我的，我一定要回报社会，以实现我感恩图报的理想。”

松下一生从事了大量重要的慈善活动：1961年3月，捐赠2亿元作为松下电器员工福利基金。1964年2月，捐资在大阪站前修筑立交桥一座。1968年5月，鉴于交通事故的激增，在公司创业50周年之际，捐献50亿元作为“防止儿童交通事故对策基金”。1968年5月，为发展人口稀疏地区的产业，松下电器在人口稀少的鹿儿岛开设工厂。1970年，在大阪举办万国博览会期间，松下电器与《每日新闻》合作，展出“时代之舱”（所谓时代之舱，是把1970年人类文化的2098件物品及纪录，装入特殊的金容器中埋入地下，把现代文明留给5000年后的人类）。1973年7月，辞去董事长改任顾问之时，捐款50亿元给日本政府。1976年，PHP研究所创立30周年之际，松下电器投资70亿元建立为日本培养21世纪人才的松下政经塾。1980年，松下电器与松下各捐50亿元设立教育基金。

自古“行善积德流芳百世，多损好恶遗臭万年”。松下一生累资财无数，他总是乐善好施，多行善事，为后人所称道。

作为“华人首富”，李嘉诚于1979年回到阔别40年的家乡。当日，在潮州市政府举行的茶话会上，李嘉诚说出一席感人肺腑的话：

“我是1939年潮州沦陷的时候随家人离开家乡的，至今已经有整整40年了。40年后的今天，我第一次踏上我思念已久的故乡的土壤，虽然一路上我给自已做了心理准备，我知道僻远的家乡与灯红酒绿的香港相比，肯定是有距离的，但是我绝对没想到距离会是这么大。就在我刚下车的时候，我看到站在道路两边欢迎我归来的，我的衣衫褴褛的父老乡亲们，我心里很不好受，我心痛得不想说话，也什么都说不出来，说真的，那一刻，我真想哭……”

回港后，李嘉诚与家乡飞鸿不断。他在信中恳切道：“乡中或有若何有助于桑梓福利等，我甚愿尽其绵薄。原则上以领导同志意见为依归。倘有此需要，敬希详列计划示告。”“月是故乡明。我爱祖国，思念故乡。能为国家为乡里尽点心力，我是引以为荣的。”“本人捐赠绝不涉及名利，纯为稍尽个人绵力。”……

1980年间，李嘉诚捐资2200万港元，用于兴建潮安县医院和潮州市医院，大大改善了潮州医疗条件。其后，李嘉诚积极响应市政府发起的募捐兴建韩江大桥活动。李嘉诚捐款450万港元，名列榜首，庄静庵（其舅父、岳父）居其二，陈伟南（香港屏山集团主席，饲料大王）列第三。共集善款5950万人民币。大桥于1985年奠基，1989年竣工。在大桥东侧笔架山，有一座韩江大桥纪念馆，在捐资芳名榜中，李嘉诚彩色大照位于正中。李嘉诚还多次捐善款，资助家乡有关部门设立医疗、体育、教育的研究与奖励基金会，每笔数额10—150万港元不等。

李嘉诚的善行远远超出了他的潮州老家。1984年，他向中国残疾人基金会捐赠100万港元；1991年，他又捐出500万港元，并表示在1992年至1996年间，陆续捐赠6000万港元。1987年，他向中国孔子基金会捐款50万港元，用于赞助儒学研究，该基金会在山东曲阜为李嘉诚树碑立传。1988年，他给北京炎黄艺术馆捐款100万港元。同年，捐200万港元资助汕头市兴建潮汕体育馆。1989年，捐赠1000万港元，支持北京举办第十一届亚洲运动会。1991年7月12日早晨，李嘉诚边用早餐，边听广播，惊悉中国华东地区发生百年未遇的特大水灾。他立即以第一时间通知新华社香港分社，以四大公司名义捐出5000万港元赈灾。同时倡议全港市民掀起救灾热潮。数日后，汕头遭遇强台风灾害，李嘉诚又以个人名义捐500万港元予汕头市政府。独资兴办汕头大学，更是李嘉诚在祖国义举的一块丰碑。从1979年至今，他捐出的款额逾12亿港元。

抛开功利而言，善行义举显示了李嘉诚崇高的做人品格。

从商业角度看，李嘉诚的善举是他商业活动中的无形资产。从某种意义上说，这个无形资产要比有形资产更昂贵更具价值。

也许有人会说，“松下幸之助正因为是松下幸之助，李嘉诚正因为是李嘉诚，所以才能把财富奉献于人，而我是一贫如洗，怎么可能这样做呢?”这个问题最为常见。实际上，关爱别人，并不是完全依靠损献财富，还可以捐献精神。只要你心中有别人，你就会在别人身处困境时去关爱别人。一个自私自利的人，永远不会把别人当成关爱之人，反而会想尽一切办法从别人身上榨取利润。因此，你在做人时，是否关爱别人，关键还看你是否愿意去做和怎么做？除此而外，都是借口。